太陽電池技術入門

林明獻　編著

全華圖書股份有限公司

再 版 序

　　自從這本書於 2007 年問世迄今，已經過了九個年頭了。當年是抱著知識傳承的社會責任，想寫一本比較淺顯易懂的入門書籍，來幫助讀者快速地了解太陽能產業及相關技術的全貌。也抱著拋磚引玉的態度，用彩色插圖的方式來寫作，除了可以增加讀者閱讀上的舒適度外，也希望可以帶動國內提高科技叢書的寫作方式。很感謝全華圖書出版社當年支持著我的這些理念。

　　在這九年裡，整個太陽電池產業的技術日新月異。所以每隔二、三年，筆者在全華出版社的提醒與督促之下，總是將這本書完整的重新修訂一次，期許本書可以跟的上這產業的脈動，始終可以把最新的技術發展，簡單清楚地呈現在書裡。

　　當初沒想到這本書也可以成為大專院校的教科書或參考書籍。但因為來自許多讀者的反應，以及全華出版社鍥而不捨地說服下，筆者在第三版時，於每章的最後加入了「習題」單元，更在本次改版時，增加了一些例題及解答，希望可以藉此幫助讀者對於本書內容的理解。

　　最後要說的是，筆者畢竟才疏學淺，本書的內容或許還有很多不完整的地方，也還望各位後學先進不吝指教。

林明獻

2016.05 於新竹

序

　　美國威斯康辛大學的指導教授 Dr. Sindo Kou 曾告訴我：「一個人拿到 Ph.D 不該只是為了追求一份高薪的工作，更重要的是要負起知識傳承的責任」。這句話一直深植在我的心中，也鞭策著我在受益於許多的社會與教育資源之後，努力的為這個社會盡到一己綿薄的知識傳承的責任。在這樣的信念支持之下，我於 1999 年底出版了第一本拙作「矽晶圓半導體材料技術」。但因接踵而來的一連串忙碌的工作，讓我停筆了好幾個年頭。直到去年 8 月將第一本書重新修訂完成之後，在愛妻美鳳的鼓勵之下，我開始了「太陽電池技術入門」這本書的寫作工作。

　　近年來，由於國際油價不斷高漲，加上環保意識的抬頭，世界主要國家乃積極研發使用潔淨的再生能源，以減輕傳統發電方式所產生之污染問題。這使得太陽電池產業一夕之間變得火熱了起來，國內外許多業者競相投入這個領域，我也常接到一些讀者來電詢問這產業相關的資訊。雖然坊間也有一些太陽電池相關的書籍，但卻沒有一本適合初學者閱讀的入門參考書籍。有鑑於此，為了服務有心認識太陽電池產業的初學者，本書的寫作捨棄大部份深奧的理論探討，而採用淺顯易懂的技術描述，並輔以彩色的插圖以幫助讀者對內容的理解力。然而畢竟筆者所學有限，對太陽電池知識的涉獵也不夠深入，因此本書的內容難免有不足與錯誤之處，還望先進後學不吝賜教！

　　本書的編排上，第一章是就整個太陽光電產業與歷史演進做簡單的介紹，以讓讀者有個整體的概念。第二章則是先對於太陽光電的一些基本理論做簡單介紹，但也只介紹最基礎的部份。第三章到第五章分別介紹多晶矽原料、單晶矽晶片及多晶矽晶片等最上源的原料之製造技術。第六章到第八章為所有矽基太陽電池的製造技術之說明，包括第六章的結晶矽太陽電池、第七章的薄膜型結晶矽太陽電池及第八章的非晶矽太陽電池等。第九章介紹 III-V 族化合物太陽電池之製造技術，這是目前轉換效率最高及用在太空領域的太陽電池。第十章介紹 CdTe 化合物太陽電池製造技術、第十一章介紹 CIS 及 CIGS 太陽電池製造技術、第十二章則介紹染料敏化太陽電池之製造技術，這些不同的太陽電池各有其特色。最後，第十三章則對太陽光電系統與應用做簡單的說明。讀者應該可以在很短的時間內，把本書看過一遍之後，就可對整個太陽電池產業及製造技術有個全盤的了解。

　　本書能夠順利問世，要感謝的人很多。首先最要感謝的，自然是我的愛妻，沒有她的鼓勵與支持，就不會有這本書的問世。也特別要感謝她體諒我在寫作期間對家庭的疏忽，及她這段期間及過去的辛苦付出。再來要感謝的是世創電子的李昭霖與蔡昌志先生，沒有他們分擔了我大部份的工作及體諒，這本書就無法這麼快問世。對於其他朋友的鼓勵及全華圖書公司的全力協助，筆者也藉此予以一併致謝！

　　回首過去這段寫作日子，它是辛苦的、也是充實的。在完成的這一刻，心頭像是去掉一塊大石般的輕鬆自若。但這只是一個階段性使命的完成，往後，應該還會有第三本書的問世吧！最後，誠摯的將這本書獻給我摯愛的妻子美鳳、寶貝女兒語柔。

林明獻　於新竹

編 輯 部 序

　　近年來，環保意識抬頭，全球皆積極研發使用潔淨的再生能源，以減輕傳統發電方式所產生之污染問題。使得太陽能產業得以被重視，也成為未來能源的趨勢。

　　本書作者以多年的經驗由淺入深的對於太陽能電池做詳細的解說，對於太陽光電產業與歷史演進及基本理論做簡單的介紹，使讀者有整體的概念，並分別針對多晶矽原料、單晶矽晶片和多晶矽晶片等原料之製造技術做介紹。對於所有矽基太陽電池的製造技術做說明，包含結晶矽太陽電池、薄膜型結晶矽太陽電池和非晶矽太陽電池等。本書對目前轉換效率最高並用在太空領域的太陽電池 III-V 族化合物太陽電池之製造技術 、 CdTe 化合物太陽電池製造技術、CIS 和 CIGS 太陽電池製造技術、染料敏化太陽電池之製造技術，這些不同的太陽電池介紹其各有的特色。最後將太陽光電系統與應用做簡單的說明，使讀者可以融會貫通並應用於生活上。本書適用於從事太陽電池產業之工程人員及學術研究者所或是有興趣的人士閱讀。

相關叢書介紹

書號：05981
書名：圖解新能源百科
日譯：賈要勤.溫榮弘
16K/312 頁/390 元

書號：10437
書名：再生能源工程實務
編著：蘇燈城
16K/336 頁/520 元

書號：0555603
書名：薄膜工程學(第 2 版)
日譯：王建義
16K/264 頁/350 元

書號：0602901
書名：綠色能源(第二版)
編著：黃鎮江
16K/264 頁/400 元

書號：0367274
書名：矽晶圓半導體材料技術
　　　(第五版)(精裝本)
編著：林明獻
16K/576 頁/650 元

書號：06210
書名：再生能源發電
編著：洪志明
16K/232 頁/370 元

書號：0552504
書名：薄膜科技與應用(第五版)
編著：羅吉宗
20K/448 頁/480 元

◎上列書價若有變動，請以
最新定價為準。

流程圖

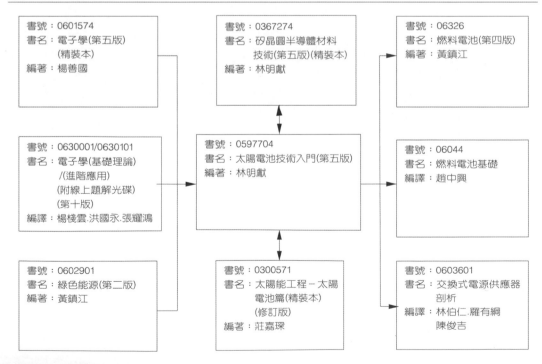

書號：0601574
書名：電子學(第五版)
　　　(精裝本)
編著：楊善國

書號：0367274
書名：矽晶圓半導體材料
　　　技術(第五版)(精裝本)
編著：林明獻

書號：06326
書名：燃料電池(第四版)
編著：黃鎮江

書號：0630001/0630101
書名：電子學(基礎理論)
　　　/(進階應用)
　　　(附線上題解光碟)
　　　(第十版)
編譯：楊棧雲.洪國永.張耀鴻

書號：0597704
書名：太陽電池技術入門(第五版)
編著：林明獻

書號：06044
書名：燃料電池基礎
編譯：趙中興

書號：0602901
書名：綠色能源(第二版)
編著：黃鎮江

書號：0300571
書名：太陽能工程－太陽
　　　電池篇(精裝本)
　　　(修訂版)
編著：莊嘉琛

書號：0603601
書名：交換式電源供應器
　　　剖析
編譯：林伯仁.羅有綱
　　　陳俊吉

目　錄

Contents

第3章 多晶矽原料製造技術

第4章 太陽電池級矽單晶片製造技術

第 5 章　多晶矽晶片之製造技術

第 6 章　結晶矽太陽電池

第 7 章　薄膜型結晶矽太陽電池

第 8 章　非晶矽太陽電池

第 9 章　III-V 族化合物太陽電池

第 10 章　碲化鎘(CdTe)太陽電池

第 11 章　銅銦鎵二硒太陽電池

第 12 章 染料敏化太陽電池

第 13 章 太陽光電系統與應用

附錄 本書編寫時之參考資料

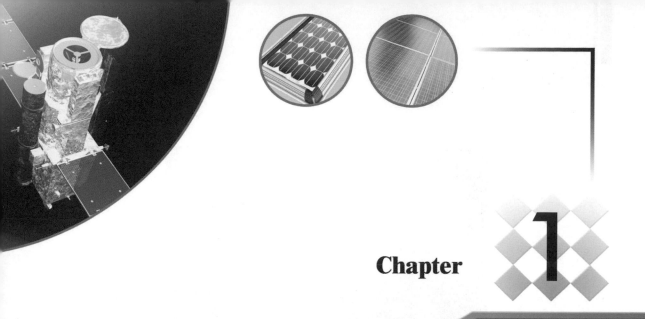

太陽電池概論

1.1 我們所知道的太陽

　　太陽是整個太陽系裡頭的最大物體，它所釋放的能量是維繫整個地球生命最主要的來源。圖 1.1 顯示太陽與地球的相對大小，基本上，它的特性是很難用地球上常用的度量衡單位去描述的。太陽的質量約為 2×10^{30} 公斤，其直徑大小約為地球的 109 倍。

　　太陽內部最主要的成份為氫與氦，其所佔的比例分別為 75% 及 25% 左右。太陽中心的密度為 $1.5 \times 10^5 \text{kg/m}^3$，因為熱核反應，不斷的將氫轉變為氦。據估計，每秒鐘有 3.9×10^{45} 個原子參與這樣的核反應，因而使得產生的能量以光的形式從太陽表面散發出去。在太陽所釋放的輻射能量中，地球只獲得了總輻射量的 22 億分之一，這相當於 1367 w/m^2，這數值也就是所謂的太陽常數。

　　太陽的表面溫度可以高達攝氏 5500 度，其內部的溫度更遠高於此，如此的高溫，使得太陽上的所有物質都處於電漿態。也由於太陽不是固體，因此它的赤道會比高緯度地區旋轉得更快。這種在不同緯度的自轉速度之差別會造成了它的磁力線隨時間扭曲，引起磁場迴路(magnetic field loops)從太陽表面噴發，並引發形成太陽黑子和日珥(如圖 1.1 中噴爆出來的凸起氣流部份)。

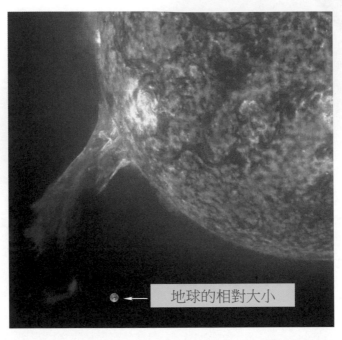

地球的相對大小

圖 1.1　太陽與地球相對大小之比較，此照片是藉由觀測太陽表面離子化的氦所釋出的紫外線而得到的，照片中越白的地方表示溫度越高，越暗的地方表示溫度越低(照片取自 SOHO/NASA/ESA)。

1.2　太陽輻射

　　從太陽輻射出來的能量非常龐大，是地球生物賴以維生的主要能源。它不僅決定了地表的溫度，也實質提供了主導全球自然界系統運轉的能量。不像其它很多星球以X 光或無線電波訊號來釋放能量，我們的太陽輻射之光譜，所放射出來的能量 90%是位於波長 0.1 至 3μm 之間，大部份屬於可見光範圍。但可見光僅佔整個輻射光譜(見圖1.2 所示)之部份而已，紅外線及紫外線也佔整個太陽輻射光譜很重要的一部份。

　　如圖 1.2 所示，太陽輻射的光線波長在 2×10^{-7} to 4×10^{-6} 公尺之間，每一個波長相對應一個光子能量與頻率，越短的波長代表越高的頻率與越大的能量。例如：可見光的範圍是從波長 0.3 微米之紫外光到波長數微米之紅外光，若將這些不同顏色的可見光換算成光子的能量，則約在 0.4 電子伏特到 4 電子伏特之間。對於會曬黑我們皮膚的紫外線而言，其能量比可見光還高；而紅外線的能量則比可見光低。

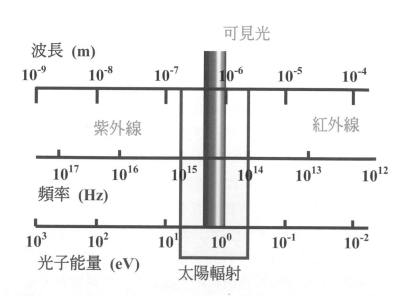

圖 1.2　太陽的輻射光譜所代表的波長、頻率及光子能量之間的關聯性

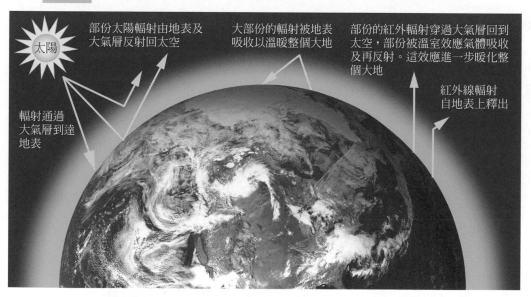

圖 1.3　太陽輻射到達地表之過程的反應之示意圖

　　若將太陽表面放射出來的能量換算成電力的話，它相當於 4×10^{20} MW(百萬瓦)左右。圖 1.3 為太陽輻射到達地表之過程的反應之示意圖，當太陽能在傳送到地球大氣層以後，有約 2%屬於紫外線及其他對人體有害的輻射線，會被大氣層上部之臭氧層所吸收，有 20%被對流層中之水汽、雲層和微塵物所吸收。尚有 35%的能量被地面、大氣或雲層等反射返回太空中，約剩 43%可以直接到達地面。單就到達地面的那一部份來

講，就等於目前全世界商業上年用能量的一萬三千倍！這些照射在地球的太陽能量之平均電力約爲每平方公尺 180 瓦特左右。如果這些太陽能可以充分地被轉換爲電能的話，可以成爲最佳的替代能量來源之一。

太陽輻射照射於地表水平面之強度一般叫做日照率(insolation)。其照射強度因季節、所處緯度、天氣以及一天中時間之不同而異，可以達到每分鐘每平方公分 0 卡至 1.5 卡之間。而且一般包括直射之太陽輻射能(direct solar radiation)與散射(diffused or scattered)部份。散射部份在晴天時所佔比率很低，但在陰天卻可達 90%之多。

太陽電池對於不同波長、顏色的光線會有不同的反應，例如矽晶太陽電池可以在整個可見光及部份紅外光下運作。但一些較長波長的紅外光，其能量小於半導體的能隙，所以不足以讓太陽電池產生電流。較高能量的輻射光，也可以產生電流，但大部份的能量則無法被利用，會以熱的形式消耗掉。這在下一章還會做更進一步說明。

範例 1-1

可見光的波長範圍爲 400-700nm，請問可見光一個光子的能量爲何？

解 光子的能量爲 $E = h\nu$，其中 h 是普朗克常數，ν 是光波的頻率。

那麼我們可以計算出 1 個光子攜帶的能量爲：

$$E = h\nu = 6.62\times10^{-34} \times \nu = 6.62\times10^{-34}\times C/\lambda$$

C 爲光速$= 3\times10^8$ m/s，λ 爲波長

將可見光波長範圍 400-700nm，代入公式即可算出可見光 1 個光子的能量範圍是：

$$E = 2.837\times10^{-19} - 4.965\times10^{-19} \text{ J}$$

1.3 為何太陽能源之利用變得那麼重要？

隨著人類經濟文明的進步，地表內蘊藏的各種不同能源，舉凡石油、天然氣、瓦斯等，在人類過度的使用與開採下，已逐漸消耗殆盡。根據專家估算，全球的石油蘊藏量僅剩約 40 年的使用壽命，而天然瓦斯只剩 60 年的使用壽命而已，見圖 1.4。而在這些天然能源的燃燒使用下，使得大氣中的二氧化碳濃度逐年增加之中，這些大氣中

的二氧化碳會使得自地表反射出來的紅外線，無法順利回到太空，而是再度折回地表上，因而造成所謂的「溫室效應」。這促使地球的總體溫度上升。溫度的上升，有可能造成下列的影響：

- 兩極的冰層會加速融化，造成海平面上升並淹沒沿海低海拔地區。
- 由於暖化，令生物的代謝加快，生理週期異常，甚至破壞整個生物網。
- 全球氣候變遷，導致不正常暴雨及乾旱現象。
- 溫度升高可能導致的病毒感染、腦炎、過敏性氣喘等疾病增加的機率。

　　最近，由於環保意識的抬頭，人們已警覺到這些問題的嚴重性，使得傳統石油、燃煤等發電方式受到限制。世界主要國家近年來乃積極地研發以潔淨的再生能源來取代礦物燃料發電，以減輕傳統發電方式所產生之污染問題。替代性能源主要包括：太陽能、風力、地熱及生物能等，這些均爲各先進國家共同推展的目標。其中，太陽能可說是取之不盡、用之不竭。如果我們能有效的運用這些再生能源，那麼將可以同時疏解能源短缺及環保上的問題了。

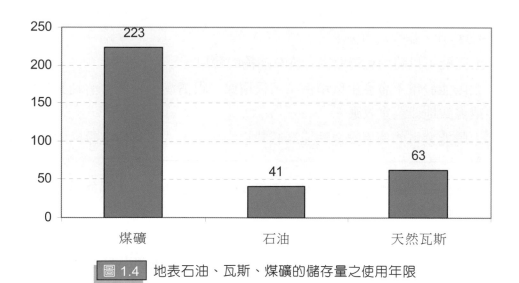

圖 1.4 地表石油、瓦斯、煤礦的儲存量之使用年限

　　臺灣地處亞熱帶，陽光充足，日照量大，非常適合利用太陽能來做爲新能源。太陽能的利用有被動式利用(光熱轉換)和光電轉換兩種方式。利用太陽能的方法主要包括：

- 使用太陽電池，藉由光電轉換把太陽光中包含的能量轉化為電能
- 使用太陽能熱水器，利用太陽光的熱量加熱水
- 利用太陽光的熱量加熱水，並利用熱水發電
- 利用太陽能與化學能之間的轉換，將水分解成氫及氧，再用氫來發電

以往，太陽能的利用不是很普及，利用太陽能發電還存在成本高、轉換效率低的問題。但近年來，利用太陽電池實現太陽能源的開發，因為技術進展十分快速，製造成本也逐漸降低，極有可能成為 21 世紀最有發展潛力的光電技術中的一種。

1.4 太陽能發電的優缺點

太陽能發電產業是一個充滿發展遠景的新興產業，它具有以下的優點與缺點：

1. 優點：
   - 太陽能取之不盡，用之不竭。在過去漫長的十億年當中，太陽只消耗了它本身能量的 2%而已，照射到地表的 1.22×10^{17} 瓦能源中，已足夠應付人類 1.33×10^{12} 瓦的電力需求。
   - 太陽能可以隨地免費取得，沒有運輸的費用。
   - 太陽能發電不會產生環境污染，很環保、很清潔，且不會消耗其他地球資源或導致地球溫室效應。
   - 太陽能發電的使用安全性遠高於其它的發電方式，且發電設備的維修較為簡單。
   - 在一些取電困難的地點(例如：太空或偏遠落後地區)，太陽能發電的成本反而比較低。

2. 缺點：
   - 因為發電密度低，太陽能發電的設備，必須具有相當大的安裝面積。
   - 太陽能受氣候、晝夜的影響很大。在晚上無法發電，因此必須配有電力貯存裝置。在高緯度或多雲少日照的地區，較不易推廣太陽能發電。
   - 太陽電池產生直流電，若要轉換為交流電，會流失 4-12%的能量。

1.5　何謂太陽電池?

　　太陽電池(Solar Cell)是一種能量轉換的光電元件,它在經由太陽光照射後,可以把光的能量轉換成電能。從物理學的角度來看,有人稱之為光伏電池(Photovoltaic,簡稱PV),其中的 photo 就是光(light),而 voltaic 就是電力(electricity)。

　　如圖 1.5 所示,太陽電池的種類繁多,若依材料的種類來區分,可分為單晶矽(single crystal silicon)、多晶矽(polycrystal silicon)、非晶矽(amorphous silicon,簡稱 a-Si)、III-V 族[包括:砷化鎵(GaAs)、磷化銦(InP)、磷化鎵銦(InGaP)]、II-VI族[包括:碲化鎘(CdTe)、硒化銦銅($CuInSe_2$)]等。

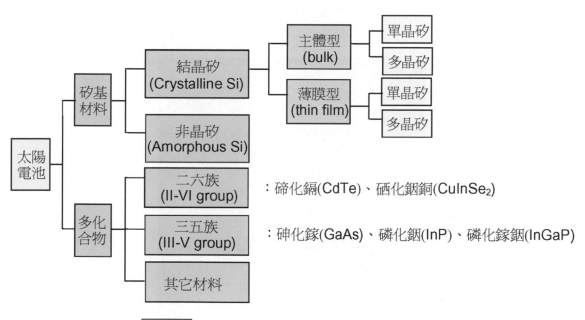

圖 1.5　太陽電池依所使用之材料種類之分類表

1.6 太陽電池的發展史

　　雖然人類很早就學會如何將太陽能應用在生活上,然而回顧整個太陽電池的發展史上,我們可以追溯到最早的太陽電池技術是發生在 1839 年,當時的法國物理學家 Alexandre-Edmond Becquerel(見圖 1.6)觀察到把光線照到導電溶液內,會產生電流的光伏特效應(photovoltaic effect)。但直到 1883 年,第一個太陽電池才由美國科學家 Charles Fritts 所製造出來,他是在半導體材料「硒」上塗一層微薄的金來形成一個簡單的電池,但只得到小於 1%的能量轉換效率。在 1927 年利用金屬(銅)及半導體(氧化銅)接合所形成的太陽電池也被提出。接著,在 1930 年代,硒製電池及氧化銅電池已被應用在一些對光線敏感的儀器上,例如:光度計及照相機的曝光計上。可惜這些早期的太陽能轉換效率都在 1%以下。

圖 1.6　法國物理學家 Alexandre-Edmond Becquerel (1820-1891),他於 1839 年首先觀察到光電效應

　　而較現代化的矽製太陽電池，則直到 1946 年才由一個半導體研究學者 Russell Ohl 所開發出來，如圖 1.7 所示。接著在 1954 年時，三個位於貝爾實驗室的科學家意外發現，在矽裡頭摻雜一些不純物之後對光的敏感度更強烈，使得矽製太陽電池的轉換效率可以達到 6%左右，見圖 1.8 所示。此一重要的里程碑，爲發射人造衛星得到一種可貴的能量來源。於是蘇聯及美國相繼在 1957 及 1958 年發射了第一顆人造衛星(見圖 1.9)。在 1960 年代用在人造衛星上的太陽電池，則都是採用類似圖 1.10 所示的基本構造，這樣的構造一直沿用了 10 年以上的時間。人造衛星的發展，也促使許多政府提供大量研究資金以鼓勵開發更先進的太陽電池。

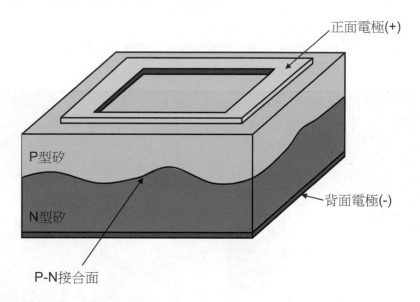

圖 1.7　早期的矽晶太陽電池之結構示意圖，P-N 接合的形成是利用矽熔液在重新凝固的過程中，因不純物的偏析作用而自然形成的"生長界面"。

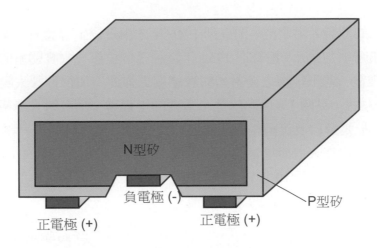

正電極 (+)　　　　負電極 (-)　　　正電極 (+)

P型矽

N型矽

圖 1.8 在 1954 年製造出來的第一個現代化太陽電池之結構，它是利用擴散方式在矽單晶片上製造出 P-N 接合。

圖 1.9 太陽電池在人造衛星的發展上，扮演著非常重要的角色(照片取自 http://www.fineart.com.tw)

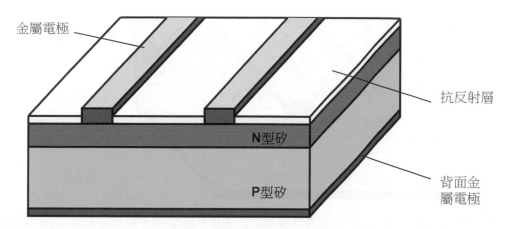

金屬電極

抗反射層

N型矽

P型矽

背面金屬電極

圖 1.10　1960 年代用在太空用途上的太陽電池之基本結構，它成為當時的標準長達 10 年以上

　　到了 1973 年，發生第一次石油危機後，人們開始把太陽電池的應用轉移到一般的民生用途上。在早期的民生太陽電池的運用上，最成功的例子是手錶及小型計算機(見圖 1.11)，這些設備通常是利用太陽能來充電鎳鎘電池，所以它們也可以在微弱的光線下使用。在 1974 年，Haynos 等人，利用矽的非等方性(anisotropic)的蝕刻(etching)特性，慢慢的將太陽電池表面的矽的(111)結晶面，蝕刻出許多類似金字塔(pyramid)的特殊幾何形狀(見圖 1.12)。這些金字塔狀的表面，可以有效的降低太陽光從電池表面反射掉，這使得當時的太陽電池之轉換效率可以達到 17% 的境界。

太陽電池

圖 1.11　使用太陽電池的小型計算機

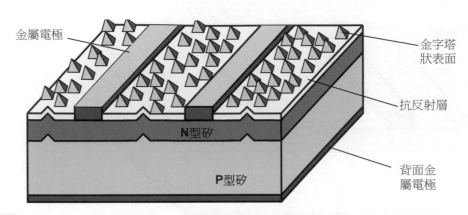

金屬電極

金字塔
狀表面

抗反射層

N型矽

P型矽

背面金
屬電極

圖 1.12 　利用蝕刻方式在太陽電池表面蝕刻出金字塔狀的形貌，可有效抑制太陽光的反射

　　從 1976 年後，整個產界很大的重心是放在降低太陽電池的製造成本。那時太陽電池的材料，大多是使用柴式(Czochralski)長晶法製造出的矽單晶片。由於這種晶片的成本佔了生產太陽電池模組的 40%以上，所以開始有人利用方向性凝固(directional solidificaiton)或鑄造(casting)的方式製造出多晶錠，所以第一個多晶矽太陽電池出現在 1976 年。另外一個降低成本的作法是把矽晶片變薄，如此一來，同樣一根晶棒就可切出更多的晶片出來。

　　在許多科學家的努力之下，太陽電池的轉換效率不斷的提升，到了 1985 年，第一次有人生產出超過 20%轉換率的矽晶太陽電池。這種作法是在太陽電池表面作出微溝槽(microgroove)的 PESC 型太陽電池(passivated emitter solar cell)，見圖 1.13 所示。而在 1989 年甚至有人發明高達 39%能量轉換效率的聚光太陽電池(concentrator solar cell)，這是先利用透鏡將太陽能聚焦後，投射到太陽電池所得到的結果。

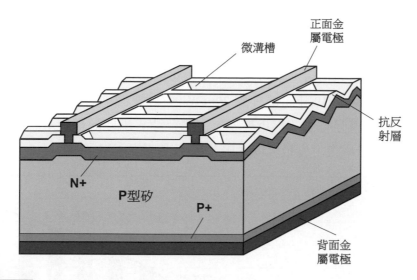

正面金屬電極

微溝槽

抗反射層

N+

P型矽

P+

背面金屬電極

圖 1.13　在 1985 年發明的微溝槽 PESC 型太陽電池，已可超過 20%轉換率

1990 年以後，人們開始將太陽電池發電與民生用電結合，於是「與市電併聯型太陽電池發電系統」(grid-connected photovoltaic system)開始推廣，此觀念是把太陽電池與建築物的設計整合在一起，並與傳統的電力系統相連結，如此我們就可以從這兩種方式取得電力。

過去的太陽能科學家已展望未來有一天，大量的太陽電池可以照亮整個城市。這樣的夢想也因許多的家庭開始在家中安裝太陽能板，而更加接近真實。然而，受到相對較低的太陽能轉換效率的限制及每天可接收陽光時數的限制，想要利用太陽能發電來完全取代燃料發電，似乎仍遙不可及。

在 2006-2010 年期間，由於國際油價節節高漲、不斷創新高，加上京都議定書廢氣減量壓力的環保意識抬頭，使得傳統石油、燃煤等發電方式受到限制，因此，世界主要國家近年來乃積極研發以潔淨的再生能源來取代礦物燃料發電，以減輕傳統發電方式所產生之污染問題。即使太陽能發電比傳統的燃料發電之成本多出 10 倍之多，但太陽電池的市場仍持續快速的成長著。如圖 1.14 所示，在過去 10 年來，太陽電池的需求量已由 2005 年的 1.4 GW 成長到 2015 年的 54 GW。然而，全球太陽光電產業在近幾年歷經了相當大的波動起伏，2011 年可以說是太陽光電產業的高峰，全球總市值高達 1,030 億美元，但 2012 年由於歐債危機的延續、全球性景氣不佳及中國大陸大量擴產等問題，導致太陽光電製造端供過於求，產品價格不斷下跌，狀況直到 2013 年後隨著景氣的復甦，市場價格才趨於穩定，並加上各國家的政策支持，例如：美國政府鼓勵綠能發展、日本 311 核災後以綠能補足能源缺口、中國大陸大幅開發太陽光電內需市場等因素，使太陽光電市場重新邁向較健康且正向的發展。

根據國際相關機構的預估，太陽光電未來幾年的全球市場仍將以 10%的平均年成長率持續擴大，預計到 2019 年可成長到 72 GW。從圖 1.14 上可以看到，最早的太陽光電集中在歐洲，尤其是德國。但近幾年，中國及亞太地區的發展都很快速，且中國在 2015 年開始已躍居為全世界最大的太陽光電市場及生產地了。

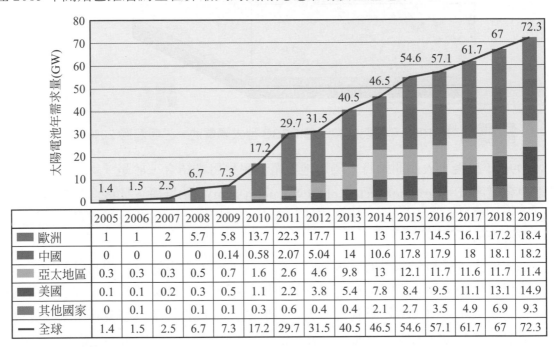

	2005	2006	2007	2008	2009	2010	2011	2012	2013	2014	2015	2016	2017	2018	2019
歐洲	1	1	2	5.7	5.8	13.7	22.3	17.7	11	13	13.7	14.5	16.1	17.2	18.4
中國	0	0	0	0	0.14	0.58	2.07	5.04	14	10.6	17.8	17.9	18	18.1	18.2
亞太地區	0.3	0.3	0.3	0.5	0.7	1.6	2.6	4.6	9.8	13	12.1	11.7	11.6	11.7	11.4
美國	0.1	0.1	0.2	0.3	0.5	1.1	2.2	3.8	5.4	7.8	8.4	9.5	11.1	13.1	14.9
其他國家	0	0.1	0	0.1	0.1	0.3	0.6	0.4	0.4	2.1	2.7	3.5	4.9	6.9	9.3
── 全球	1.4	1.5	2.5	6.7	7.3	17.2	29.7	31.5	40.5	46.5	54.6	57.1	61.7	67	72.3

圖 1.14　全球太陽能發電市場之發展趨勢，預估 2019 年可達 72GW

1.7 太陽電池的經濟效益與未來挑戰

一般用來表示發電系統的經濟成本的最普遍方法，是去計算它輸出每千瓦小時(kW/hr)的費用。發電的成本與太陽電池的效率與可取得每小時的日照量有關。隨著太陽能技術日趨進步，太陽能轉換為電力的效率也隨之大幅提升，再加上規模經濟的達成，更讓發電成本逐漸下降。過去太陽能板的成本曾高達每瓦 4 美元，這成本包括製造晶圓所需的單晶矽棒或多晶矽錠、防護玻璃和銀線等。不過在 2007～2014 年間，由於多晶矽製程的改進及採用塑膠代替玻璃作爲防護層、減少使用銀線等因素，結晶矽太陽能板的成本急降至每瓦 0.3 美元以下，讓結晶矽太陽能板重獲競爭力。但這仍比天然氣發電成本 0.064 美元和煤炭發電成本 0.096 美元高出數倍之多。隨著結晶矽太陽能技術的持續發展，未來太陽能發電的成本可望和煤炭發電一樣低廉，將可大幅改變目前能源使用的型態。例如：在 2015 年，沙烏地阿拉伯電力公司 ACWA Power 宣布將於杜拜興建輸出功率達 200MW 的太陽能電廠，每千瓦小時(kWh)的發電成本爲 0.06 美元。

在 2016 年的今日，太陽光電產業基本上以矽基太陽光電系統爲主，所以矽基太陽能電池原料的取得非常重要。在 2006 到 2010 年間，由於矽基太陽能電池材料缺料問題，使得薄膜太陽能技術也變得非常熱門，例如：碲化鎘(CdTe)、銅銦鎵硒(CIGS)等系統。自從一貫化生產技術成熟後，效率低但廉價的非晶矽(a-Si)薄膜光電池就被大量地應用在消費者產品，例如：大家都熟悉的太陽電池計算機和手錶等。目前各型大小的太陽電池光電板，已逐漸地普及於許多商業和軍事用途，而將太陽電池光電板與建築物 (住宅商業和工業大樓) 整合，更是現在 PV 工業發展的一個熱門項目。在 2009 到 2011 年左右，多晶矽供應商(如中國保利協鑫以及韓國的 OCI 公司等)大幅擴廠，使得矽原料缺料的問題緩解，矽材料價格不斷下跌，加上薄膜太陽能系統的效率及成本無法達到預期的目標，因此許多薄膜技術相關廠商面臨到破產及整頓的風潮。

此外，一些新興太陽能電池系統在過去 10 年也受到矚目，例如：染料敏化太陽能電池(Dye Sensitized Solar Cell, DSSC)，以及有機太陽能電池(Organic Photovoltaic, OPV)系統等。這樣的系統可以採用溶液製程(Solution process)，以簡易且極快速的方式進行塗佈(例如：旋轉塗佈、噴塗及網印塗佈等)，進行捲對捲(roll-to-roll)、捲對板(roll-to-sheet)、板對板(sheet-to-sheet)等連續製程。而且，這些新興的太陽能電池系統還有顏色可調、可撓曲等優點，增加了其靈活的應用性。

過去太陽電池遠較傳統發電方式高的發電成本，使得太陽光電產業的發展深受各國政府能源以及貿易政策的牽絆。例如：在 2003 年時，德國採用「固定價格收購制度」（Feed-inTariff, FIT）的能源政策，帶起正面需求、創造了德國太陽能奇蹟，實施初期因爲獲利率良好，使得太陽光電安裝量增長迅速，但後期因大幅設置而導致政府必須支付龐大的補助費用，造成沉重的財務負擔，加上 2009 年金融海嘯以及歐債危機，使FIT 制度被全面檢討，最後造成歐洲國家政府開始大幅降低 FIT 費率，太陽光電熱門市場已經從原本的歐洲(包含德國、西班牙及義大利等國家)開始漸漸轉移到其它地區，例如：日本、美國、中國，甚至中東、非洲及東南亞等。另一個例子，爲近期發酵的反傾銷、反補貼政策。中國大陸近年擴廠的速度太快，大量接受政府補助使價格崩盤並進行大量傾銷，國際上開始有各種的貿易保護出現，例如：加拿大安大略省的「最低在地貢獻比例」(Minimum Local Content Ratio)強制措施、歐洲地區的在地生產獎勵，這使得兩岸廠商面臨強大的北美市場衝擊。現今，世界各國政府仍以各形式補貼、投資稅賦減免、低利貸款等能源政策，推動太陽能光電產業，而如何利用科學研發，擺脫高成本的太陽能發電，獨立達到低於市電價格，為未來太陽光電產業的終極目標。

習 題

1.1 請問何謂太陽常數？其大小為多少？

1.2 請問在可見光裡頭，能量最高的是那一種顏色的光？

1.3 請問何謂「溫室效應」？

1.4 請列出四個由溫室效應所引起的地球自然環境的影響？

1.5 請列出利用太陽能發電的優缺點各三項。

1.6 請說明太電電池以材料分類，可分為哪些種類？

1.7 請說明為何薄膜太陽電池自 2006 年也開始快速發展？

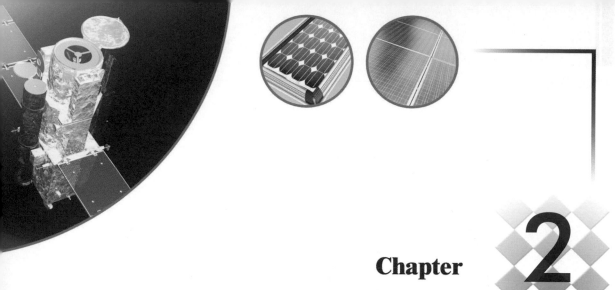

Chapter

2

太陽電池的基本原理

基本的光電物理

　　電力在我們的日常生活中扮演著重要的角色，它幫忙照亮我們的家裡、讓我們可以打開電腦、電視等電子產品。由電池所提供的電力，可以讓我們的車子得以行駛，可以讓手電筒在黑暗裡為我們提供光亮。然而何謂電力呢？它又是如何形成的呢？要了解這一切，我們必須從原子及其內部結構談起。

　　我們知道自然界的物質，都是由原子所組成的。而原子則由質子(proton)、中子(neutron)、與電子(electron)所組成的，見圖 2.1 所示。其中，質子帶著正電荷，電子帶著負電荷，而中子則維持中性，不帶任何電荷。

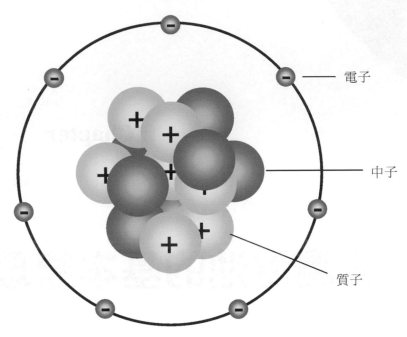

圖 2.1 原子的結構係由質子(proton)、中子(neutron)、與電子(electron)所組成的

　　目前自然界有 118 種已知的元素，它們各有著不同的原子結構。但不管其結構如何，每種原子裡頭的電子數目應該要等於質子數目，這樣才可以維持電荷的平衡與穩定狀態。但對於某些原子而言，在其外圍軌道運行的電子並未緊密的附著，在一些外在因素的影響之下，其電子可能會自軌道脫離，如此一來，這原子裡頭的質子正電荷將高於電子的負電荷，而使得整個原子帶著正電，我們稱這樣帶著正電的原子為「離子」。

　　電子可以從一個原子移到另外一個原子上，這樣的一種電子移動，就產生了電子流。當一個額外電子跑到一個原子上時，會逼使得這原子的另外一個電子脫離。一個帶正電的「非平衡態」原子會吸引帶負電的電子，當電子在原子與原子之間移動時，就產生了電流。這樣的現象可以說明在一條電線裡頭，電子的流動，正是由一個原子移動到另一個原子，而傳遞電力的，見圖 2.2 所示。

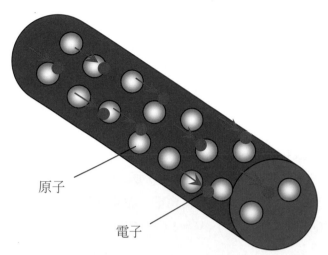

圖 2.2　電子在電線裡頭由一個原子往另外一個原子移動，因而產生電流。

　　帶負電的電子並無法在空氣中自由的跳到一個帶正電的原子上，它們必須等到帶正電的區域與帶負電的區域之間存在一個「橋樑」之後才可移動，我們稱這樣的橋樑為所謂的「電路」。當電路已經建立時，電子就可開始快速的移動。圖 2.3 是個簡單的電路圖，一個電池在與燈泡連接的電路之中，可以提供電子使燈泡中的鎢絲受熱，因而發出光亮。

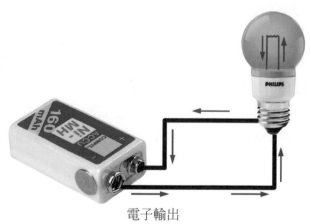

電子輸出

圖 2.3　一個簡單的電路圖示意圖，一個電池在與燈泡連接的電路之中，可以提供電子使燈泡中的鎢絲受熱，因而發出光亮。

　　電力的傳導在某些物質上會比其它物質來得容易，因此我們可用其導電的能力，將一般的物質分成絕緣體、半導體及導體等三類。絕緣體就如塑膠、玻璃、衣物之類的東西，很難導電，其電阻率約在 10^8 ohm-cm 以上。而導體就如鐵、銀、銅之類的金屬，很容易就可導電，電阻率約在 10^{-4} ohm-cm 以下。至於半導體，例如：矽、鍺等，其特性正好介於導體於絕緣體之間,在某些狀況下,它就像一個絕緣體般無法導電,但只要施以適當的條件(例如,增加溫度或光強度),它也可以變成導體一樣來傳導電子。

以下總結一些光電物理名詞的定義:

(1) 能量(Energy)

能量可分為位能(potential energy)及動能(kinetic energy)兩類,它又可細分為熱能、電能、光能等型態的能量。自然界的能量是不滅的,它不會無端被創造或消失,但可在型態之間做轉換,例如:由光能轉換為電能。能量的單位為「電子伏特(electron volts, eV)」或「焦耳(joules, J)」,其中 $1 \text{ eV} = 1.6 \times 10^{-19} \text{ J}$。

(2) 功率(Power)

功率的物理意義為能量的傳輸速率,例如:在一秒裡頭使用了 2 焦耳的能量,那麼功率的消耗為 2 J/sec。功率的單位為瓦特(Watts, W),其中 1 W= 1 J/sec。因此我們通常討論的是電的功率而不是它的能量,因為電能是隨著時間在流動的。電子的功率可由以下的公式來計算

$$功率(watts) = 電流(amps) \times 電壓(volts)$$

一般家庭裡常用的燈泡需要 60W 的功率來操作,這也代表了它的發電亮度。相比較之下,假設太陽光照在一太陽電池的照度為 100 mW/cm²,如果這太陽電池的面積為 100cm²,且轉換效率為 30%的話,那麼它僅可產生 3W 的功率。

(3) 電場(Electronic Fields)

電場是指,當電荷(charges)在電場裡頭可以受到靜電力(electrostatic force)影響的一個區域,例如:一個正電荷會吸引臨近的負電荷,這樣的正負電荷即構成一個電場。

(4) 電流(Current)

電力是指帶電荷的粒子之流動,而電流則是帶正電荷的粒子之流動速率的量測單位。由於電荷的單位為庫侖(coulombs, C),所以電流的單位為 C/sec,也可用安培(amps)來表示,其中 1amps=1C/sec。當數百安培的電流通過人體時,人就會開始有不舒服的感覺。

(5) 電壓(Voltage)

電壓是用來描述每個電荷所包含的能量大小,所以它的單位為伏特(volts, V),其中 1 V=1 J/C。它在電路中的角色,就像是一個幫浦般去驅動電流通過一個管路。

(6)　電阻(Resistance)

電阻代表著電流在電路上流動的難易度，越高的電阻電流越難流通。越低的電阻表示越多的電流可以流過，或者說僅需較低的電壓就可驅動相同的電流。電阻的單位為歐姆(ohms)，它跟電流與電壓之間的關係可由下式表示

$$電阻 [ohms] = \frac{電壓 [volts]}{電流 [amps]}$$

(7)　短路(Short Circuits)

如圖 2.4 所示，在一些偶然的狀況之下，電路上出現的另一個可以讓電流可以流通的路徑，這路徑就被稱為短路(short circuit)。它的意外出現，會使得電路元件無法得到設計的電荷，因此造成功率的損失。在太陽電池的設計中，短路電流 I_{sc} 是描述太陽電池特性與效率的重要參數。

(8)　開路(Open Circuits)

如圖 2.4 所示，電路上出現的開放電路會完全阻絕電流的流通。這就像是一燒斷的鎢絲電燈炮一樣，電流無法通過燒斷的鎢絲，所以無法產生功率。在設計太陽電池時，必須故意去創造開放電路來量測該太陽電池的特性，所以開路電壓 V_{oc} 是個很重要的參數。

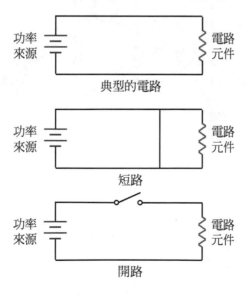

圖 2.4　短路與開路之比較

2.2 矽的原子結構

　　矽是目前最主要的半導體材料，它不僅廣泛用在太陽電池產業上，也大量用在積體電路等半導體應用上。了解矽的原子結構，將有助於了解太陽電池的發電原理。所以，在此我們將詳細介紹矽的原子結構。

　　矽的原子序為 14，其晶體具有類似鑽石的結構。在這種鑽石結構中，它的最外層電子軌域上，有 4 個電子環繞原子核運行，而這 4 個電子又稱為價電子。每個矽的 4 個最外層電子，分別和 4 個鄰近矽原子中的一個外層電子兩兩成對，形成共價鍵，如圖 2.5 及圖 2.6 所示。在室溫時，這些共價電子被局限在共價鍵上，所以不像金屬一樣具有可以導電的自由電子。但是在較高的溫度，熱振動可能足以打斷共價鍵，並釋放一個自由電子來參與導電行為。因此半導體在室溫時的電性就如同絕緣體般，但在高溫時就和導體一樣具有高導電性。

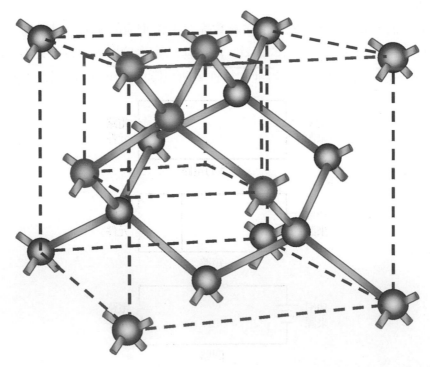

圖 2.5　矽的鑽石結構，圖中的紅色方塊可見到一個矽原子與鄰近的四個其它矽原子鍵結在一起

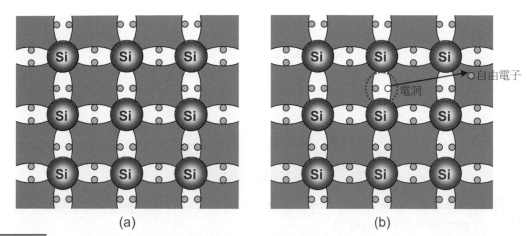

(a)　　　　　　　　　　　　　　　(b)

圖 2.6　在二維空間的原子鍵結示意圖，(a)在室溫之下，矽具有完整的共價結構，呈現絕
緣體特性；(b)當共價鍵破斷，帶負電的自由電子被釋出，留下一個帶正電的電洞，
在這種狀況之下，矽有著類似導體的導電特性

2.3　半導體的能帶理論

在固態物理學上，我們把一個物體的電子依其所佔據的能階大小，可以畫出所謂
的能帶圖(band gap diagram)。在穩定狀態之下，電子是佔據在所謂的價帶(valence band)
裡的不同能階上，而價帶與導帶(conduction band)之間存在一個能量屏障，我們稱之為
能階隙(band gap 或 energy gap)。以絕緣體而言，這個能階隙高達 8 eV 以上，所以價帶
的電子無法被激發到導帶來進行導電行為。而半導體的能階隙較小，例如矽的能階隙
是 1.12 eV(如圖 2.7 所示)，因此位於價帶的電子可以在吸收高於能階隙的能量之後，
被激發到導帶來進行導電行為。至於金屬之類的導體，其價帶與導帶互相重疊，沒有
所謂的能階隙，所以不需要能量就可使電子自由在導帶中進行導電行為。

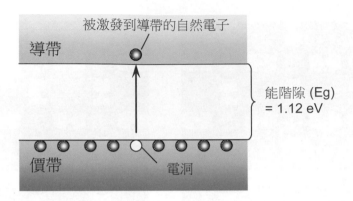

導帶

被激發到導帶的自然電子

能階隙 (Eg)
= 1.12 eV

價帶

電洞

圖 2.7　矽的能帶圖，當價帶的電子克服能階隙 1.12 電子伏特的能量障礙跑到導帶之後，
就會在價帶留下一個電洞。

　　一個半導體材料的導電能力(conductivity)與其能階隙的大小有關。以電子元件的應用觀點來看，在室溫時像純矽這樣的本徵半導體(intrinsic semiconductor)，其自由電子的密度實在太低了。所以在實際的應用上，必須在半導體材料之中再添加一些特殊型態的雜質，這些故意摻入的雜質，便可以戲劇性的改變半導體的電性。這是因為雜質原子會在導帶與價帶之間提供一區域性的能階，使得電子的激發變得更容易。

　　如圖 2.8 所示，如果我們在純矽中摻入擁有 5 個價電子的原子，例如：磷原子，這個雜質原子會取代矽原子的位置。但是，當擁有 5 個價電子的磷原子和鄰近的矽原子形成共價鍵的時候，會多出 1 個自由電子，這個自由電子是一個帶負電的載子。我們把這個提供自由電子的雜質原子稱為施體(donar)，而摻雜施體的半導體就稱為「N 型半導體」。

　　同理，如圖 2.9 所示，如果我們在純矽中摻入三價的原子，例如：硼原子，這個三價的雜質原子會取代矽原子的位置。但因為硼原子只可以提供 3 個價電子來和鄰近的矽原子形成共價鍵，因此會在硼原子的周圍產生 1 個空位，這個空位就被稱作電洞(hole)，這電洞可以當成一個帶正電的載子。通常，我們把這一個提供電洞的雜質原子稱作受體(acceptor)，同時把摻雜受體的半導體稱為「P 型半導體」。

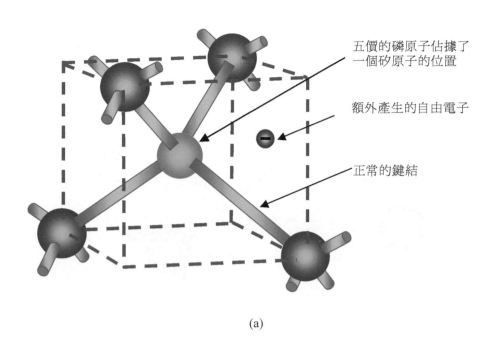

五價的磷原子佔據了
一個矽原子的位置

額外產生的自由電子

正常的鍵結

(a)

被激發到導帶的自然電子

導帶

施體能階

電洞

能階隙 (Eg) =
1.12eV

價帶

(b)

圖 2.8　(a)一個五價的磷原子佔據了一個矽原子的位置之後，便會有一個額外的自由電子
被釋出；(b)以能階的觀點而言，五價的磷原子佔據了能階隙中比較靠近導帶的一
個能階，因此只要微小的能量，就可使磷原子釋出電子到矽的導帶上。

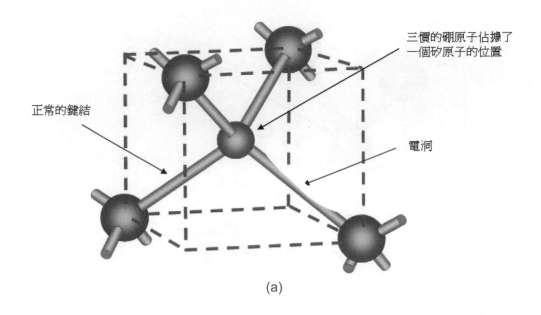

三價的硼原子佔據了
一個矽原子的位置

正常的鍵結

電洞

(a)

導帶

能階隙 (Eg) =
1.12 eV

受體能階

價帶   電洞

(b)

圖 2.9 (a)一個三價的硼原子佔據了一個矽原子的位置之後,便會產生一個額外的電洞;
(b)以能階的觀點而言,三價的硼原子佔據了能階隙中比較靠近價帶的一個能階,
因此只要微小的能量,就可使硼原子釋出電洞到矽的價帶上。

2.4　P-N 接合(P-N Junction)

　　將 P 型及 N 型半導體如圖 2.10 所示接合時,被會形成一個二極體(diode)。這時右邊 N 型半導體內的過多電子會擴散到左邊 P 型半導體中,以填補其內的電洞。在 P-N 接面附近,因電子與電洞的互相結合,會形成一個載子空乏區(depletion region),或稱為空間電荷區(space charge region),也就是在這空乏區裡頭,不存在著過多的自由電子與電洞。然而 N 型半導體的過多電子,並不能無限度的一直往左邊移動,這是因為電子在接近 P 型半導體時,受到受體(acceptor)所帶的負電荷之排斥力之故。同理,左邊 P-型半導體之電洞,在接近接合處也會受到施體(donar)所帶正電荷的排斥力。在空乏區裡頭的這些正、負電荷,存在著一個內建電位,構築成一個障壁電壓。

　　如果要使接合面產生可以流通的電流,那麼我們必須施加一個外在電壓,來克服這一個障壁電壓。如圖 2.11 所示,我們在 P 型的一端接上正電壓, N 型端接上負電壓,如此一來,P 型端的電洞會受到正電場的排斥,而流向接合區;相同的,N 型端的電子會受到負電場的排斥,而流向接合區。因此當所加的電壓值超過接合區之障壁電壓時,電流便會通過接合區而導通,這種電壓我們稱之為「順向偏壓」。反之,如果在 P 型的一端接上負電壓, N 型端接上正電壓,電流就無法導通,這種電壓我們稱之為「逆向偏壓」。

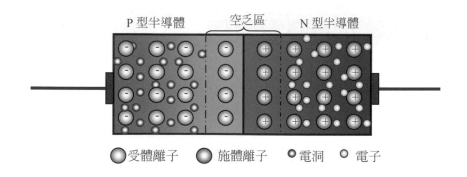

P 型半導體　　空乏區　　N 型半導體

⬤ 受體離子　　⬤ 施體離子　　○ 電洞　　○ 電子

圖 2.10　一個 P-N 接合的二極體示意圖,在接合區附近形了一個空乏區,裡頭只有施體與受體的正負離子,但沒有自由的載子(亦即電子與電洞)。電子與電洞無法跨越空乏區的能量屏障。

在空乏區內的電場是由 N 型區指向 P 型區的，如果入射光子在此區域內被吸收產生電子-電洞對時，電子會因為內建電場的影響而向 N 型區漂移，同樣的，電洞也會因為內建電場的影響而向 P 型區漂移，這樣的一種漂移電流就是所謂的光電流 (photocurrent)。光伏特效應中的光電流是由 N 型區流向 P 型區的，這對 P-N 二極體而言，正好是逆向偏壓的電流方向。

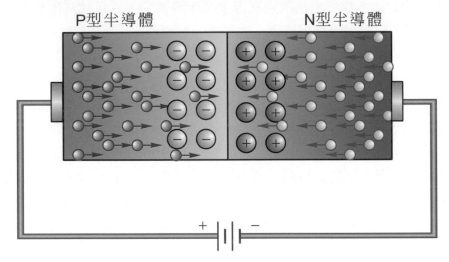

P型半導體　　　　　　　　　　　N型半導體

圖 2.11　對 P-N 接合的二極體施加順向偏壓，P 型端的電洞會受到正電場的排斥，而流向接合區，而 N 型端的電子會受到負電場的排斥，而流向接合區。

2.5　太陽電池的發電原理

太陽電池與一般的電池不同，太陽電池是將太陽能轉換成電能的一種裝置，它不需要透過電解質來傳遞導電離子，而是利用半導體產生 PN 接合來獲得電位。圖 2.12 是個傳統的太陽電池的結構圖，首先是以摻雜少量硼原子的 P 型矽當做基板 (substrate)，然後再用高溫熱擴散的方法，把濃度略高於硼的磷摻入 P 型基板內，如此一來即可形成一 P-N 接合。在 N 型矽上還要長上一層抗反射膜(antireflective coating)，以有效的降低太陽光自矽表面反射掉的比率。此外，在太陽電池的正面與背面也都必須接上電極。

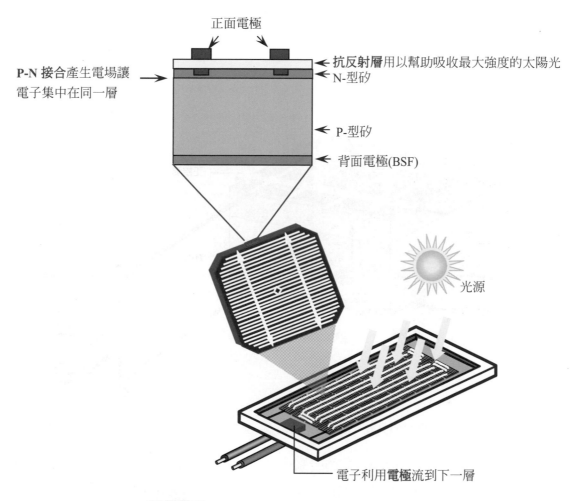

正面電極

抗反射層用以幫助吸收最大強度的太陽光

N-型矽

P-N 接合產生電場讓
電子集中在同一層

P-型矽

背面電極(BSF)

光源

電子利用電極流到下一層

圖 2.12　一個傳統的太陽電池的結構示意圖

　　當太陽光照射到太陽電池時，首先光子會透過抗反射膜，然後照射到矽的表面，這些光子的能量被移轉到 N 型矽層的導帶電子，使它脫離軌道而產生大量的自由電子。而這些電子的移動又產生了光電流，也就是在 PN 接合處產生電位差。如果我們用導線將此太陽電池與一負載連接起來，形成一個迴路，就會有電流流過負載，這就是太陽電池發電的原理，如圖 2.13 所示。

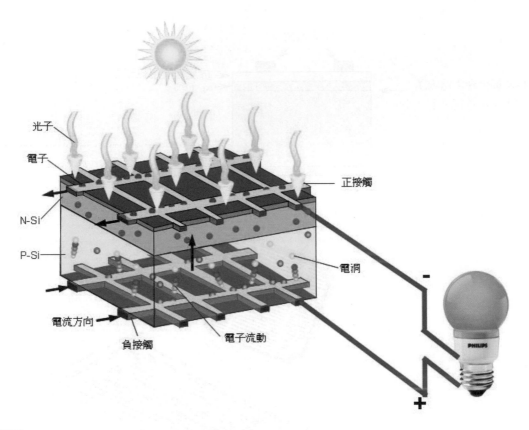

光子
電子
N-Si
P-Si
電流方向
負接觸
電子流動
正接觸
電洞

圖 2.13 太陽電池在接受光照之後，電子由 N-Si 往下流到下層的 P-Si 中，因而產生電流電壓

　　如果將照光的 P-N 二極體二端的金屬接觸用金屬線直接連接，就形成所謂的短路 (short circuit)，在金屬線上流通的短路電流(short-circuit current)就等於光電流。若照光的 P-N 二極體二端的金屬不相連，就形成所謂的開路(open circuit)，此時光電流會在 P-型區累積額外的電洞，在 N 型區累積額外的電子，因此 P 端的金屬接觸會較 N 端金屬端有一較高的電壓位勢，這就是所謂的開路電壓(open circuit voltage)。

　　太陽電池需要陽光才能運作，所以使用上大多是將太陽電池與蓄電池串聯，將有陽光時所產生的電能先行儲存，待無陽光時，蓄電池就可放電使用。此外，太陽電池產生的電是直流電，若須提供交流電給家電用品或各式電器使用時，還得加裝直/交流轉換器才行。由於單一的太陽電池產生的電流與電壓都很小，在應用上需將許多的太陽電池並聯及串聯，才可以形成較大的電流電壓。

2.6　太陽光的光譜照度

　　太陽電池的能量來源來自於太陽光源，因此太陽光的強度與光譜(spectrum)就決定了太陽電池的輸出功率。有關太陽光的強度與光譜，可以用光譜照度(spectrum irradiance)來表示，也就是每單位波長及每單位面積的光照功率，單位為 W/m²μm。而太陽光的強度則為所有波長之光譜照度的總和，單位為 W/m²。

　　光譜照度與量測位置及太陽相對於地表的角度有關，這是因為太陽光在抵達地面之前，會經過大氣層的吸收與散射。位置與角度的這二項因素，一般是以所謂的空氣質量(air mass, AM)來表示。例如：AM1 代表著在地表上，太陽正射的情況，此狀態下的光強度為 925 W/m²。而 AM1.5 則代表在地表上，太陽以 45 度角入射的情況，此狀態下的光強度為 844 W/m²。一般 AM1.5 被用來代表地表上，太陽的平均照度。

2.7　太陽電池的電路模型

　　一般傳統的電池之輸出電壓與最大輸出功率是固定的，但太陽電池的輸出電壓、電流及功率，則受到照光條件及負載而變化。當太陽電池在不受光時，它基本上就是一個 P-N 接合的二極體，因此在一個理想二極體的狀態之下，電流與電壓之間的關係可以下式計算之：

$$I = I_0(e^{V/V_T} - 1)$$

　　其中 I 為電流大小，V 為電壓，I_0 為飽和電流，$V_T = kT/q$。一般二極體的正電流方向是定義為由 P 型流向 N 型。而電壓的正負值是定義為 P 型端電壓減去 N 型端電壓。所以根據這些定義，太陽電池在運作時，電壓值為正值，而電流為負值。

　　當太陽電池受光時，它會產生光電流，這是個負向電流，因此太陽電池的電流-電壓關係，就是一個理想二極體再加上一個負向的光電流 I_L。因此電流可以下式表示之：

$$I = I_0(e^{V/V_T} - 1) = I_L$$

在沒有光照時，$I_L = 0$，太陽電池就形同一個二極體。而當太陽電池處於短路狀態 (short circuit)之下，因為此時的電壓值(V)為 0，因此我們可以得到短路電流 $I_{sc}=-I_L$，這代表的意義是：當太陽電池處於短路狀態下時，短路電流應該要等於入射光源所產生的光電流。若太陽電池處於開路狀態(open circuit)之下，因為此時的電流值(I)為 0，因此我們可以得到開路電壓 V_{oc} 為

$$V_{oc} = V_T \ln\left(\frac{I_L}{I_0} + 1\right)$$

以上的推論是理想化的狀態，在實際面上，太陽電池元件本身尚存在著串聯電阻 (series resistance, R_s)及分流電阻(shunt resistance, R_{sh})，因此一個太陽電池的等效電路 (equivalent circuit)可用圖 2.14 所表示說明之。串聯電阻的產生是因為半導體本身存在著電阻，而且在半導體與金屬的接觸間，也會有電阻存在，所以這些電阻的作用就如同一個串聯電阻一般。再者太陽電池元件的電路之間，或多或少會存在著漏電流 (leakage current, I_{leak})，亦即 R_{sh} = V/I_{leak}。當分流電阻越小時，漏電流就越大。在考慮這些串聯電阻及分流電阻之後，太陽電池的電流-電壓關係可寫為

$$I = I_0\left[e^{(V-IR_s)/V_T} - 1\right] + \frac{V-IR_s}{R_{sh}} - I_L$$

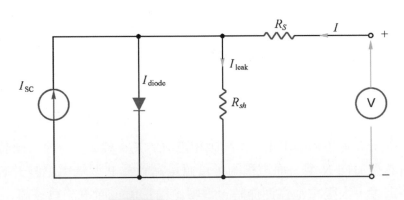

圖 2.14　太陽電池的等效電路

2.8 判別太陽電池效率的參數

■ 2.8.1　最大的功率點

　　一個太陽電池可以在不同的電壓(V)與電流(I)之下操作，藉由增加電壓的大小，由 0 到一個有限高值，我們可以獲得電能的最大輸出功率 P_m(單位為瓦特, Watts)。最大輸出功率 $P_m = V_m \times I_m$。其中，V_m 與 I_m 分別為在最大輸出功率時的電壓與電流。

　　電力多寡的產生不止受到能量轉換效率的影響，也與日照的程度及太陽電池板的面積有關。為了有效的比較不同太陽電池之間的輸出功率，我們必須在相同的標準狀態下去測試太陽電池。國際的公用量測標準，是採用以下的測試條件：

1. 使用 1000 W/m² 的日照輻射度(irradiance)
2. 使用 AM 1.5 的固定太陽輻射光譜大小(亦即固定的光源種類)
3. 測試溫度為攝氏 25℃

　　根據這樣的條件所量到的功率，我們賦給它一個單位為 W_p(Watt Peak)。舉例來說，一個尺寸為 125×125mm 的矽晶太陽電池的峰值功率 W_p 約為 2.66W。

■ 2.8.2　能量轉換效率

　　要判別一個太陽電池性能的好壞，最重要的參數就是能量轉換效率(η, energy conversion efficiency)。轉換效率定義為進入太陽電池之太陽輻射光能量(P_{in})與太陽電池的輸出電能(P_m)的百分比，可以由以下的計算公式表示之。

$$\eta = \frac{P_m}{P_{in}} \times 100\% = \frac{V_m \times I_m}{P_{in}} \times 100\% = \frac{V_m \times I_m}{A_c \times E} \times 100\%$$

　　其中，E 為標準條件下的日照輻射量(單位為 W/m²)，A_c 為太陽電池的面積。

　　愈高的轉換效率，代表著更多的電力可被產生。由於不同的材料可以吸收的太陽光源之光譜能量不同，所以用來製作太陽電池的材料的種類，是決定能量轉換效率大小的一個重要因素之一。目前各種太陽電池的最高效率為：單晶矽 24.7%、多晶矽 19.8%、非晶矽 14.5%、砷化鎵 25.7%、硒化鎵銦銅(CIGS)18.8%、多接面串疊型 33.3%。

由於材料特性上的限制，目前結晶矽太陽電池的效率，幾乎已經達到最佳的水準，要再進一步提升的空間有限。表 2.1 為目前商業化的太陽電池的轉換效率範圍。

表 2.1 為目前商業化的太陽電池的轉換效率範圍

太陽電池種類		半導體材料	市場模組發電轉換效率
矽(silicon)： 目前太陽光電系統中應用最為廣泛之材料	結晶矽太陽電池	單晶矽(Si)	15～20%
		多晶矽(Si)	12～18%
	非晶矽太陽電池	Si、SiC、SiGe、SiH、SiO	6～9%
多化合物(Compound)： 應用於太空及聚光型太陽光電系統	單晶化合物太陽電池	GaAs、InP	18～30%
	多晶化合物太陽電池	CdS、CdTe、CuInse	10～12%
奈米及有機(Nano & Organic)： 應用於有機太陽電池，尚屬研發階段	TiO_2		1%以下

在一個三月或九月的晴朗天氣之中午，在地球赤道上的太陽輻射量約為 1000 W/m^2。因此這個值才被定為標準的太陽輻射量，它代表著每平方公尺的面積接受到約 1000 瓦特的太陽輻射功率。因此，如果我們在赤道附近安裝一個面積為 1 平方米的能量轉換效率 15%的太陽能板，那麼它的發電量將為 $150W_p$(=1000 W/m^2×1 m^2×15%)。

■ 2.8.3 填充係數(Fill Factor)

填充係數(Fill Factor，簡稱 FF)是另外一個用來定義太陽電池整體行為的參數。它等於最大功率值(P_m)除上開路電壓(open circuit voltage, V_{oc})及短路電流(short circuit current, I_{sc})。

$$FF = \frac{P_m}{V_{oc} \times I_{sc}} = \frac{V_m \times I_m}{V_{oc} \times I_{sc}} = \frac{\eta \times A_c \times E}{V_{oc} \times I_{sc}}$$

圖 2.15 為一太陽電池之電壓-電流特性圖(I-V curve)，圖中的紅線部份為在受到日光照射時的電流與電壓曲線，填充係數 FF 代表著圖中黃色四方形面積相對於藍色四方形面積之比率。所以填充係數是一個用來描述 IV 曲線和一個矩形的類似程度。這個數字愈高，就表示 IV 曲線愈接矩形。填充係數是一個小於 1 而且沒有單位的一個數值，

這個數值不會因為溫度及日照率的改變而產生變化。這個值愈接近 1 愈好。在沒有串聯電阻，且分流電阻為無窮大時(亦即完全沒有漏電流時)，填充係數最大。任何串聯電阻的增加或分流電阻的減少，都會降低填充係數。

我們可將能量轉換效率(η)重新以三個重要參數，開路電壓 V_{oc}、短路電流 I_{sc}、填充係數 FF，重新表示成：

$$\eta = \frac{FF \times I_{sc} \times V_{oc}}{P_{in}}$$

因此，如果我們想要增加能量轉換效率的話，則要同時增加開路電壓、短路電流(亦即光電流)及填充係數(亦即減少串聯電阻與漏電流)。

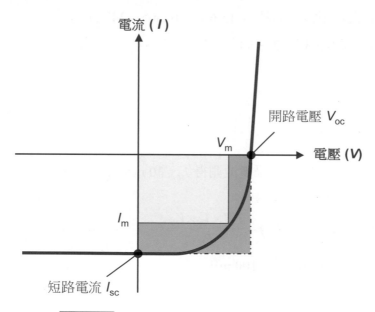

圖 2.15　為一太陽電池之電壓-電流特性圖

■ 2.8.4　量子效率(Quantum efficiency)

量子效率的代表意義為，當光線照射到太陽電池表面時，有多少比率的光子可有效的轉換為電子-電洞對(亦即電流)。它通常是在不同波長範圍下，來量測元件在每個光子能量下的效率。

範例 2-1

假設太陽光的照度為 100 mW/cm²，如果想要安裝太陽電池來產生 1000W 的功率，請問如果採用平均轉換效率為 15%的多晶矽太陽能電池，並假設電池上的每個位置都可以充份吸收太陽光，那麼至少需要多少片的 156×156 mm 多晶矽片？

解 假設太陽電池的總面積為 A

$$1000W = 100 \text{ mW/ cm}^2 \times A \times 15\%$$

$$1000W = 100 \times 10^{-3} \times A \times 15\% \text{ W/ cm}^2$$

$$A = 66666.67 \text{ cm}^2$$

每片多晶矽太陽電池的面積 $= 15.6 \times 15.6 \text{ cm}^2 = 243.36 \text{ cm}^2$

$$66666.67 / 243.36 = 273.94$$

所以需要至少 274 片

範例 2-2

在標準測試條件之下，如果一太陽電池測得 $I_{sc}= 30 \text{ mA}^2/\text{cm}^2$、$V_{oc} = 0.90 \text{ V}$、 FF = 0.75，請由此計算此太陽電池的轉換效率？

解 利用能量轉換效率公式：$\eta = \dfrac{FF \times I_{sc} \times V_{oc}}{P_{in}}$

其中 $P_{in}= 1000 \text{ W/m}^2 = 100 \text{ mW/cm}^2$

於是 $= (0.75 \times 30 \times 0.90/100) \times 100\% = 20.25\%$

2.9 影響太陽電池效率的因素

目前商業化的太陽電池之實際效率，與其理論極限尚有一段差距，例如：結晶矽太陽電池的理論值可以達到 27%左右，但實際的商業量產僅在 15～20%之間。造成這中間差異的原因何在呢？我們又要如何去進一步突破及改善其效率呢？以下我們將分析效率損失原因及改善方法。

■ 2.9.1　造成轉換效率損失原因

　　影響太陽電池之效率的主要因素為半導體材料之選擇，由於每種材料之能階隙的大小與其所吸收的光譜各有不同，所以每種材料有其一定的理論能量轉換效率。這個原因是因為材料的光譜接受度與太陽光線的光譜之不相契合之故，也就是說太陽電池依其材料之不同，只能吸收一定範圍內的光譜能量。此外在實際應用上，轉換效率會受該材料之品質影響而無法達到理論值。例如：當使用到純度較低，或是含有過多結晶缺陷的材料時，效率便會降低了。

　　除了材料本身的影響之外，某些損失是因太陽電池之結構設計上所造成的，這包括：

1.　反射損失(reflection loss)：由於部份的太陽光源會自材料的表面反射掉，因而造成轉換效率的損失，因此尋求降低光線反射的方法，將有助於提升效率。

2.　表面再結合損失(surface recombination loss)：由光產生的電子與電洞對，可能會在表面產生再結合(recombination)之現象(也就是電子又填回電洞的位置)，因此產生的電流就變小了。這樣的損失就稱為表面再結合損失。

3.　內部再結合損失(bulk recombination loss)：如果由光產生的電子，由於太陽電池材料內部的缺陷，而發生產生再結合的損失，就稱為內部再結合損失。

4.　串聯電阻損失(series resistance loss)：太陽電池內部或電路的電阻，會使得通過的電流產生焦耳熱之串聯電阻損失。

5.　電壓因子損失(voltage factor loss)：因光線而產生的載子，在 P-N 接面處受到空乏區內部電場的影響而移動，因而產生電荷的分極化，衍生一個新的電場。因此影響到因摻雜物擴散所產生的內部電位之大小。這樣的損失就稱為電壓因子損失。

■ 2.9.2　提高轉換效率的方法

　　要如何提昇太陽電池的轉換效率，一般的做法可從下列幾個方向著手：

1.　減少光線自半導體材料表面的反射：

　　如果太陽電池的表面沒有經過特別處理的話，將會有 30%以上的光線會自表面反射而損失掉。如果要減少光線的反射而增加太陽電池的效率，目前的作法包括：

(a) 在太陽電池的表面加上一層抗反射層,一般常用的抗反射層為氧化矽(SiO_2)、氮化矽(Si_3N_4)、氧化鈦(TiO_2)等。

(b) 將不透光的表面電極作成手指狀(finger)或網狀,這樣的結構可以減少光線的反射,使大部分的入射陽光都能進入半導體材料中。見圖 2.16 所示。

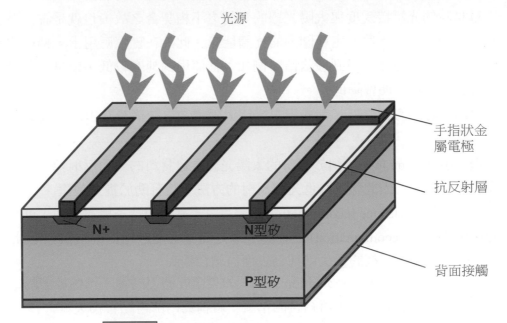

光源

手指狀金屬電極

抗反射層

N+

N型矽

背面接觸

P型矽

圖 2.16 將電極做成手指狀,可以減少光線的反射

(c) 將太陽電池的表面製成凹凸不平的表面,這樣可使得光線受到表面多重反射的作用,而更有效率的進入半導體材料中。常用的作法有 V 字型溝槽、金字塔型(pyramid texture)及逆金字塔型表面(inverted pyramid texture)。見圖 2.17 所示。

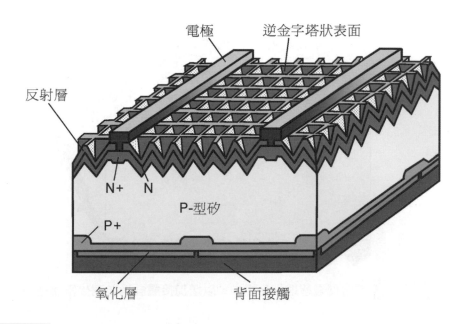

電極　逆金字塔狀表面

反射層

N+　N

P-型矽

P+

氧化層　背面接觸

圖 2.17 將太陽電池的表面製成凹凸不平的表面，可幫助光線吸收的效率

(d) 將太陽電池製成串疊型電池(tandem cell)，把兩個或兩個以上的元件堆疊起來，能夠吸收較高能量光譜的電池放在上層，吸收較低能量光譜的電池放在下層，透過不同材料的電池將光子的能量層層吸收。

2. 減少串聯電阻：

減少串聯電阻可以提高太陽電池的轉換效率，在作法上著重於金屬電極構造之最佳化。例如可以將金屬電極埋入基板中，以增加接觸面積，並減少串聯電阻。如圖 2.18 所示。

3. 增加入射光的面積：

傳統太陽電池的金屬電極會影響到入射光接觸半導體材料的面積，使用點接觸式太陽電池(point contact cell)，將正、負電極全部放在背面，這樣可以增加太陽電池正面的入射光之面積。如圖 2.19 所示。

4. 減少表面發生再結合的機率：

利用氫原子鈍化、熱氧化或退火處理等方式，可將太陽電池做鈍化處理，這樣可以消除半導體材料表面的懸浮鍵，以減低載子在表面發生再結合的機率。

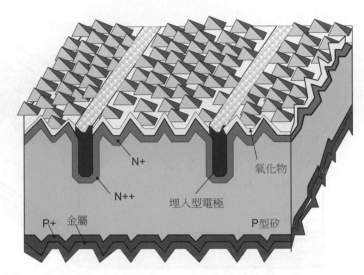

圖 2.18 將金屬電極埋入基板中,以增加接觸面積並減少串聯電阻

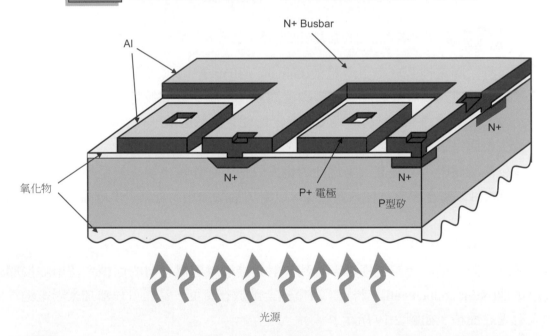

圖 2.19 將正、負電極全放在背面的點接觸太陽電池,可以有效的增加太陽電池之效率

2.1　一般的物質依其導電能力，可分成那幾類？並舉例說明，有哪些物質屬於該類。

2.2　請說明電流、電壓及電阻的定義。

2.3　假設太陽光的照度為 100mW/cm^2，如果要安裝平均轉換效率為 20%的單晶矽太陽電池，以產生 10W 的功率，請問需要安裝多少面積的單晶矽太陽電池？

2.4　請畫出簡單的電路圖來解示短路(Short Circuits)與開放電路(Open Circuits)有何差異？

2.5　請由圖 2.5 的矽的晶體結構中，算出矽的單位晶格(unit cell)中含有幾個矽原子？此外，矽的晶格常數為 5.4Å，請由此算出矽的原子密度(atom/cm^3)。

2.6　請列出可以將矽變成 N 型半導體的摻雜物(dopant)元素。

2.7　請畫出 P 型半導體及 N 型半導體的能帶圖。

2.8　請解釋空間電荷區(space charge region)的意義為何？

2.9　請畫出一傳統的矽晶太陽電池的結構，並簡單說明其發電原理。

2.10　請解釋光譜照度(spectrum irradiance)的意義為何？

2.11　請說明空氣質量(Air Mass, AM)的定義為何。並說明 AM1 及 AM1.5 各代表何種意義。

2.12　請解釋能量轉換效率(η, energy conversion efficiency)的意義，並寫出計算公式。

2.13　請畫出太陽電池的電流-電壓圖，並藉此說明如果要增加能量轉換效率的話，應該要如何設計同開路電壓、短路電流及填充係數等參數。

2.14　在標準測試條件之下，如果一太陽電池測得 $I_{sc}=25\text{mA}^2/\text{cm}^2$、$V_{oc}=0.85\text{V}$、FF=0.8，請由此計算此太陽電池的轉換效率？

2.15　請列出可能會造成太陽電池轉換效率損失的原因。

2.16　請寫出三種可以提高太陽電池轉換效率的方法。

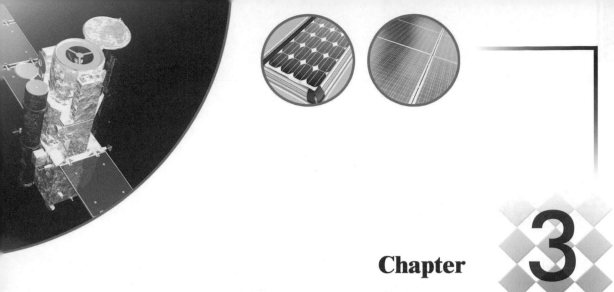

Chapter 3

多晶矽原料製造技術

3.1 太陽電池材料之選定標準

太陽輻射是以可見光為主,可見光的範圍是從波長 0.3 微米之紫外光到波長數微米之紅外光,若將這些不同顏色的可見光換算成光子的能量,則約在 0.4 電子伏特到 4 電子伏特之間。當光線照射在太陽電池材料上時,如果光子能量小於半導體材料的能隙時,這些光子無法使該材料產生電子-電洞對。如果光子能量大於半導體材料的能隙時,相當於半導體能隙的能量將被半導體吸收掉,因此產生電子-電洞對,而超過能隙的過多能量則會以熱的形式消耗掉。因此可以用來製作太陽電池的材料,必須選定在一定的能階大小範圍內,才能達到較佳的利用效率。

一般而言,理想的太陽電池材料必須具備有下列特性:

1. 能隙大小最好是落在 1.1eV 到 1.7eV 之間,而且以直接能隙(direct bandgap)半導體為佳。
2. 組成的材質必須不具有毒性。
3. 材料取得容易且製造成本低。
4. 可利用薄膜沉積的技術製造之,並可用以製造大面積的太陽電池。
5. 有良好的光電轉換效率。
6. 具有長時期的穩定性。

3.2 矽原料之特性

矽爲間接能隙(indirect bandgap)之半導體，其能隙爲 1.12eV。所以嚴格上講起來，矽並非最理想的太陽電池材料。但因爲矽是地表中含量僅次於氧的第二豐富之元素，所以材料的取得相對簡單，再者矽本身不具毒性，其形成之氧化物也非常穩定又不溶於水，因此矽一直廣泛被使用在半導體產業上。目前在太陽能電池的應用上，約有百分 90 以上是使用矽當材料。

如圖 3.1 所示，我們可以把矽依據其原子的排列方式，分成單晶矽(single crystal silicon)、多晶矽(poly silicon)及非晶矽(amorphous silicon)等三類。單晶矽是指矽的原子排列之週期性沿續了一定的大小，以一根用柴式長晶法所製造出的單晶棒而言，它的原子排列是全部朝向同一方向的，所以這種單晶結構具有比較少的晶格缺陷，用來製作太陽電池，可得到較高的能量轉換效率。至於多晶矽代表著其結構是由許許多多不同排列方向的單晶粒所組成的，在晶粒與晶粒之間便會存在著原子排列不規則的界面，稱之爲晶界(grain boundry)。由於這些晶界缺陷的影響，使得多晶矽的轉換效率比單晶矽來的小。然而商業化的多晶矽其製造成本比單晶矽低，所以更廣泛用在太陽電池上。至於非晶矽的原子排列則是非常鬆散而沒規則的，它是種類似玻璃的非平衡態結構。

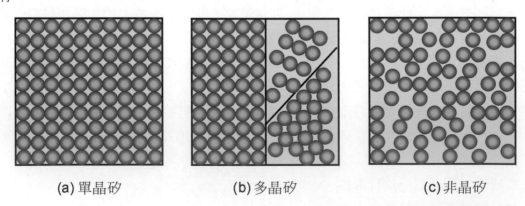

(a) 單晶矽   (b) 多晶矽   (c)非晶矽

圖 3.1   (a)單晶矽原子排列是具有週期性且朝向同一方向的，(b)多晶矽的結構是由許許多多不同排列方向的單晶粒所組成的，(c)非晶矽原子排列是非常鬆散而沒規則性的

　　在製造單晶矽片或多晶矽片時，必須使用到矽原料，雖然這些矽原料也是具有多晶的結構，但由於內部晶粒過於雜亂沒有控制，所以無法直接使用在太陽電池上，而是必須經過特殊的鑄造(casting)或方向性凝固(directional solidificaiton)的方式把它轉換為晶粒數較少的多晶矽，或是用柴式長晶法(Czochralski crystal growth)將它轉換為單晶矽之後，才可當成太陽電池的材料。一般業界是用「polysilicon」當成矽原料的代稱，而用「multicrystalline silicon」來稱呼這些可用在太陽電池的多晶矽。在台灣有許多文章都把這兩者翻譯成「多晶矽」，甚至混淆在一起。所以在本書上，特地把「polysilicon」稱為「多晶矽原料」，而仍把「multicrystalline silicon」稱為「多晶矽」，以區別這兩者的差異。

3.3 多晶矽原料之製造流程(Siemens 方法)

　　製造多晶矽原料(polysilicon)所使用的起始原料係來自矽砂(SiO_2)。圖 3.2 顯示生產多晶矽的整體流程，首先是使用高純度的矽砂，將之置於電弧爐內還原成冶金級的多晶矽原料(metallurgical-grade silicon)，由於冶金級的多晶矽原料其純度無法滿足半導體業的需求，所以必須再經由一系列的純化步驟將之轉換為太陽電池等級(solar-grade)或IC 等級(IC-grade)的多晶矽。

　　在純化上，首先利用 HCl 將冶金級的多晶矽原料轉換為液態的三氯矽烷($SiHCl_3$)，接著將三氯矽烷通過多重的分餾法處理，以提高其純度。最後利用 Siemens 的化學沉積方式(Chemical vapor deposition, CVD)，將高純度的 $SiHCl_3$ 及氫氣(H_2)通入約 900℃的反應爐內，$SiHCl_3$ 與 H_2 反應產生的 Si 原子會慢慢沉積在一ㄇ字型的晶種上，而得到多晶矽原料棒。再將多晶矽原料棒敲成塊狀後，經過酸洗、乾燥及包裝等程序之後，即可依其純度等級使用在太陽電池或 IC 產業上。以下的小節將各別深入介紹以上這幾個步驟。

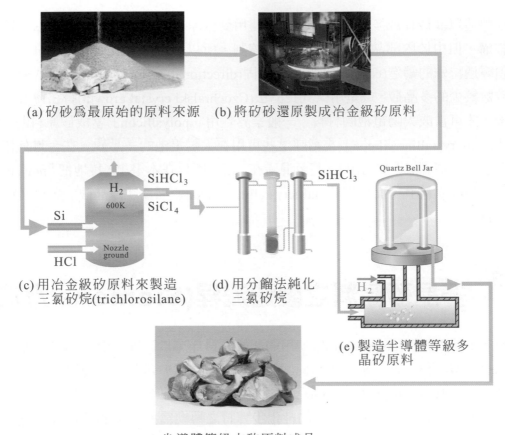

(a) 矽砂為最原始的原料來源　(b) 將矽砂還原製成冶金級矽原料

(c) 用冶金級矽原料來製造
三氯矽烷(trichlorosilane)

(d) 用分餾法純化
三氯矽烷

(e) 製造半導體等級多
晶矽原料

(f) 半導體等級之矽原料成品

圖 3.2　塊狀多晶矽原料的製造流程(本圖由 Siltronic AG 提供)

■ 3.3.1　冶金級多晶矽原料之製造

　　全球工業界每年生產出數百萬公噸的金屬級多晶矽原料(Ferrosilicon)及冶金級矽原料(MG-Si)，其一般純度約在 98.5%左右。這種等級的矽原料大部份是被用在鋼鐵與鋁工業上，例如在鐵裡添加小部份的矽，就可增加鋼鐵的硬度與抗蝕能力，而在鋁工業上也常需要使用矽來生產鋁矽合金。在這每年數百萬公噸的矽原料中，只有約 1%的冶金級矽原料被用來轉換為高純度的半導體級多晶矽原料。

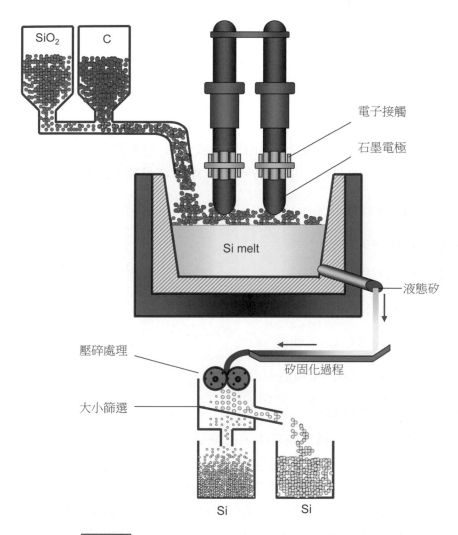

電子接觸

石墨電極

液態矽

壓碎處理

矽固化過程

大小篩選

Si melt

SiO₂

C

Si　　　Si

圖 3.3 一生產冶金級多晶矽原料之電弧爐之示意圖

　　工業上的冶金級矽原料，是在直徑 10 公尺、高度 10 公尺以上的大型電弧爐(arc furnance)裡生產出來的，這種規模的電弧爐每年可生產數萬公噸的矽原料。圖 3.3 為一電弧爐的示意圖，商業化的電弧爐是使用約 10～30MW 的電能，來加熱直徑約 1 米左右的石墨電極，使之產生高於 2000℃的電弧。焦炭(coke)、煤炭(coal)、木屑(woodchip)、及其它型態含碳的物質是被用來當還原劑之用，這些炭連同矽砂或塊狀石英(lumpy quartz)自電弧爐上方加入一大型坩堝內。在高溫下，矽砂(SiO_2)被碳還原產生液態矽(liquid Si)，並釋出一氧化碳氣體(CO)。這個還原反應可以下式表示之：

$$SiO_2(s) + 2C(s) = Si(l) + 2CO(g)$$

上式只是整個複雜系統裡的一個簡單化方程式，在實際生產上還會發生以下的反應機構：

1. 產生的一氧化碳氣體會與氧氣反應產生二氧化碳後，才排到大氣環境中。

$$2CO(g) + O_2(g) = 2CO_2(g)$$

2. 部份的矽熔液會被氧化，重新產生 SiO 氣體或 SiO_2 粉塵微粒(小於 1 微米)，這些 SiO 氣體中夾雜著 SiO_2 粉塵，可被另外收集，應用在混凝土或耐火磚的添加物上。

$$2Si(l) + O_2(g) = 2SO(g)$$

$$2SO(g) + O_2(g) = 2SO_2(g)$$

3. 其它的次反應還包括

$$SiO_2(s) + C(s) = SiO(g) + CO(g)$$

$$SiO(g) + 2C(s) = SiC(s) + CO(g)$$

$$SiC(s) + SiO_2(s) = Si(l) + CO(g)$$

$$2SiO(g) = Si(l) + SiO_2(g)$$

在這樣一個龐大的生產設備與製程中，最重要的考量在於如何達到最佳的爐體效果，這包括如何降低電能的消耗、如何達到高良率與高品質。例如：所使用的炭質材料都必須先清洗過，以去除一些含有雜質的灰燼(ash)。早期的石墨電極都是使用一些昂貴的高品質石墨，現在為降低成本則開始使用比較便宜的石墨(self-baking type)。

此時產生的液態矽內約含有 1-3%的不純物，這些不純物包括有：0.2-1% Fe、0.4-0.7% Al、0.2-0.6% Ca、0.1-2% Ti、0.1-0.15% C 等。要進一步減小這些不純物的含量時，一般的做法是在液態矽還沒凝固之前，加入一些氧化性的氣體及易產生爐渣的添加物(例如：SiO_2, $CaO/CaCO_3$, CaO-MgO, CaF_2)等，這可使得一些比矽活性強的元素(Al, Ca, Mg 等)被氧化移除。

被純化後的液態矽，被倒入鑄模內進行凝固過程，接著進入一滾輪式壓碎機(roll crusher)內壓成小細塊(一般大小不超過 10 公分)。而用來生產半導體等級的冶金級多晶矽原料，還得進一步壓碎到僅數 10 微米的小粉粒大小。圖 3.4 為生產冶金級多晶矽原料過程的一些實際照片。

(a)

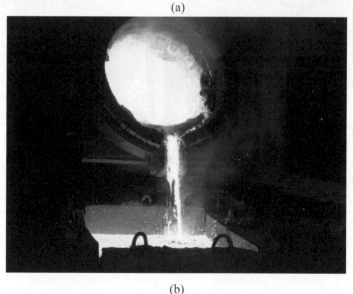

(b)

圖 3.4　生產冶金級多晶矽原料過程的一些實際照片，(a)電弧爐的外觀，(b)液態矽被倒入鑄模內

　　生產一公噸的冶金級多晶矽原料約需要 10-11MWh 的電力，而目前生產冶金級多晶矽原料的工廠大約都已有 20 年以上的歷史，因為蓋一座這樣的工廠設備、資本過於龐大，所以擴充產能不易。據估算，建立一部生產 1 千公噸產能的電弧爐，約要 1 百萬美金的投資額。

■ 3.3.2　三氯矽烷(SiHCl₃)的製造與純化

　　三氯矽烷(SiHCl₃)是生產塊狀多晶矽原料的主要中間原料，它在室溫下為無色易燃的液體，其沸點為 31.9℃。圖 3.5 顯示三氯矽烷(SiHCl₃)的製造與純化流程圖。在製造上，我們需將粉末狀(小於 40 微米)的冶金級多晶矽原料(MG-Si)與 HCl 氣體，一起加入一流體床(fluidized-bed)反應器內，在約 600℃的溫度下，Si 與 HCl 會發生以下的反應：

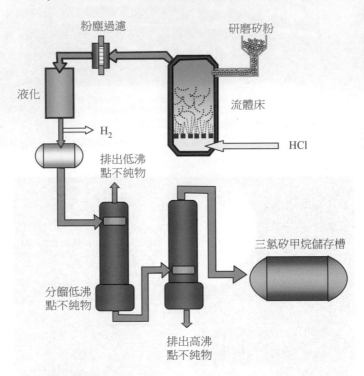

粉塵過濾

研磨矽粉

液化

H₂

流體床

HCl

排出低沸點不純物

三氯矽甲烷儲存槽

分餾低沸點不純物

排出高沸點不純物

圖 3.5　三氯矽烷(SiHCl₃)的製造與純化流程圖

$$Si(s) + 3HCl(g) = SiHCl_3(g) + H_2(g)$$

$$Si(s) + 4HCl(g) = SiCl_4(g) + 2H_2(g)$$

以上的化學反應，可以產生約 90%的 $SiHCl_3$ 及 10%的 $SiCl_4$。實際上，兩者的生成比率與反應溫度有關，反應溫度越高，$SiHCl_3$ 的比率會降低。而原來存在於 MG-Si 中的大部份不純物，會形成氯化物(例如：$FeCl_3$、$AlCl_3$、BCl_3 等)，這些顆粒狀的氯化物可以被過濾掉。

副產品 $SiCl_4$ 也可以利用以下兩個方法將之轉換為 $SiHCl_3$：

1. 在流體床反應器內添加 Cu 觸媒，使得 $SiCl_4$ 可以進一步轉換成 $SiHCl_3$。這種方式可以把約 37%的 $SiCl_4$ 可轉換成 $SiHCl_3$。

$$Si(s) + SiCl_4(g) + 2H_2(g) = SiHCl_3(g)$$

2. 在 1000～1200℃下，將 SiCl₄ 直接與 H₂ 反應，生成 SiHCl₃。這種方式也同樣可以把約 37% 的 SiCl₄ 可轉換成 SiHCl₃。

$$SiCl_4(g) + 2H_2(g) = SiHCl_3(g) + HCl(g)$$

以上方式生產出的三氯矽烷之純度尚未達到半導體等級的要求，所以還需經過分餾法將之與氯化物、磷化物、氯甲烷等雜質分離。在純化步驟上，必須使三氯矽烷經過多重的分餾處理，才可將雜質降到 ppb 的等級以下。在安全性的考量之下，盛裝 SiHCl₃ 的容器要低溫保存，並避免直接日照，以防止 SiHCl₃ 發生急速汽化而爆炸。

三氯矽烷的製造與分餾純化也需要很龐大的化工設備，技術門檻相當高。

■ 3.3.3　塊狀多晶矽原料的製造：Siemens 方法

在所有生產多晶矽原料的技術中，使用 SiHCl₃ 當原料是最普遍的。圖 3.6 顯示利用 Siemens 方法來生產多晶矽原料的示意圖。多晶矽反應爐的設計，隨著各製造廠的製程而有所不同，但大多是採用單端開口的鐘形罩(bell jar)方式。鐘形罩反應爐的底盤是水冷式的，盤上有氣體原料的入口(inlet)及廢氣的出口(outlet)，以及連接晶種(seed)的電極。石英鐘形罩係利用 O-ring 密封在底盤之上。假如鐘形罩本身的材質為石英的話，在石英外側還須包圍著隔熱及安全保護層。假如鐘形罩本身的材質為金屬的話，爐壁通常為水冷式的設計。

鐘形罩反應爐的操作溫度約在 1100℃左右，它每小時可以消耗數千立方英呎的 SiHCl₃ 及 H₂ 氣體和數百萬瓦的能量，每次可產生數千公斤的多晶矽原料，再加上操作過程會產生腐蝕性的 HCl 氣體，所以可說是相當複雜的製程。Siemens 方法需要消耗相當大的電力，因為超過 90% 以上的電力會被水冷式的爐壁消耗掉。

在每次生產之前，必須將細小的矽晶種(如圖中ㄇ字型部份)垂直固定在電極上，接著將鐘形罩反應爐慢慢降到底盤上，在測試完反應爐的真空度之後，開始加熱並通入原料氣體 SiHCl₃ 及 H₂。因為 H₂ 亦須充當 SiHCl₃ 的運輸氣體(carrier gas)，所以 H₂ 的使用量為實際反應量的 10 至 20 倍。在 1100℃時，H₂ 會將 SiHCl₃ 還原成 Si，這些產生的 Si 便會沉積在晶種上，慢慢長大成為一ㄇ字型多晶棒。以下的化學方程式可以描述這樣的反應過程：

$$SiHCl_3(g) + 2H(g) \rightarrow Si(s) + 3HCl(g)$$

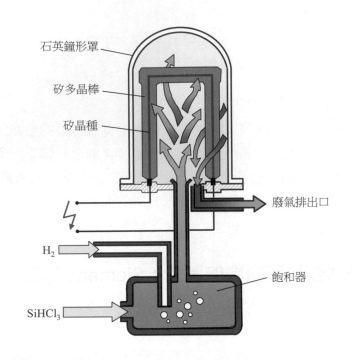

石英鐘形罩

矽多晶棒

矽晶種

廢氣排出口

H_2

飽和器

$SiHCl_3$

圖 3.6 利用 Siemens 方法來生產多晶矽原料的示意圖

　　因為矽晶種的表面溫度被加熱到 1100℃，但因反應爐內有著相當大的溫度梯度，所以尚有其它的反應會發生。四氯化矽($SiCl_4$)是矽的製造過程中的主要副產品，它可能來自以下的反應：

$$SiHCl_3(g) + HCl(g) \rightarrow SiCl_4(g) + H_2(g)$$

　　事實上，在整個 Siemens 方法中約有 2/3 的 $SiHCl_3$ 會轉為 $SiCl_4$。$SiCl_4$ 可以很容易被純化，作為磊晶生長時的氣體原料或當成生產石英的原料，甚至它可被回收來生產 $SiHCl_3$。在每次生產結束之後，須關閉電源，再利用 N_2 氣體將反應爐沖淨。在多晶棒取出後，將反應爐清乾淨即可重新開始另一次生產。通常一根多晶矽棒的生長週期約為一星期左右。將矽多晶棒敲成塊狀，接著通過酸洗、乾燥、包裝等程序後，即成為 CZ 矽單晶生長或鑄造多晶所使用的塊狀多晶矽原料(chunk poly)。圖 3.7 為利用這方法所產生的矽多晶棒及敲成小塊的塊狀多晶矽原料。

(a)冂型多晶棒 　　　　　　　　　(b) 塊狀多晶矽原料

圖 3.7　利用 Siemens 所產生的矽多晶棒及敲成小塊的塊狀多晶矽原料
(圖(a)由 ENFI 公司提供，圖(b)由 Siltronic 公司提供)

表 3.1　為利用 Siemens 方法所生產出的太陽電池等級與 IC 等級多晶矽原料的純度之比較

品質規格	元素種類	單位	太陽電級多晶矽原料	IC 電級多晶矽原料
內部元素濃度	施體元素(P, As, Sb)	ppta	< 300	< 150
	受體元素(B, Al)	ppta	< 100	< 50
	碳(C)	ppba	< 100	< 80
	金屬總濃度 (Fe, Cu, Ni, Cr, Zn, Na)	ppbw	< 2	< 0.5
表面金屬濃度	Fe	ppbw	< 10	< 0.75
	Cu	ppbw	< 1	< 0.15
	Ni	ppbw	< 1	< 0.15
	Cr	ppbw	< 1	< 0.25
	Zn	ppbw	< 2	< 0.25
	Na	ppbw	< 6	< 1

Simens 方法最普遍的製程條件為：

(1)　石英反應爐的爐壁溫度要在 575℃以下，晶種溫度約 1100℃。

(2)　$SiHCl_3$ 與 H_2 的莫耳比率在 5～15% 之間。

(3)　反應爐的壓力要小於 5psi。

(4)　氣體流量要比計算值大，以增加沉積速率及帶走 HCl 氣體。

這裡要注意的是，增加沉積速率，不一定能夠降低生產成本，因為這可能需要更多的氣體原料、電力等才能達成。再者，沉積速率的快慢也會影響到多晶矽棒的品質，過快的沉積速率可能使得多晶矽中含有氣泡。不過，太陽電池等級(solar grade)的多晶矽棒的品質要求比較沒那麼嚴謹。表 3.1 為利用 Siemens 方法所生產出的太陽電池等級與 IC 等級多晶矽原料的純度之比較。

範例 3-1

有一批太陽級的多晶矽原料內含有 200 ppta 的硼，請問這麼高濃度的硼相當在矽晶格內佔有多高的原子密度(atom/cm^3)呢？

解　　　　200 ppta = 200×10^{-12}

矽的原子密度為 5×10^{22} atom/cm^3

所以硼的濃度 $= (200 \times 10^{-12}) \times (5 \times 10^{22}) = 1.0 \times 10^{15}$ atom/cm^3

範例 3-2

利用西門子(Simens)方法，來製造多晶矽原料時，若要生產出 280 公斤的多晶矽原料棒，那麼需要用到多少莫耳的 SiHCl$_3$ 呢？假設 SiHCl$_3$ 在常溫下的莫耳體積是 22.4 公升，那麼相當於需要用到幾公升的 SiHCl$_3$ 呢？(Si 的原子量 $= 28$)

解　西門子方法的反應式為 SiHCl$_3$(g)＋2H(g) →Si(s)＋3HCl(g)

所以產生一莫耳的 Si，需要一莫耳的 SiHCl$_3$

280 kg = 280000 g = 280000/28 = 10000 莫耳

所以需要使用 10000 莫耳的 SiHCl$_3$

相當於需要 $10000 \times 22.4 = 224000$ 公升的 SiHCl$_3$

<table>
</table>

3.4　塊狀多晶矽原料的製造：ASiMi 方法

多晶矽的製造技術除了使用 SiHCl₃ 當原料外，在理論上也可使用 SiH₄、SiH₂Cl₂、SiCl₄ 等原料。然而在工業上的考慮，不單是化學理論而已，而是生產時的成本、安全性、品質與可靠性等。由於這些考量，SiH₂Cl₂ 及 SiCl₄ 並不適合用來生產多晶矽原料。使用 SiH₄(矽烷)當原料的技術是起源於 1960 年代末期的 ASiMi (Advanced Silicon Materials Inc.)公司。使用 SiH₄ 當原料可以節省電力，因為它可以在較低的溫度沉積產生純度更高的多晶矽原料。這方法係將 SiH₄ 加熱到高溫，使之分解產生 Si 與 H₂，產生的 Si 同樣沉積在晶種上形成高純度的矽多晶棒。以下將介紹這種 ASiMi 方法，以及生產 SiH₄ 的相關技術。

■ 3.4.1　SiH₄ 原料製造技術

SiH₄ 的沸點為−111.8℃，所以在室溫之下為無色的氣體。它很容易與氧自燃起火燃燒，所以在操作上必須格外的注意。製造 SiH₄ 比較常用的是以下三種方法：

(1)　Union Carbide 方法

Union Carbide 方法是目前世界上規模最大的 SiH₄ 製造法，圖 3.8 為 Union Carbide 方法的流程圖。首先是將 Si、H₂ 及 SiCl₄ 等起始原料，置於高溫高壓(約 550℃、30 大氣壓)下的流體床(fluidized-bed)反應爐內，使之反應產生 SiHCl₃。接著利用蒸餾分離法，使 SiHCl₃ 在具有特殊離子交換樹脂的不均化反應器內發生不均化反應 (disproportionation reaction)，而產生 SiH₂Cl₂ 及 SiCl₄。生成的 SiH₂Cl₂，必須經過同樣的離子交換樹脂層，蒸餾分離成 SiH₄ 及 SiHCl₃。整個製程可以用以下的反應式來表示：

$$Si(s)+2H_2(g)+3SiCl_4(g) \rightarrow 4SiHCl_3(g)$$

$$2SiHCl_3(g) \rightarrow 3SiH_2Cl_2(g)+SiCl_4(g)$$

$$2SiH_2Cl_2(g) \rightarrow SiH_4(g)+2SiHCl_3(g)$$

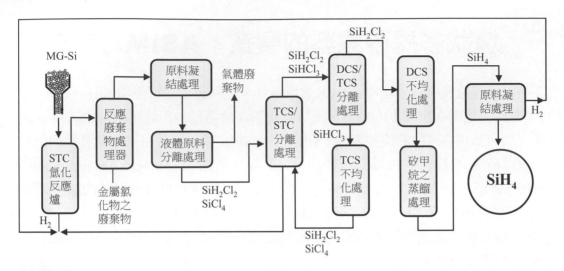

圖 3.8　Union Carbide 方法製造矽甲烷的流程圖，圖中的 TCS 為三氯矽烷($SiHCl_3$)，DCS 為二氯矽烷(SiH_2Cl_2)，STC 為矽甲烷($SiCl_4$)。

(2)　Ethyl 方法

　　Ethyl 公司開發出可以大量生產 SiH_4 的技術，以做為生產粒狀多晶矽的原料。他們所使用的起始原料為磷酸鹽肥料工業的副產品 H_2SiF_6(氫氟矽酸)，利用其與濃硫酸的反應可生成 SiF_4

$$H_2SiF_6 + H_2SO_4 \rightarrow SiF_4 + 2HF$$

接著在 250℃下，利用 LiH 可將 SiF_4 還原生成 SiH_4

$$4LiH + SiF_4 \rightarrow SiH_4 + 4LiF$$

(3)　Johnson's 方法

　　目前工業界生產的 SiH_4，有部份是利用改良 Johnson 在 1935 年所提出的方法而來的。這方法首先是在 500℃的氫氣中，使矽粉與鎂生成矽化鎂(Mg_2Si)。然後使矽化鎂在 0℃的以下的氨水中與氯化銨(NH_4Cl)反應生成 SiH_4。

$$Mg_2Si + 4NH_4Cl \rightarrow SiH_4 + 2MgCl_2 + 4NH_3$$

　　在這種方法中，大部份的硼雜質可藉由與 NH_3 形成化學反應，而與 SiH_4 分離。因此利用這種 SiH_4 原料製造出的多晶矽原料，所含有的硼雜質約在 0.01 至 0.02 ppba 之間。這種濃度比利用 Simens 方法所製造出的多晶矽小。

■ 3.4.2　多晶矽原料的製造

　　利用 SiH_4 原料來製造多晶矽棒，一般是使用金屬鐘形罩爐。在高溫時，SiH_4 會分解產生 Si 與 H_2。分解產生的 Si 會漸漸沉積在晶種上，而形成ㄇ型多晶棒原料。

$$SiH_4 \rightarrow Si + 2H_2$$

　　這方法的主要考量之一是沉積速率，由於這方法沉積速率很慢(約 3～8μm/min)，為了增加沉積速率，必須使得欲發生沉積反應的地方熱，而使得不欲發生沉積反應的地方冷。所以除了晶種的位置外，其它地方須保持約在 100℃左右。增加沉積速率的另一考量，是要讓 SiH_4 氣體的溫度足夠低，以避免氣體自出口到抵達晶種前，即已分解到處產生矽粉塵。一般 SiH_4 在 300℃即已分解，而晶種處的溫度為 800℃。

　　雖然使用 SiH_4 沉積速率較慢，但比起 $SiHCl_3$，SiH_4 的轉換效率則高的多。約 95％以上的 SiH_4 可以轉換成多晶矽。再者由於 SiH_4 可以在較低的溫度沉積產生高純度多晶矽，所以須要的電力也較小。

3.5　粒狀多晶矽原料的製造

　　粒狀多晶矽(granular poly silicon)製造技術，起源於 Ethyl 公司的 SiH_4 製造方法。1987 年商業化的粒狀多晶矽開始生產。而 Wacker 及 REC 公司也在 90 年代初期就投入研發，直到 2009 年才開始量產。在 2010 年，SunEdison 與韓國三星合資在南韓生產粒狀多晶矽。這技術是利用流體床反應爐(fluidized bed reactor 簡稱 FBR)將矽甲烷分解，而分解形成的 Si 則沉積在一些自由流動的微細晶種粉粒上，形成粒狀多晶矽。由於較大的晶種表面積，使得流體床反應爐的效率高於傳統的 Siemens 反應爐，因此這技術可以提供較低的生產成本。在 2015 年，粒狀多晶矽產量約佔整個多晶矽市場的 13%，預計在 2017 年將可佔 18%左右。

　　圖 3.9 為製造粒狀多晶矽的流程，這方法的製造概要如下：

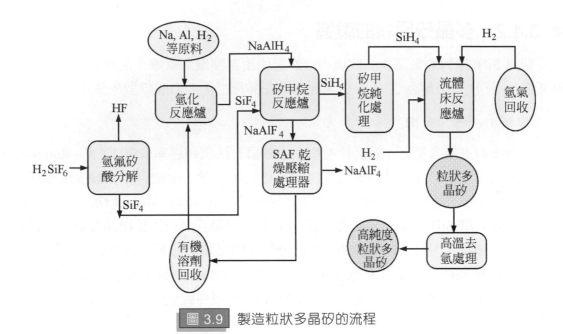

圖 3.9 製造粒狀多晶矽的流程

(1) 利用鈉、鋁、及氫製造 NaAlH$_4$

  Na＋Al＋2H$_2$ → NaAlH$_4$

(2) 分解磷酸鹽肥料工業的副產品 H$_2$SiF$_6$(氫氟矽酸)，使之產生 SiF$_4$

  H$_2$SiF$_6$ → SiF$_4$＋2HF

(3) SiF$_4$ 被 NaAlH$_4$ 還原產生 SiH$_4$

  NaAlH$_4$＋SiF$_4$ → SiH$_4$＋NaAlF$_4$

(4) 利用蒸餾法純化 SiH$_4$

(5) SiH$_4$ 在流體床反應爐中分解，並利用 CVD 原理在晶種顆粒上析出

  SiH$_4$ → Si＋2H$_2$

(6) 適當大的多晶矽會自反應爐的底部落下，成為粒狀(granular)多晶矽原料。

(7) 粒狀多晶矽必須經過去氫(dehydrogen)處理，才能包裝出貨。

圖 3.10 爲一典型流體床反應爐示意圖。流體床反應爐的外觀像是兩端封閉的直筒，原料氣體(SiH_4)是由底部注入爐內，而細小的矽晶種顆粒則從反應爐的右上方注入。由於注入氣體的速率夠大，使得這些微小的顆粒可以隨著氣流在爐中四處流動。當原料氣體上升到熱區(heated zone)時，會開始分解而沉積在晶種顆粒上，因此矽顆粒愈長愈大，直到氣體的速率無法支稱其重量時，便自反應爐的底部落下，成爲粒狀(granular)矽多晶。反應產生的 H_2 氣體則自爐子上方排出。

流體床反應爐的操作溫度爲 575～685℃，原料轉換成粒狀多晶矽的效率約爲 99.7%。產生的粒狀矽多晶平均大小約爲 700μm 左右，如圖 3.11 所示。矽晶種的製造是將 SG-Si 磨成微粒，然後在酸、過氧化氫及水中過濾。這種製造晶種的方法非常費時昂貴，而且容易在研磨過程引進不純物。新的方法是使 SG-Si 在高速的氣流中互相撞擊，成爲微粒狀，如此一來則不會引進金屬不純物了。粒狀矽多晶的沉積速率，可以因溫度增加、矽甲烷莫耳比增加、氣體流速增加等因素而提高。理論上，愈大的反應爐尺寸，多晶矽的產生率愈高。

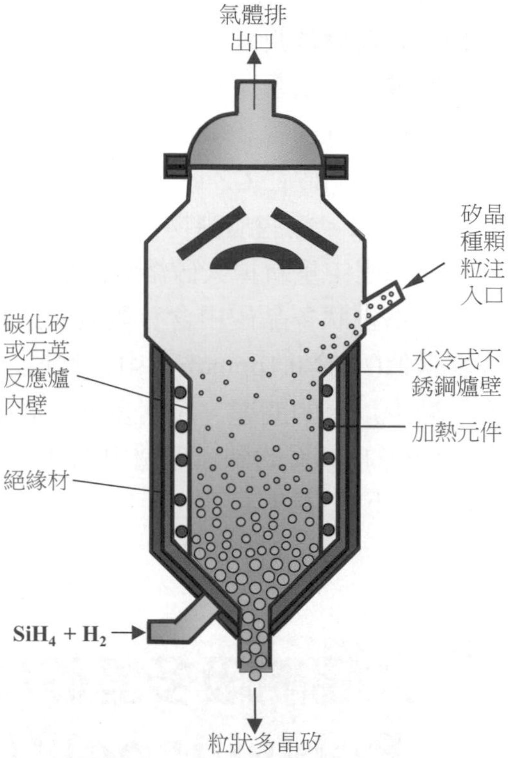
氣體排出口
矽晶種顆粒注入口
碳化矽或石英反應爐內壁
水冷式不銹鋼爐壁
加熱元件
絕緣材
$SiH_4 + H_2$
粒狀多晶矽

圖 3.10　一典型流體床反應爐示意圖

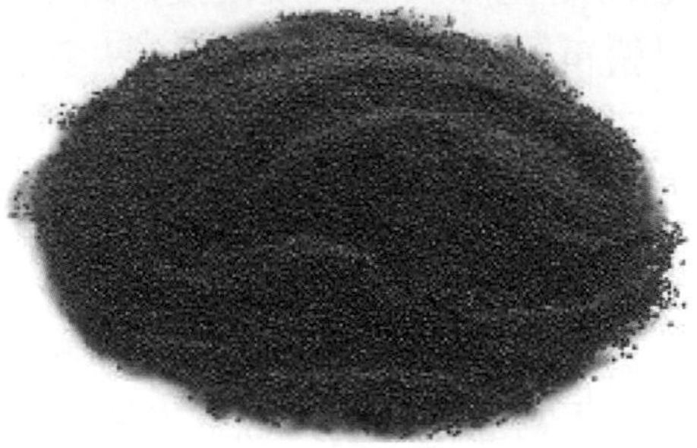

圖 3.11　利用流體床反應爐為製造的粒狀矽多晶的平均大小約為 700μm 左右

利用流體床反應爐的概念，優於傳統的鐘形罩反應爐的地方為：它可以連續性的生產、較大的反應爐尺寸、較安全的操作、較低的電能消耗等。但是生產出的多晶矽品質則有待進一步改善。為了防止粒狀多晶矽受到污染，流體床反應爐的爐壁必須選用高純度的石英、或者必須在爐壁鍍上一層矽。

使用粒狀多晶矽在 CZ 矽單晶生長時，常可發現在熔解過程中，粒狀多晶矽會有噴濺(splash)的現象。這些噴濺物可能附著在石英坩堝或其它熱場(hot zone)元件上，甚至可能在長晶過程中重新掉入矽熔湯(silicon melt)內，造成長晶的困難。這種造成噴濺的原因，是因為粒狀多晶矽中含有氫氣。這些存在於粒狀多晶矽中的氫氣，在矽熔湯中的溶解度很低(小於 0.1ppma)，因此會快速的自矽熔湯表面釋出而引起噴濺。

為了減少以上的問題，粒狀多晶矽必須做去氫處理。去氫處理的條件是將粒狀多晶矽在 1020～1200℃的熱處理爐中加熱 2 至 4 小時。如此可將粒狀多晶矽的氫含量降到 20ppma 以下。

3.6 太陽能級多晶矽(Solar Grade Polysilicon)的製造技術

自 2008 年 4 月第 5 屆世界矽材會議後，很多人認為採用冶金或物理法所生產出的冶金級多晶矽(UMG)可望被大量使用，並在 Elkem、JFE、Dow Corning、Nippon Steel、Timminco 等國際大廠大規模投入研發下，一度深受矚目。然而在 2007 至 2008 年多晶矽原料嚴重缺料時期，許多冶金法多晶矽廠家，在技術與品質未臻成熟下，仍順著全球多晶矽缺貨之推波助瀾，強行推入市場，但尚未站穩市場，即在 2008 年第四季後之全球金融風暴下，遭遇重大之市場與技術問題，因而熱潮暫退。目前因為多晶矽原料並無缺料問題，使得冶金級多晶矽暫時退出市場，回到研發領域。

針對冶金級多晶矽(UMG, Upgraded Metallurgical Grade Silicon)純化(Purify)技術，大多是採用物理冶金的方法，去進一步純化金屬級的多晶矽，而達到 6N 至 7N 等級的純度。這是利用矽與雜質元素之間的物理與化學性質差異，聯合各種方法(例如：與酸浸、真空精煉、離子加熱、濕法冶金結合水噴粉體技術、火法精煉暨定向凝固法等)，將過渡金屬系統與三五族系統之雜質元素分批去除。以下僅簡單的介紹三種相關的技術：

　　1996 年，日本的川崎製鐵公司(JFE)最早開發製備太陽能級多晶矽的冶金級矽的純化法，他們是採用電子束及離子冶金技術，並結合定向凝固法，來生產太陽能級多晶矽原料。這方法是以冶金級矽為原料，分兩個步驟來處理。首先在真空環境下，利用電子束來加熱熔化冶金級矽並且去除掉 P(磷)，接著進行第一次的定向凝固來去除金屬雜質。接下來在通 Ar(氬)氣體中，使用電漿焊槍(Plasma Torch)加熱，並通入氧及水蒸氣，這樣就可漸漸把含在矽裡頭的雜質 B 和 C 去除，最後再進行第二次的定向凝固來精煉純化。圖 3.12 為 JFE 冶金精煉純化法的製程示意圖，此方法可將金屬雜質的濃度降至 0.1ppmw 以下，而達到太陽能級的純度。

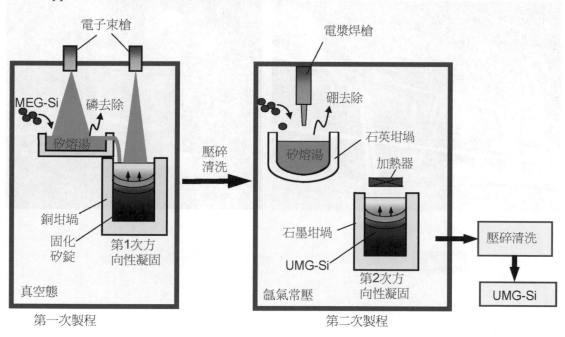

圖 3.12　JFE 冶金精煉純化法的製程示意圖

　　而在挪威的 Elkem 公司，原本就是全球冶金級矽材的主要供應商。因應在太陽能級多晶矽料的需要，它特別在傳統的生產過程中，直接引入純化的技術，同時運用到火法精煉與酸浸法來去除雜質。首先是將從電爐輸出的冶金級矽材，直接進行定向凝固，然後再將多晶矽錠壓碎後進行濕法酸浸來去除約 90%的磷。雖然利用這方法生產出來的 UMG 矽材的成本很低，但其純度尚未達太陽電池等級的要求，無法被 100%的使用在單晶矽或多晶矽錠的鑄造過程中，僅能小部份的與更高純度的多晶矽混摻在一起使用。

　　而 Solsilc 法則是運用了碳熱還原法(carbothermal reduction)，而有別於傳統的冶金級矽的製備，它是著重於使用高純度的起始原料。首先在一電漿反應爐內，高純度粉末狀的石英原料(SiO_2)與高純度的黑碳粉末反應產生 SiC，然後在一電弧爐內將 SiC 再度還原為矽及碳，隨後再利用 H_2O/Ar 氣體環境下將碳氧化成 CO 氣體揮發去除，最後再採用定向凝固技術而得到太陽能級多晶矽。國外有許多公司及研究機構(例如：Elkem Solar, Dow Corning, Ferro Atlantica, Becancour Silicon, Sintef 等)積極從事 Solsilc 法的發展，圖 3.13 顯示 Solsilc 設備的外觀圖。

(a) 一旋轉式的SiC電漿反應爐　　　　　　　　　(b) 用來生產矽的電弧爐

圖 3.13　Solsilc 法裡頭用來生產太陽能級多晶矽材料的設備外觀

3.7　多晶矽原料之市場概況

　　目前全球的太陽電池有 90% 左右是採用結晶矽(crystalline silicon technology)的技術，因此多晶矽原料的供給情形，左右了太陽電池的產量。表 3.2 顯示國外廠商生產多晶矽原料的技術方式。在這些多晶矽製造技術中，仍以較成熟的西門子方法為主，但由於傳統西門子法的技術門檻及投資額很高，再加上耗能、污染及工安等疑慮問題，所以全球可以大規模量產多晶矽原料的公司並不多。

表 3.2　各種多晶矽原料的生產技術之主要製造商

生產技術	使用的原料氣體	製造商	生產狀態
Siemens 方法	$SiHCl_3$	Tokuyama, Wacker, REC, SunEdison, Mitsubishi, GCL, LDK	量產
ASiMi 方法	SiH_4	REC	量產
料狀多晶方法	SiH_4	SunEdison, REC, Wacker	量產
	MG-Si	Elkem, Crystal Systems, Dow Corning	量產
Siemens 方法	$SiHCl_3$	Tokuyama, Wacker, REC, SunEdison, Mitsubishi, GCL, LDK	量產

　　傳統的多晶矽廠(包括：Hemlock、Wacker、MEMC、REC、Tokuyama、Mitsubishi、OSAKA Titanium 等)，由於技術成熟，生產的多晶矽料源品質較佳，爲全球主要的多晶矽供應商。但這幾年在中國及韓國都有大型的多晶矽廠快速的擴充產能中，其中較具規模的有 GCL 及 LDK 等。尤其是 GCL 的產能已在短短幾年內躍居全世界第一，如表 3.3 所示。

表 3.3　全求十大多晶矽原料在 2014 年之產能

製造廠商	2014 年總產能(公噸)
GCL	69,000
Wacker	54,000
OCI	43,000
Hemlock	36,000
REC	19,300
LDK	18,000
TBEA Silicon	15,000
Tokuyama	11,000
China Silicon	10,000
Hanwha Chemical	9,000

　　多晶矽原料除了供應太陽能產業外，也同時供應半導體產業的需求。其中，半導體需求的年成長穩定，除了 2009 年金融風暴造成需求大幅下滑以外，以平均年成長約 10%-15%持續成長著。但對太陽能來說，過去五年的年成長高達 30%以上。圖 3.14 為預估的全球未來三年的多晶矽原料的產能及需求。在 2011 年，全球對多晶矽需求僅約 13 萬公噸，但在 2015 年已超過 30 萬公噸。預估在 2018 年可以達到 40 萬公噸左右。

　　在 2006-2008 年間，由於太陽光電產業的蓬勃發展，多晶矽產能嚴重不足。使得多晶矽的價格一度飆漲到每公斤 300-400 美金，但隨著各多晶矽廠的擴充產能、新廠的投入及低價多晶矽的導入，使得多晶矽的價格已跌到僅 20 美金左右。預估未來幾年，多晶矽價格會在美金 17-20 之間震盪著。

　　此外，因為前幾年缺料及成本考量的關係，因此許多單晶矽棒或多晶矽錠的製造廠採用使用一些再生(recycle)的矽材料當原料，這包括有：

(1)　柴式長晶過程所產生的廢料：如頭、尾料、堝底殘料等。

(2)　半導體廠的報廢矽晶片。

(3)　矽晶圓廠切割及研磨所排出的矽廢料。

　　這些再生矽原料必須經過一些清洗、蝕刻處理，才可使用。但常因業者的品管控制不佳，導致這些再生矽原料混到重摻(heavily doped)的矽，而衍生不少商務爭端。隨著多晶矽價格的大幅滑落，這些再生矽原料的需求已經不再是那麼有吸引力了。

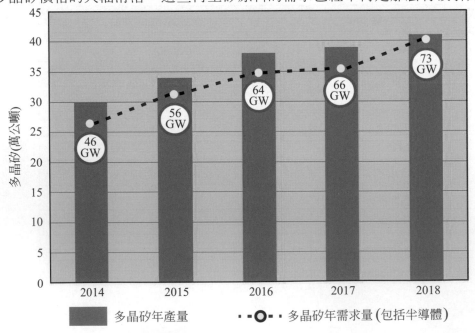

圖 3.14　全球多晶矽原料的年產量與需求量

3.1 請說明一理想的太陽電池料必須具備有哪些？

3.2 請簡單敘述冶金級多晶矽的製造流程。

3.3 請簡單敘述利用西門子(Simens)方法，來製造多晶矽原料的過程與原理。

3.4 有一批多晶矽原料內含有 50ppta 的硼，請問這麼高濃度的硼相當在矽晶格內佔有多高的原子密度($atom/cm^3$)呢？

3.5 有一批多晶矽原料內含有 50pptw 的硼，請問這麼高濃度的硼相當在矽晶格內佔有多高的原子密度($atom/cm^3$)呢？(提示：硼的原子量=10.8；矽的原子量=28)

3.6 請簡單敘述工業上用來製造 SiH_4 的三個主要技術。

3.7 請簡單敘述利用 SiH_4 來製造粒狀多晶矽的技術。

3.8 請說明粒狀多晶矽的主要優缺點。

3.9 請說明利用 JFE 法來純化冶金級多晶矽的技術方法。

3.10 請說明利用 Solsilc 法來純化冶金級多晶矽的技術方法。

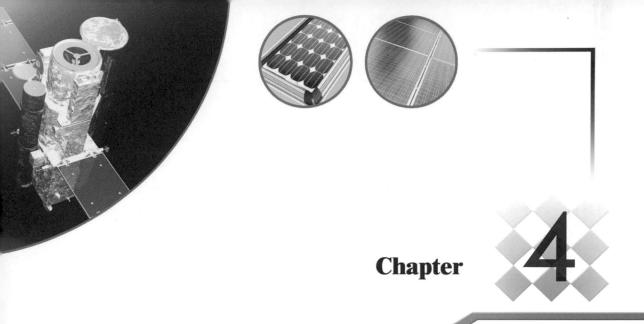

Chapter

4

太陽電池級矽單晶片製造技術

4.1 前言

矽是太陽電池產業最主要的材料，2015 年全球所生產的太陽能電池有 94%以上是使用結晶矽(crystalline silicon)，只有約 6%是使用薄膜技術。其中多晶矽太陽電池大概佔了 76%以上，而單晶矽太陽電池將近 18%左右。

在工業界上，有兩種方法可用來生長單晶矽。其中 Czochralski(簡稱 CZ)法佔了約 85％，另一個方法為浮融法(Float Zone，簡稱 FZ)。但只有 CZ 法較適合使用在太陽電池產業上，而 FZ 法雖然可以製造出最高的能量轉換效率之矽晶片，但因價格較高，所以比較少用在太陽電池產業上。

雖然 CZ 單晶矽太陽電池的理論能量轉換效率可以達到 24.7%，但一般商業等級的 CZ 單晶矽太陽電池最高約只能達到約 20%左右，這是因為大量生產商業等級的 CZ 單晶矽太陽電池，必須考量到製造成本的因素，無法採用最高等級的原物料及製程條件之緣故。所以想要使得商業化量產的 CZ 單晶矽太陽電池具有超過 21%的能量轉換效率，似乎是件難以達成的目標。

在早期,生產一個太陽電池模組的費用,大概在晶片(wafer)、電池（cell）製程、模組製程等三方面所佔的成本是一樣多的。但隨著電池製程及模組製程之生產成本持續降低,再加上多晶矽原料價格的高漲,使得現在晶片所佔的生產成本比率已經超過50%以上了。要降低矽單晶片的生產成本,必須從以下方面著手:

(1) 提高 CZ 單晶生長的良率與產出率(productivity)。

(2) 使用再生矽原料以降低原物料的成本。

(3) 降低線切割(wire sawing)的成本。

(4) 切更薄的矽單晶片。

如圖 4.1 所示,生產太陽電池級矽單晶片的製程步驟包括:CZ 拉單晶(Czochralski Crystal Pulling)、開方(Ingot Squaring)、切片(Slicing)、蝕刻清洗(Etching and Cleaning)等。以下的小節將分別介紹製造太陽電池級矽單晶片的這些製程步驟。

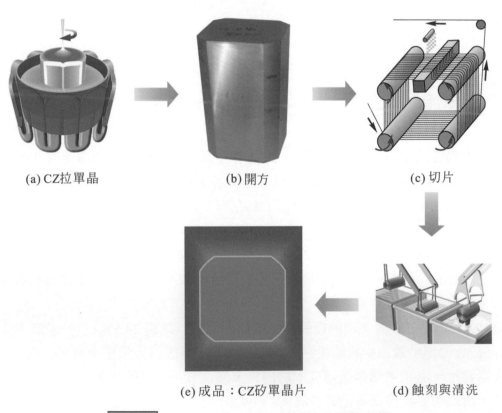

(a) CZ拉單晶　　　　　(b) 開方　　　　　(c) 切片

(e) 成品:CZ矽單晶片　　　　　(d) 蝕刻與清洗

圖 4.1　生產太陽電池級矽單晶片的製程步驟

4.2 CZ 矽單晶棒之製造

　　CZ 拉晶法是 Czochralski 於 1917 年在研究固液界面的結晶速度,所發展出來的方法,而在 1950 年由 Teal 及 Little 應用在拉單晶上。這方法沿用至今,一直是商業化大量生產半導體等級及太陽電池等級矽單晶棒的主要方法。由於許多不同形狀及電阻值的多晶矽原料,都可被用來生產太陽電池等級矽單晶棒,這使得太陽電池業者可以使用一些價格較低廉的原料,例如破晶片、頭尾料、堝底殘料等。在使用這類低價再生原料時,要避免使用到重摻的矽原料,也要避免使用到含有巨觀大小之雜質顆粒(SiC, SiO_2),因為雜質顆粒會造成拉單晶的困難。

■ 4.2.1 CZ 拉晶爐設備

　　生長矽單晶棒需要用到的設備叫做 CZ 拉晶爐,目前在中國有好幾家可以生產 CZ 拉晶爐的廠商,其中以位於上虞的晶盛機電所製造的 CZ 拉晶爐的品質最佳,也最普遍被各大太陽級矽單晶廠所採用。圖 4.2(a)顯示晶盛機電所生產可以裝有 150 Kg 矽原料的 CZ 拉晶爐設備的外觀,圖 4.2(b)則顯示一般拉晶的示意圖。CZ 拉長爐的組成元件包括:石英坩堝、石墨坩堝(用以支撐石英坩堝)、加熱及絕熱元件、爐壁等。在爐體內部這些影響熱傳及溫度分佈的元件,一般通稱為熱場(Hot Zone)。

　　爐體的架構是採用水冷式的不銹鋼爐壁。利用隔離閥將之區分為上爐室(upper chamber)及下爐室(lower chamber)。上爐室為長完的晶棒停留冷卻的地方;下爐室則包含所有 Hot Zone 元件。在 Hot Zone 元件中,最重要的要算是石英坩堝(Quartz Crucible)。因為石英坩堝內裝有熔融態的矽熔湯,兩者之間的化學反應將直接影響長出晶棒的品質。由於石英坩堝在高溫呈現軟化現象,所以須藉著外圍的石墨坩堝(graphite susceptor)來固定之,以防止其軟化變形。在 CZ 矽晶生長過程中,石英坩堝會和矽熔湯起反應,產生大量的一氧化矽(SiO)。在矽的熔化溫度之下,一氧化矽很容易從熔湯表面揮發掉。為了減少 SiO 微粒在爐壁上的凝結,長晶爐內必須持續通入氬氣(Ar),以帶走由矽熔湯表面揮發出來的 SiO 氣體。通入的氬氣及大部份的 SiO,則由長晶爐底部的真空系統抽走。

矽晶種
單晶棒
石英坩堝
水冷爐壁
絕熱石墨
加熱器
石墨坩堝
石墨底盤
石墨承軸
電極

(a)　　　　　　　　　　　(b)

圖 4.2　CZ 拉晶爐設備的外觀(本照片由晶盛機電提供)，(b)拉晶爐內部的熱場與拉晶的示意圖

　　生產太陽電池等級的 CZ 多晶矽，最重要的考慮因素是生產成本的降低，所以如何提高長晶的良率與產出率(productivity)是主要的改善方向。要提高產出率的關鍵，在於如何設計出一個最佳化的熱場，使得拉晶速率可以有效增加。利用重覆加料的方式也可以有效的增加產出率，這裡的重覆加料是指在拉完一根晶棒之後，在保持石英坩堝內的矽熔湯還沒固化之前，重新加料進去熔解，以進行下一根晶棒的生長過程。如此一來，用一個坩堝就可重覆拉多根晶棒，可減低購買坩堝的成本及增加產出率。

■ 4.2.2　CZ 拉晶流程

　　操作一 CZ 拉晶爐可以分成以下幾個重要步驟：

1.　加料(Stacking Charge)：見圖 4.3(a)

　　此步驟主要是將多晶矽原料及摻雜物(dopant)置入石英坩堝內。雜質的種類係依電阻為 N 或 P 型而定。P 型的摻雜物為硼(Boron)，N 型摻雜物則一般使用磷(phosphorous)。

2. **熔化(Meltdown)：見圖 4.3(b)**

當加完多晶矽原料於石英坩堝內後，長晶爐必須關閉並抽真空使之維持在一定的壓力範圍。然後打開石墨加熱器電源，加熱至熔化溫度(1420℃)以上，將多晶矽原料熔化。在此過程中，最重要的製程參數為加熱功率的大小。使用過大的功率來熔化多晶矽，雖可以縮短熔化時間，將可能造成石英坩堝壁的過度損傷，而降低石英坩堝之壽命。反之若功率過小，則整個熔化過程耗時太久，產能乃跟著下降。

3. **穩定化(Stabilization)：見圖 4.3(c)**

當矽熔湯完全熔化後，將矽熔湯的溫度調整到適合拉晶的穩定狀態。

4. **晶頸生長(Neck Growth)：見圖 4.3(d,e)**

一般單晶矽太陽電池都是使用(100)方向的矽晶片，所以當矽熔湯的溫度穩定之後，將(100)方向的晶種(seed)慢慢浸入矽熔湯中。但由於晶種與矽熔湯接觸時的熱應力，會使得晶種產生差排(dislocations)，這些差排必須利用晶頸生長使之消失掉(Dash Technique)。晶頸生長是將晶種快速往上提升，使長出的晶體的直徑縮小到一定的大小(3～6mm)。由於差排線通常與生長軸成一個交角，只要晶頸夠長，差排便能長出晶體表面，產生零差排(dislocation-free)的晶體，如圖 4.4 所示。

5. **晶冠生長(Crown Growth)：見圖 4.3(f)**

長完晶頸之後，須降低拉速與溫度，使得晶體的直徑漸漸增大到所需的大小。為了經濟考量因素，晶冠的形狀通常較平。在此步驟中，最重要的參數是直徑的增加速率(亦即晶冠的角度)。晶冠的形狀與角度，將會影響晶棒頭端的固液界面形狀及晶棒品質。如果降溫太快，液面呈現過冷情況，晶冠的形狀因直徑快速增大而變成方形，嚴重時易導致差排的再現而失去單晶結構。

6. **晶身生長(Body Growth)：見圖 4.3(g)**

長完晶頸及晶肩(shoulder)之後，藉著拉速與溫度的不斷調整，可使晶棒的直徑維持在±2mm 之間，這段直徑固定的部分即稱之為晶身(Body)。由於矽晶片即取自晶身，此階段的參數控制是非常重要的。在晶身生長時，拉速一般要隨著晶身長度而遞減，這是因為隨著液面高度的下降，晶棒受到石英坩堝壁的熱輻射增加，散熱能力變差的原因。

7. 尾部生長(Tail Growth)：見圖 4.3(h)

在長完晶身部分之後，如果立刻將晶棒與液面分開，那麼熱應力將使得晶棒出現差排與滑移線。於是為了避免此一問題發生，必須將晶棒的直徑慢慢縮小，直到成一尖點而與液面分開。這一過程即稱之為尾部生長。接著，長完的晶棒被昇至上爐室冷卻一段時間後取出，即完成一次生長週期。圖 4.3(i)為 CZ 矽單晶棒的照片。

(a)將多晶矽原料加到石英坩堝

(b)多晶矽原料正在熔化過程

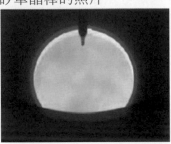
(c)熔化後讓矽熔湯溫度穩定化

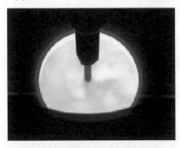
(d)將晶種浸入矽熔湯內

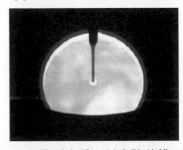
(e)晶頸生長，以去除差排

(f) 晶冠與晶肩的生長階段

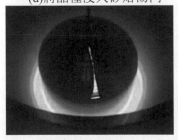
(g)晶身的生長步驟

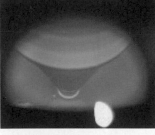
(h)晶尾的生長步驟

(i) CZ 矽單晶棒

圖 4.3 CZ 拉晶過程的各生產步驟(本照片由 Siltronic AG 提供)

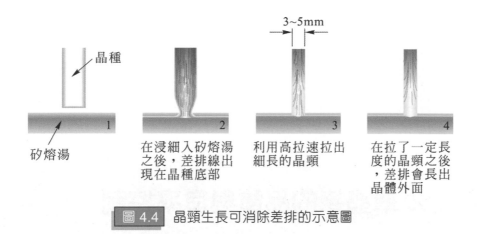

3~5mm

晶種

矽熔湯

1

2

3

4

在浸細入矽熔湯
之後，差排線出
現在晶種底部

利用高拉速拉出
細長的晶頸

在拉了一定長
度的晶頸之後
，差排會長出
晶體外面

圖 4.4　晶頸生長可消除差排的示意圖

4.3　太陽電池等級 CZ 單晶片的常用規格

使用在太陽電池上面的 CZ 矽單晶片的規格，與半導體用途上的 CZ 矽單晶片，比起來算是鬆了很多，規格的參數種類也少了很多。表 4.1 為常見的太陽電池級 CZ 矽單晶片的規格範例，當然在實際的商業行為，規格會隨著每家太陽電池的需求而有些許差異。

通常生產太陽電池用 CZ 矽單晶片的廠商，都可簡單的達到這樣的產品規格之要求，唯一要注意的是要，避免使用到含有硼重摻(P^+)或含有磷的再生矽原料。

表 4.1　常見的太陽電池級 CZ 矽單晶片的規格範例

參數	規格值
摻雜物種類(Dopant)	Boron(硼)
導電型態(Type)	P
晶片直徑(Diamater)	100-150 mm
直徑誤差容忍度(Diamater Tolerance)	± 0.3 mm
晶體方向(Orientation)	(100)
晶體方向偏差容忍度(Orientation)	± 2.0 度
電阻率(Resistivity)	0.5～30ohm-cm
電阻率徑向變化率(Radial Resistivity Variation)	±20%
含氧量(Oxygen)	10–20ppma

表 4.1 常見的太陽電池級 CZ 矽單晶片的規格範例(續)

參數	規格值
含碳量(Carbon)	<1.0ppma
少數載子生命週期(Lifetime)	>10μSec

4.4 CZ 單晶棒的品質與良率控制

■4.4.1 單晶良率的提升

這裡所謂的良率是指，生產出內部不含有任何差排的矽單晶棒之能力。雖然利用晶頸的生長可以去除晶種底部的差排，事實上，差排是可能在任何時候重新出現於晶棒內的。如果長晶過程，晶棒受到的熱應力或機械應力大於矽的彈性強度時，差排便會重新形成。造成熱應力或機械應力大於彈性應力最常見的情況是，外來的顆粒(foreign particle)碰到固液界面。外來的顆粒可能來自石英坩堝(石英碎片)、Si、SiC 等。一旦差排開始出現於固液界面處，差排馬上多重延伸，很快地晶棒就由單晶轉為多晶。

根據筆者的經驗，石英坩堝之品質可說是影響長晶良率最主要的原因。這是因為石英坩堝本身是非晶質(amorphous)的介穩態，在適當的條件之下它會發生相變化而慢慢形成穩定的白矽石(cristobalite)結晶態。當這層坩堝表面的白矽石，隨著時間而剝落進入矽熔湯內。這些剝落的白矽石顆粒，隨著流體而漂動在矽熔湯內。大部份的顆粒，在一定時間之後即可完全溶解與矽熔湯內。然而仍有些機率，部份較大的顆粒在未完全溶解之前，即撞到晶棒的生長界面，而導致差排的產生。所以使用到品質差的石英坩堝，這種白矽石顆粒剝落情況就比較嚴重。

近來有人發現，只要在石英坩堝壁上塗上一層可以促進白矽石均勻細小化的物質，即可大幅地增加石英坩堝的使用壽命及長晶良率。這種可以促進均勻白矽石均勻細小化的物質，可以是鹼金族或鹼土族的氧化物、碳酸物、氫氧化物、草酸鹽、矽酸鹽、氟化物等。但是考慮到大部份金屬元素對矽熔湯的污染問題，最合適的促進物是含有鋇離子(Ba)的化合物。這是因為鋇在矽中的平衡偏析係數非常的小($\sim 2.25 \times 10^{-8}$)，因而不會影響到晶圓的品質。通常的作法是將石英坩堝壁塗上一層含有結晶水的氫氧化鋇($Ba(OH)_2 \cdot 8H_2O$)，這層氫氧化鋇會與空氣中的二氧化碳反應形成碳酸鋇

(BaCO₃)。而當這種石英坩堝在 CZ 長晶爐上被加熱時，碳酸鋇會分解形成氧化鋇(BaO)，接著氧化鋇與石英坩堝(SiO₂)反應形成矽酸鋇(BaSiO₃)。由於矽酸鋇的存在，使得石英坩堝壁上形成一層緻密微小的白矽石結晶。這種微小的白矽石結晶便很難被矽熔湯滲入而剝落，即使剝落也很快就被矽熔湯溶解掉，因此可以大幅地改善石英坩堝的使用壽命及長晶良率。

■ 4.4.2　電阻率的控制

傳統的太陽電池大多採用 P-型矽單晶片，一般電阻率範圍為 0.5～30 ohm-cm 左右，這相當於硼在矽晶片的濃度為 4×10^{14}～3×10^{16}atom/cm³，這是相當低的濃度。以一個裝 100 公斤矽原料的石英坩堝而言，要生產出電阻率範圍為 0.5～30 ohm-cm 的矽單晶棒，必須要在石英坩堝內加入約 0.001～0.05 公克的硼。這麼微量的摻雜物濃度，很難精準的控制其重量(指稱重上)，所以無法直接使用純硼當成摻雜物。因此一般是採用來自 P⁺重度摻雜的 CZ 矽晶棒切片當成摻雜物。

矽晶片內的硼原子濃度(N)與電阻率(ρ)的關係，可由下式計算之：

$$\rho = 1.305\times\frac{10^{16}}{N}+1.133\times\frac{10^{16}}{N}[1+(2.58\times10^{-19}\times N)-0.737]$$

對於高電阻率(＞0.1 ohm-cm)的矽晶而言，電阻率$\rho \propto 1/N$。於是晶棒軸向的電阻率分佈可由下式表示：

$$\rho = \rho_s \times (1-f)^{1-K}$$

其中是ρ晶棒任意位置的電阻率，是ρ_s晶棒最頭端的電阻率，是f凝固分率，K是偏析係數(硼的 K 值為 0.76，磷的 K 值為 0.35)。電阻率的軸向偏析是自然的現象，偏析係數愈小，電阻率的軸向變化愈嚴重。所以長出一根矽晶棒，它的電阻率一定是由頭端往尾端遞減，如圖 4.5 所示。

然而 P-型矽單晶片使用在太陽電池上，具有較高的電池對裝成組件損失(Cell to Module Loss)、及較高的光衰(約 2～6%)等缺點。因此近來不會產生光衰現象的 N-型矽單晶片，已受到廣泛的注意。N-型矽單晶片採用的摻雜物為磷，它的偏析係數僅為 0.35，這代表著整個 N-型矽單晶棒的軸向電阻率變化會比較大。根據國際太陽光電技術發展藍圖（ITRPV）之預測，N 型單晶太陽能電池將可在 2024 年達到近 40％的市佔率。

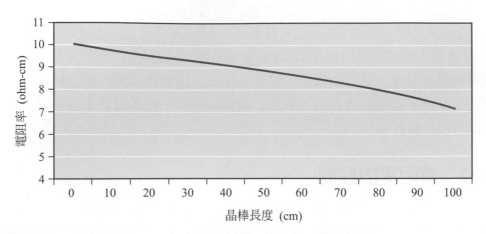

圖 4.5　電阻率在 100kg, 8 吋 P-型矽晶棒的軸向分佈，假設晶棒頭端的電阻率為
10 ohm-cm，整根晶棒的電阻率會隨著晶棒的長度遞減

■ 4.4.3　氧在矽晶棒內的形成機構與控制

　　由於石英坩堝(SiO_2)表面與矽熔湯接觸的部份，會慢慢溶解，導致大量的氧存在於
矽熔湯內。圖 4.6 為氧在 CZ 矽晶生長時，如何由石英坩堝壁傳輸到固液界面而進入晶
棒中的示意圖。氧的傳輸途徑可分為以下四個步驟：

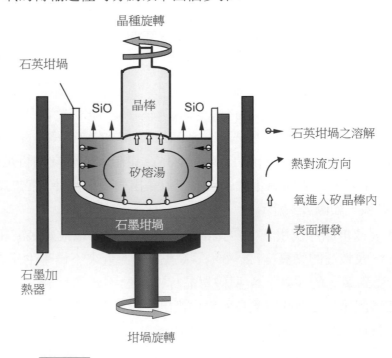

圖 4.6　氧在 CZ 矽熔湯內的傳輸途徑與機構

1. 石英坩堝壁與矽熔湯之間的溶解反應

$$SiO_2(s) \rightarrow Si(l) + 2O$$

2. 由石英坩堝壁產生的氧原子，受到自然對流的攪拌作用，而均勻分佈於矽熔湯內。

3. 隨著對流運動而傳輸到矽熔湯液面的氧原子，會以 SiO 的型態揮發掉。由於 SiO 的蒸氣壓(vapor pressure)在矽的熔點溫度約為 0.002atm，超過 95％的氧會揮發掉。

$$Si(l) + O \rightarrow SiO(g)$$

4. 在固液界面前端擴散邊界層的氧原子，藉由偏析現象進入晶棒中。

　　如果想要降低矽晶棒的氧含量，可控制以下的長晶條件：(1)採用較大尺寸的石英坩堝，(2)採用低坩堝轉速，(3)採用高氬氣流量或低爐內壓力。目前太陽電池對含氧量的規格要求約為 10～20ppma，基本上要符合這規格要求相當容易。

■ 4.4.4　CZ 矽晶棒中碳的形成與控制

　　CZ 矽晶中碳的來源，主要來自熱場(hot zone)內的石墨元件，例如：石墨加熱器、石墨坩堝、石墨絕緣材等。存在於 CZ 系統中的殘留氣體，例如：O_2、H_2O、SiO 等，會與這些石墨元件反應，形成 CO_2 或 CO 氣體。當這些 CO_2 或 CO 氣體再度溶入矽溶湯內，即會造成矽晶棒中的碳污染。

　　要減少晶棒碳污染的程度，最直接的方法是改變 Hot Zone 設計。例如在石墨元件上利用 CVD 的方法鍍上一層 SiC，可減少 CO 氣體的生成，進而有效的減少晶棒中的碳含量。在現代先進的 CZ 長晶爐中的重要 Hot Zone 元件，已廣泛使用這種鍍有 SiC 的石墨材料。另外如果 Hot Zone 的設計，能夠使得由液面揮發出的 SiO 氣體更有效的被 Ar 帶離長晶爐的話，便能減少 SiO 氣體與石墨元件反應的機會，如此即可減少晶棒中的碳含量。

■ 4.4.5　CZ 矽晶棒中金屬不純物的來源與控制

　　金屬不純物在矽中是屬於深能階缺陷，它會降低少數載子的生命週期(lifetime)，進而降低太陽電池的能量轉換效率。一般矽晶片表面的金屬不純物主要來自晶圓加工過程，而由晶體生長所引起的金屬不純物則常被忽略。CZ 矽晶棒中的金屬不純物之可能來源，計有(1)多晶矽原料、(2)摻雜物、(3)石英坩堝、(4)石墨元件、(5)Ar 氣體、(6)長晶爐。金屬不純物來自多晶矽原料及摻雜物的數量，取決於其純度及使用量。其它的四個來源則隨晶棒生長過程而變。至於摻入晶棒的機構，大部份是經由矽溶湯，只有微量的金屬不純物會自晶棒表面靠擴散進入。

範例 4-1

某人想要在可容納 200 公斤矽原料的石英坩鍋內生長一根直徑 200mm 的 P-type CZ 矽單晶棒，他想要控制在晶身 0 cm 處的電阻率為 10 ohm-cm，而且他希望開始生長晶身之前的晶冠總重量可以小於 5 公斤。請問：

1. 假設硼的偏析係數為 0.76，那麼在開始成長晶冠時的電阻率為何？
2. 他必須在置有 200 公斤多晶矽原料的石英坩鍋摻入多少濃度的硼呢？
3. 這相當於他必須加入幾克重的硼呢？

   (提示：硼的原子量 = 10.8；矽的原子量 = 28，矽的液體密度 2.53 g/cm^3)

解 1. 假設晶冠的重量為 5 kg，那麼晶身 0 cm 處的凝固分率 = 5/200 = 0.025

   運用公式 $\rho = \rho_s \times (1-f)^{1-K}$

   $10 = \rho_{0.025} \times (1-0.025)^{0.24}$

   所以可以算出 $\rho_{0.025} = 10.063$ ohm-cm

2. 利用公式

   $$\rho = 1.305 \times \frac{10^{16}}{N} + 1.133 \times \frac{10^{16}}{N}[1+(2.58 \times 10^{-19} \times N) - 0.737]$$

   可以算出硼的原子濃度 N= 4.3×10^{14} atom/cm^3

3. 200 kg 矽熔湯的體積 = 200× 1000 g ÷ (2.53 g/cm^3) =79051.4 cm^3

   因此，矽熔湯的硼的總原子數 = 4.3×10^{14} atom/cm^3× 79051.4 cm^3

   $= 3.4 \times 10^{19}$ atom

   所以需要加入的硼總重量 = $3.4 \times 10^{19} \div 6.02 \times 10^{23} \times 10.8 = 0.00061$ g

---

範例 4-2

在圖 4.4 中描述到藉由晶頸生長及所謂的 Dash technique，可以有效消除差排，因此順利長出矽單晶棒。請問在分別生長(100)、(111)、(110)方向的晶棒時，那一個方向最難產生單晶棒？爲什麼？

解　正確答案是(110)

這個原因是因爲矽晶的差排延著(110)的方向生長，所以在生長(100)及(111)晶棒時，差排與生長軸不平行，只要晶頸長的夠長，最後的差排線都會消失在晶棒的表面，而留下完全沒差排的區域。但是生長(110)的方向晶棒時，由於差排線正好平行於生長軸，所以不管晶頸再長也難以將差排完全消除。

4.5　晶圓的加工成型

在整個太陽電池等級的矽單晶片製造過程中，多晶矽原料大概佔了製造成本的 40%左右，CZ 拉晶佔了 30%左右，而晶圓的加工成型也佔了約 30%左右。而整個加工成型中最重要的地方爲切片，如何切出更薄的晶片及減少切損(kerf-loss)，是節省成本的關鍵之一。

■ 4.5.1　開方(Ingot Squaring)

由於 CZ 單晶棒爲圓柱形，所以早期用在太陽電池的矽晶片也是圓形的。使用這種圓形矽晶片，在舖設模組時面積上無法達到最大利用及吸收，如圖 4.7 所示。所以現在的應用，大多要將 CZ 單晶棒修邊成近似四方柱形(quasi square)。圖 4.8 爲開方製程與最後得到四方柱形晶棒的示意圖。一般被修邊下來的邊緣部份，可以被回收使用當成拉晶時的矽原料。

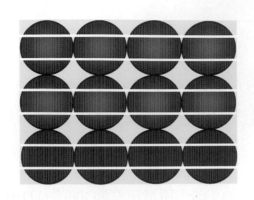

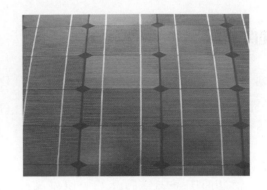

(a)　　　　　　　　　　　　　　　　　(b)

圖 4.7　(a)圓形的矽單晶片浪費掉許多面積，(b)使用方形的矽晶片可以更有效吸收太陽能源

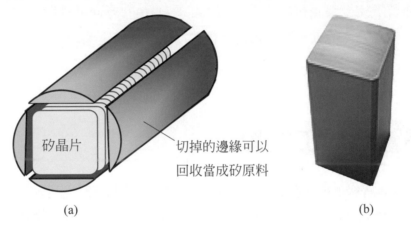

(a)　　　　　　　　　　　　　　　　(b)

圖 4.8　(a)將圓柱形 CZ 單晶棒修邊為近似四方柱形，(b)一開方完之四方柱形 CZ 單晶棒

■ 4.5.2　切片(Slicing)

　　最早的切片方式是使用內徑切割機(ID Saw)，如圖 4.9 所示。這樣的內徑切割機的刀片內緣鑲有做為切削用途的鑽石顆粒，藉由它的切削作用，可將矽晶棒一片一片的切成晶片。然而內徑切割機的最大缺點為切損太大(因刀片的厚度的關係)，及比較耗時，而且在切薄片的時候容易造成晶片的破損。所以已被線切割機(Wire Saw)這種更先進的方法取代了。

　　圖 4.10 為線切割機原理之示意圖,線切割機所使用的鋼線纏繞在 4 個主輪上,在主輪上具有 500～700 個平行的溝槽(grooves),鋼線即由主輪的一側繞到另一側,這種安排就像是織布機上的網狀織線一般。在線切割機裡頭的鋼線,如果把它伸展開來,可以長達數百公里。在進行切鋸過程中,必須施予鋼線適當的張力,並使鋼線快速地來回拉動,鋼線移動的速度約每分鐘 600～800 公尺左右。鋼線本身並沒切削能力,它的作用僅在帶動有切削能力的漿料(slurry),使之對晶棒進行切片動作。

　　一般的漿料(slurry)是由油及碳化矽(SiC)混合而成的,這種漿料不僅是種研磨劑,而且可以用來帶走切削過程所產生的熱。目前也有公司使用水基(water-based)系列或水溶性的漿料,例如:聚乙二醇(PEG)。漿料中的碳化矽顆粒的大小約在 5～30μm 之間,它的價格佔了整個切片成本的 25～35%左右。使用油基漿料的最大缺點為,晶片容易彼此黏在一起而不易分開,當晶片的厚度越來越薄時,這點會變得更加嚴重。

　　一般用在太陽電池的晶片大約在 130～180μm 之間,這厚度遠低於 IC 級矽晶片,所以切片製程在太陽電池產業反而更具挑戰性。切損(kerf loss)的程度與所使得的鋼線直徑及碳化矽顆粒大小有關。目前常用的鋼線直徑為 120μm,碳化矽顆粒的大小約在 5～30μm,這使的切損程度約在 200μm 左右。所以使用直徑更小的鋼線,可以減低切損及增加切片產出率。預估未來也會採用鑽石切割線來切出更薄的矽晶片。

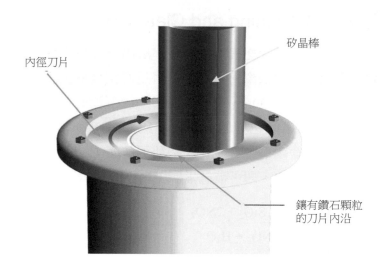

內徑刀片

矽晶棒

鑲有鑽石顆粒
的刀片內沿

圖 4.9　使用內徑切割機進行切片的示意圖(本示意圖由 Siltronic AG 提供)

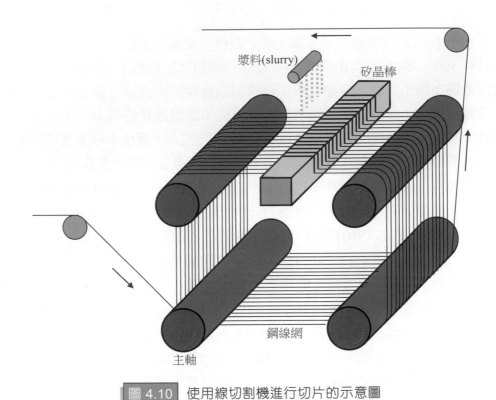

漿料(slurry)

矽晶棒

鋼線網

主軸

圖 4.10 使用線切割機進行切片的示意圖

■ 4.5.3 蝕刻清洗(Etching and Cleaning)

　　將晶棒切斷所得到之矽晶片之表面,會有一層因機械應力所造成的結構損傷層,這損傷層會影響到太陽電池之效率。所以必須將這層損傷層去掉,在作法上必須使用化學蝕刻的方式,去除約 10～20μm 厚的表面層。蝕刻液的選擇,通常是使用 HF 及 HNO_3 所調配出來的混酸,有時也可加入醋酸(CH_3COCH)或磷酸(H_3PO_4)當緩衝劑。

　　蝕刻的反應機構,包含兩個步驟。首先是利用硝酸(HNO_3)來氧化晶片表面,接下來矽晶片表面所形成的氧化物,即可被氫氟酸(HF)溶解而去除。

步驟 I：$Si + 2HNO_3 \rightarrow SiO_2 + 2NO_2$

$2NO_2 \rightarrow NO + NO_2 + H_2O$

步驟 II：$SiO_2 + 6HF \rightarrow H_2SiF_6 + 2H_2O$

　　如圖 4.11 所示,蝕刻所使用的設備,一般稱之為酸槽,它通常包括一個用來進行蝕刻反應的蝕刻槽(etching bath),及一個沖洗用的去離子水槽(DI rinsing bath)。

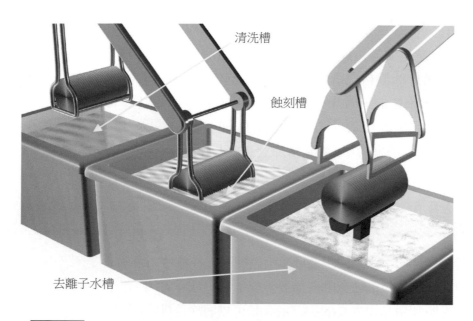

清洗槽

蝕刻槽

去離子水槽

圖 4.11 蝕刻清洗所使用的設備(本示意圖由 Siltronic AG 提供)

4.6 矽單晶片之市場概況

　　雖然使用單晶矽可以製作比使用多晶矽更高效率的的太陽電池,但因為成本的考量,單晶矽並不如多晶矽來得普及。過去幾年,在全球太陽光電產業飛速成長下,仍有許多公司紛紛擴廠投入矽單晶的生產行列。目前單晶矽晶圓以大陸供應鏈為主,包括:隆基、環歐、陽光能源、卡姆丹特、晶龍等為主,有鑑於單晶長期發展的趨勢,多晶龍頭廠保利協鑫也於 2015 年宣布寧夏 100 億瓦單晶矽晶圓計畫。至於在台灣國內,可以生產太陽電池等級的矽單晶片的公司則有中美矽晶、合晶科技、及友達旗下的晶材等。

　　國外矽晶片大廠(Siltronic, SunEdison, S.E.H, Sumco),原本的生產重心是在生產半導體級的矽晶片,但隨著太陽光電產業的蓬勃發展,也在過去幾年內曾把一些產能移到太陽電池領域上。在 2007 年缺料嚴重的期間,生產太陽電池用的矽單晶片的利潤甚至遠高於生產半導體級矽單晶片。但最近幾年只剩下 SunEdison 還投注心力在太陽電池用的矽晶片上,其餘的都回歸到半導體本業上了。

在 2015 年全球單晶矽晶圓產能超過 14GW，但整年單晶產品市場需求卻不到 10GW，所以還是處於供過於求的狀態。這也造成在內 2015 年底，一片 156x156 mm 的 P-型矽單晶片的價格已跌到低於 1 美元的價位。在 2015 年單晶矽太陽電池的市佔比率約為 18%，未來的成長趨勢與成本的控制有很大的關係，展望未來，隨著轉換效率的提升、光衰現象的控制得宜、N-型矽單晶的普及，以及 PERC 技術的漸趨成熟，未來三年內單晶矽晶圓的比率可望增加到 30%以上。

習題

4.1 若要降低矽單晶片的生產成本，請問可以從哪些方面著手？

4.2 請說明 CZ 拉晶法有哪些重要步驟？

4.3 請說明利用晶頸生長(Neck Growth)可以消除差排的原理。

4.4 某人在 CZ 矽單晶生長中，把 100kg 的矽原料熔化在石英坩鍋內，開始拉一根直徑 200mm 的矽單晶棒。最後拉出一根長度 100cm 直徑均勻的矽單晶棒。他把這根單晶棒拿去做一些檢測，得到一下的數據：

(1)切掉晶冠(crown)後，量測到的晶冠重量為 5kg。

(2)量測晶冠頂點的電阻率，得到剛好 10ohm-cm(P-type)。

(3)晶頸的重量可以忽略不算。

(4)硼的偏析係數為 0.76。

(5)矽的密度為 2.33g/cm^3。

請由以上的數據，估算在晶身(body)長度 50cm 處的電阻率為何？

4.5 請說明在 CZ 矽單晶生長過程中，氧是如何在矽熔湯內生成的及其傳輸到矽單晶棒的途徑。

4.6 請說明在 CZ 矽單晶生長過程中，為何採用比較高的氬氣流量，有助於降低矽單晶棒內的含氧量？

4.7 請敘述將矽單晶棒變成太陽電池等級的晶片之加工成型步驟。

4.8 使用 HF+HNO$_3$的混酸進行酸蝕刻，請用化學方程式寫出反應步驟。

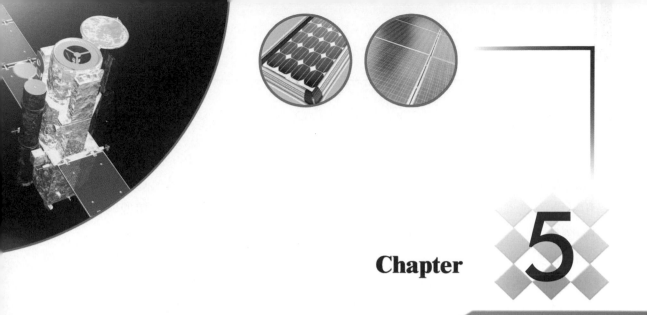

Chapter

5

多晶矽晶片之製造技術

5.1 前言

　　如何降低生產成本，一直是太陽電池業者所面臨最大的挑戰之一。由於 CZ 單晶矽片的生產成本較高，因此促使太陽電池業者尋求使用價格較低廉的多晶矽片 (multicrystalline silicon wafer)來當原料基板。多晶矽片一般是將熔融的矽，鑄造(casting)固化而成，因其製程簡單及高產出率，所以具有成本較低的優勢，已經超越單晶矽太陽電池，成為全球太陽電池市占率最高(超過 70%)的主流技術。

　　會影響到多晶矽太陽電池效率的因素，除了多晶矽片裡頭會造成載子再結合 (recombination) 的雜質外，還有多晶矽片內部的晶界 (grain boundaries) 及差排 (dislocation)。因此在鑄造多晶矽錠中，除了鑄造速率的提升外，微缺陷的控制也是最重要的考量之一。目前，藉著對凝固現象的理論了解，以及利用電腦對整個生產過程的模擬設計，設計出溫度場分佈最佳化的鑄造爐子，可使得多晶矽錠裡的微缺陷及鑄造速率均達到最佳化。因此，在今日商業化的鑄造爐子，已可生產出高品質的 650 公斤重之多晶矽錠。

多晶矽太陽電池，由於其多晶特性，在切片和加工的技術上，比單晶和非晶矽更具困難性，且其能量轉換效率也比單晶矽太陽能電池來的低。不過，基於其簡單的製程和低廉的成本，在部分低功率的電力應用系統上，還是大量採用這類型的多晶矽太陽電池。

鑄造多晶矽錠的另一優點，是它可以鑄造出四面體形的矽錠，所以不像圓柱形的 CZ 矽單晶棒還得先把外徑磨成四面體，這使得材料的損耗比較小。但切片的過程中，總還是會導致相當程度的材料損失(切損，kerf loss)，所以為了解決這方面的問題，也有人發展出生產多晶矽薄板的技術(ribbon growth)。以下小節將分別介紹這些生產多晶矽片的技術。

5.2 鑄造多晶矽錠之技術

利用鑄造技術(casting)來製造多晶矽錠(multicrystalline silicon, 通稱 mc-Si)起源於 1975 年的德國瓦克(Wacker)公司，它是採用澆鑄法來製備太陽電池用的多晶矽錠(SILSO)。後來有其它的研究者採用了其它的鑄造技術，例如美國晶體系統公司採用了熱交換法(Heat Exchange method, HEM)，Solarex 採用了結晶法等。

鑄造多晶矽錠一般是採用定向凝固(directional solidificaiton)的方式，這樣才不會長出雜亂沒次序的晶粒，經過定向凝固的控制，則可以長出約數毫米到數釐米寬度的柱狀排列晶粒。鑄造多晶矽錠有三種主要的方法，亦即澆鑄法(Block Casting)、布里基曼法(Bridgman method)及電磁鑄造法(Electromagnetic casting，簡稱 EMC)。以下將這三種方法分別說明之：

■ 5.2.1 澆鑄法(Block Casting)

圖 5.1 為利用澆鑄法來製備多晶矽錠的示意圖，這個方法必須使用到兩個坩堝，矽原料的熔化是發生在第一個石英坩堝內，之後再將熔化的矽液澆入另一石墨坩堝內。此一石墨坩堝系係置於一升降平台上，讓它慢慢的下降離開加熱區，那麼矽就可從坩堝底部慢慢往上固化(其凝固過程也是種類似布里基曼法的定向凝固方式)，而得到多晶矽錠。

　　澆鑄法的優點是設備簡單，易於操作控制，而且由於這方這種生產的熔化與固化過程是發生在兩個不同坩堝內，所以它其實可以達到半連續化生產的，但它的缺點是使用兩個坩堝容易造成矽液的二次污染，同時受到熔煉坩堝及翻轉機械的限制，產量較低。而且所生產的多晶矽的晶粒通常為等軸狀，用來製備的太陽電池的轉換效率比較低。目前這方法已顯少用在商業規模的生產上了。

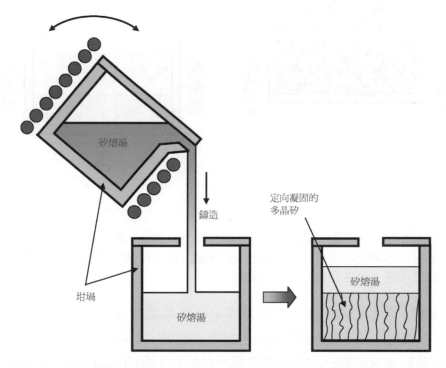

圖 5.1　用來製造多晶矽錠之澆鑄法(Block Casting)技術之示意圖，當多晶矽原料在一石英坩堝中熔化後，將矽熔湯倒入另一鍍有氮化矽之方形石英坩堝中，接著自坩堝底部往上發生定向凝固

■ 5.2.2　布里基曼法(Bridgman method)

　　布里基曼法是應用最早的一種定向凝固鑄造技術(如圖 5.2 所示)，它也可稱為熱交換法(Heat Exchange Method, HEM)。但嚴格講起來，布里基曼法與熱交換法還是有一些小差別的，如圖 5.2 所示在布里曼法裡，坩堝會慢慢往下降而離開加熱器。而在熱交換法裡頭，坩堝與加熱器不會發生相對移動，一般是在坩堝底部安裝有一散熱開關，在熔化時散熱開關呈關閉狀態；在凝固開始時才打開散熱開關，以控制凝固的方向與

速度，而達到定向凝固的效果。如果是散熱裝置是使用水冷的話，凝固速度則受到水流量的控制。當底部開始發生結晶固化後，固液界面乃垂直往上移，產生柱狀的晶粒。

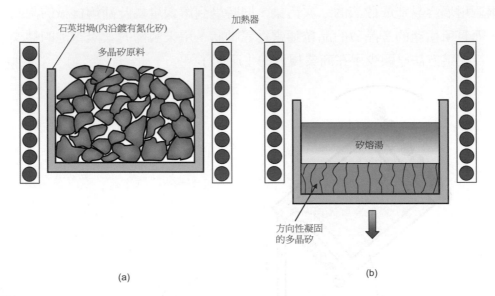

(a)　　　　　　　　　　　　　　　　　(b)

圖 5.2　用來製造多晶矽錠之傳統 Bridgman 技術之示意圖，(a)多晶矽原料置於一鍍有氮化矽之方形石英坩堝，等待熔化之示意圖；(b)熔化後，將石英坩堝往下降，自坩堝底部往上發生定向凝固之示意圖

　　目前商業上多晶矽錠的生產，都是採用這種布里曼法或熱交換法的定向凝固為主。而最廣為使用的鑄造機台的製造商包括有美國的 GT Solar 及德國的 ALD。而在中國，技術與品質可達世界一流水平的製造商有位於上虞的晶盛機電。目前常見的多晶矽鑄碇爐主要有 650 kg 及 800 kg 的兩種產量設計。圖 5.3(a)為一由晶盛機電所製造的產能為 800 kg 多晶矽錠機台之外觀，這樣一部鑄造機可以容納直 104 cm×104 cm 的石英坩堝，一年可生產 108 塊重達 800 公斤的多晶矽錠(如圖 5.4 所示)，這相當於每年可產出約 10 MW 的 156mm×156mm 多晶矽太陽電池。圖 5.3(b)則為常見鑄造爐內部配置的示意圖。

　　在鑄造多晶矽錠時所使用的石英坩堝為方形的。以 800 kg 多晶鑄造爐為例，石英坩堝之大小約為 104 cm×104 cm。由於矽在結晶固化的過程中，體積會膨脹而導致多晶矽錠與坩堝間的沾粘，甚至造成多晶矽錠的破裂損傷，因此為了減低這種沾粘性，一般的做法是會在石英坩堝的內緣塗上一層氮化矽(Si_3N_4)。

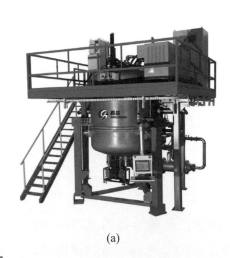 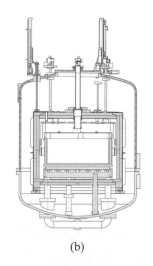

(a)　　　　　　　　　　　　　(b)

圖 5.3　(a)一商業化 800kg 鑄造多晶矽錠爐子之外觀，(b)鑄造爐內部配置的示意
(本照片由晶盛機電公司提供)

圖 5.4　自石英坩堝內取出之 800kg 方形多晶矽錠(本照片由晶盛機電公司提供)

　　布里基曼法的方式雖然較簡單，但因為矽熔湯與石英坩堝在高溫的反應時間較耗時，所以完成一次鑄造的時間較長，產出率也比澆鑄法來得低。通常布里基曼法的凝固速率可達到約 1 cm/hr，這相當於每小時可以凝固 10 公斤的矽錠左右。通常要完成一次的鑄造過程要花上 2～3 天的時間。若想要進一步增加凝固速率及產出率的話，必須設法增加溫度梯度使得結晶固化的多晶矽可以快速冷卻，但是過大的冷卻速率倒可能讓已凝固的多晶矽破裂。

鑄造多晶矽錠的操作流程包括以下幾個主要步驟：

1. 填料與熔化

在操作時，先裝具有氮化矽塗層的石英坩鍋放置在爐內的熱交換台上，然後填入適量的矽原料；然後再安裝好爐內的加熱及隔熱等裝置後，關上爐體開始抽眞空，等達到一定的眞空度之後，通入氬氣當做保護氣體，並使爐體內的壓力維持在 500 mbar 左右；接著打開石墨加熱器的電源，將矽原料熔化，整個熔化過程至少需要 10 個小時以上。

2. 晶胚形成

等矽原料熔化，先將熔湯的溫度下降到適合晶體生長的溫度(一般約在 1440℃左右)，從坩堝底部開始降溫，大約到熔點以下 6-10℃左右。這個過程使底部低於熔點以下的過冷液體，開始在坩堝底部的一些地方凝固形成所謂的「晶核」。

由於太陽能電池需要使用徑向尺寸較大的柱狀晶來達到較高的轉換效率。因此，避免讓晶核一旦形成就立刻向上生長，導致晶粒過細。最理想的做法是讓晶核形成後，先在坩堝底部橫向生長，長到一定的尺寸後，再向上生長。要達到這樣的生長狀況，必須使坩堝底部的溫度下降到略低於熔點後，維持同樣的溫度，等坩堝底部晶核全部形成後，再進一步降溫往上生長。

3. 多晶生長

當坩堝底部的晶胚形成後，就可進一步讓坩堝底部的溫度慢慢下降，這樣可以讓固液界面的位置慢慢上升，也就是晶體慢慢往上生長。一般最合適的生長速度，大約在每小時 6-20 毫米左右。在實際的操作上，坩堝底部及液面頂部的溫度隨時間的變化，其實不一定是線性的。由於矽溶湯內部因對流的作用，溫差較小，而固體矽內部的溫差則比較大。所以在晶胚形成後，可以讓底部先以較快的溫度梯度下降，同時，頂部可以保持一個相對較高的溫度，這樣將有利於底部的柱狀晶生長。當柱狀晶長到坩堝的一半高時，可以使頂部溫度以線性均速下降，這樣可以幫助固液界面以均速往上移。而當柱狀晶長到坩堝的三分之二高時，則要確保底部溫度足夠的低，以維持著固體矽內部具有足夠大的溫度梯度，這樣才能有效的帶走凝固時在固液界面所產生的潛熱。

通常，要確保鑄錠能成功長好，要同時確保兩個基本條件，第一個是要讓溫度梯度始終是下低上高。第二是要盡量維持一個水平的固液界，因為如果固液界面不水平，不僅不利於定向凝固去雜，而且可能導致多晶矽錠內部的應力增大，使得矽錠容易破裂。

4.　頂部收尾

當晶體長到接近頂部時，最後的收尾過程非常重要。如果收尾不良，可能造成鑄錠過程的前功盡棄。例如溫度控制不好，導致頂部的矽溶湯從表面先凝固，這樣在矽錠下部的晶體和頂部凝固成的固體殼層之間，會殘留一些液體，這些液體在隨後的降溫過程中也會凝固，而由於矽液凝固時體積會膨脹，這樣的現象，輕則導致矽錠表面產生鼓起部分；重則導致上部已凝固的部分破裂，甚至整個矽錠都會破裂。

在實際狀況下，矽錠頂部是不會同一時間全部凝固的，而是某些部分的晶體是先長到頂部，率先完成結晶。這時，應當在該溫度保持一段時間，緩慢地降低加熱功率，使矽錠其餘區域的晶體慢慢向上生長，通常大約 120-180 分鐘後，整個矽錠頂部的長晶可全部完成。

5.　退火冷卻

長晶完成後，不能立即降溫，因為結晶完成時，頂部溫度約在 1410℃ 左右，而底部溫度才只有 900℃ 左右，上下溫差達 500℃ 之多，如此之大的溫差會在矽錠內部產生很大的熱應力。所以，一定要先讓矽錠經過數個小時的退火處理才行。

退火處理的作法，是讓矽錠維持在一定的高溫並保持一段時間。這樣不僅可以消除矽錠內部的應力，還能把長晶過程中存在的位錯等缺陷給一併消除，使得晶體不容易碎裂。一般常用的退火條件是使矽錠在 1100℃ 左右維持 3-4 小時。

之後，在慢慢降低加熱功率到 900℃ 以後，就可整個關閉加熱功率，使其進行自然降溫。通常當溫度到 400℃ 以下，可以打開爐子，然後到 100℃ 左右將坩堝連護板取出，但要放在密閉無風的房間裏，等到 12 小時以上，才能拆下護板和坩堝。

■ 5.2.3　電磁鑄造法(Electromagnetic Casting Method)

圖 5.5 顯示另外一種鑄造多晶矽錠的方法，叫做電磁鑄造法(Electromagnetic casting ，簡稱 EMC)。這種技術類似前面提到的定向凝固之方法，但作法上比較特別，它是採用 RF 加熱方式，一水冷式指狀坩堝將電流傳導到多晶矽原料上，使其因本身的電阻而受熱熔化，熔化後的矽熔湯，因受到來自指狀坩堝的所謂 Biot-Savart 定律的排

斥作用，本身並不會接觸到指狀坩堝，這是因為設計上使得指狀坩堝上的電流方向與矽熔湯電流方向相反而產生的電磁排斥力。同樣利用下降的方式，使的多晶矽自支撐底座上開始往上結晶固化。目前商業上，可生產出 35cm×35cm 以上的多晶矽錠。由於這技術是採用水冷式指狀坩堝，使得凝固速率可以遠高於其它方法，達到 9-12cm/hr 左右，這相當於每小時可製造出 30 公斤的多晶矽錠。除了高產出率的優點外，因為矽熔湯不與坩堝壁接觸，所以多晶矽錠受到雜質污染的程度會比較小。

此外，電磁鑄造法可結合連續加料的方式(稱為 EMCP)，可以產生較長的多晶矽錠。EMC 或 EMCP 法的缺點是，所長出的多晶矽錠之內部晶粒比較小(平均約 1.5mm 左右)，這是因為凝固速率較快的原因，不過這點對太陽電池效率之不利因素，可以因其本身的高純度而予以補償。利用 EMC 法製造出的多晶矽太陽電池的效率可達 13～14%左右。

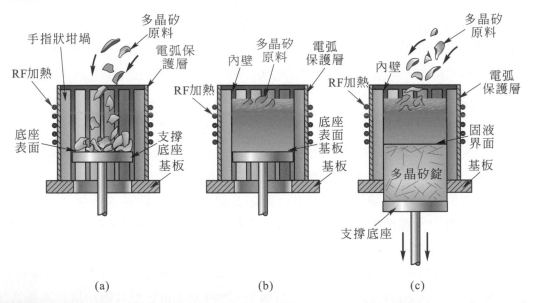

(a)　　　　　　　　　(b)　　　　　　　　　(c)

圖 5.5　電磁鑄造法(EMC)之示意圖：(a)將多晶矽原料加到石墨支撐底座上，開始受熱熔化；(b)熔化後的矽熔湯不會與坩堝接觸；(c)將支撐底座慢慢下降(U.S. Patent 4,572,812, 1986)

範例 5-1

某多晶矽錠製造公司，安裝有 10 部可容納 800 kg 多晶矽錠機台，每台機台一年平均可生產出 104 cm×104 cm 的多晶矽錠 100 塊，而每塊多晶矽錠又可切成 36 塊 156mm×156mm 的方形多晶矽棒。假設每塊的方形多晶矽棒平均可切出 700 片 0.2mm 厚度的多晶矽片，且多晶矽片的平均能量轉換效率為 16%。請問這家公司的年產量相當於多少的發電量呢？　太陽光的照度為 100 mW/cm^2。

解　　每年的多晶片產量＝ $10 \times 100 \times 36 \times 700 = 25200000$ (片)

　　　　發電量 ＝ $100 \text{ mW/cm}^2 \times (15.6 \times 15.6 \text{ cm}^2) \times 25200000$

　　　　　　　＝ 6.13×10^{11} mW

　　　　　　　＝ 613 MW

5.3　多晶矽片之加工成型

　　鑄造出來的多晶矽錠是四面體狀的，在切片之前，必須依據規格將其切成不同大小的四方塊，以一個 690mm×690mm 的多晶矽錠為例，它可切出 36 塊 100mm×100mm 的四方塊，或 25 塊 125mm×125mm 的四方塊、或 16 塊 150mm×150mm 的四方塊、或 9 塊 210mm×210mm 的四方塊等，如圖 5.6 所示。

　　圖 5.7 顯示將四方體形多晶矽塊切成多晶矽片的示意圖，如同切單晶矽棒一樣都是採用線切割的方式，但由於其多晶特性，在切片和加工的技術上，比單晶矽更具困難性。切片完後的多晶矽片表面上可以看到明顯的晶粒結構，如果再經過蝕刻清洗處理之後，這種晶粒結構更清楚。所以目視上，即可以很清楚的分辨單晶及多晶矽片。圖 5.8 為一多晶矽太陽電池之截面照片，從照片中可以很清楚的看到柱狀晶粒的結構。現今的技術可以把多晶矽片切到 180μm 的厚度，未來的發展技術則是希望可以切到 100 ～150μm 的厚度。

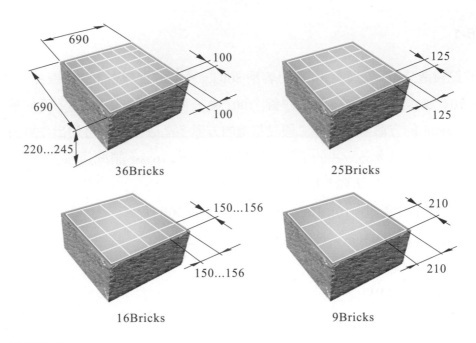

圖 5.6 一塊鑄造出來的多晶矽錠,可進一步切成不同大小的四方多晶塊

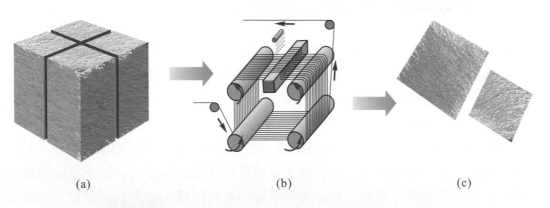

(a)   (b)   (c)

圖 5.7 將四方體形多晶矽塊切成多晶矽片的示意圖

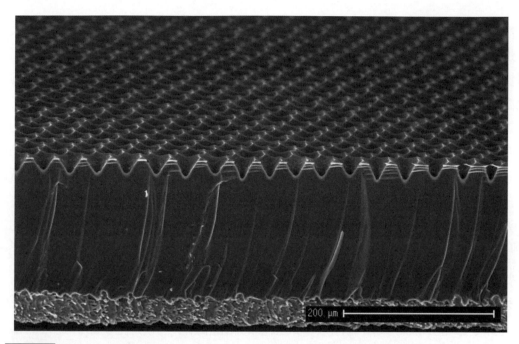

圖 5.8 多晶矽太陽電池之截面照片，從照片中可以很清楚的看到柱狀晶粒的結構

5.4 多晶矽片之品質控制

■5.4.1 結晶缺陷

多晶矽片的結晶缺陷主要為晶界(grain boundaries)及差排線(dislocation)，這些缺陷都可能造成少數載子的再結合，進而影響到太陽電池的效率。因此如何減少晶界數目(亦即增加晶粒大小)及差排線密度是很重要的品質考量之一。

1. 晶粒大小之控制與影響性

通常在一塊多晶矽錠中，底部最早凝固的部份其晶粒會比較小，隨著矽錠高度的增加，我們可發現晶粒的平均大小會跟著增加，這是因為各別的晶粒可能會消耗臨近的晶粒而變大。晶粒的增大程度與結晶固化的速率有關，越快的結晶固化速率代表著較高的溫度梯度，這意味著在矽熔湯內出現細小晶粒成核的機率也跟著增加，也因此限制了晶粒成長的最終大小。而這也說明了，為何澆鑄法的晶粒大小會比 Bridgman 來得小的原因。

　　然而，在現代鑄錠法所產生的晶粒大小，似乎不會對太陽電池效率造成太大的影響。進一步的發現是，這與晶界在電性上的活性度有關。由於矽原子在晶界處出現不連續性，造成所謂的懸浮鍵(dangling bond)，而出現活性很高的自由電子。如果矽錠內的過渡金屬含量較高時，這些過渡金屬會傾向於沉積在晶界處，因而增加晶界的電性之活性度，進而促進少數載子的再結合，導致太陽電池效率的下降。如果晶界的活性度小時，則晶粒大小對太陽電池效率的影響會比較小。此外，研究也發現，結晶固化的成長界面之形狀也會影響到晶界的活性度，維持水平的成長界面將有助於降低晶界的活性度。

　　要降低晶界活性度的方式，主要是設法去消除懸浮鍵的電子活性。最常見的方式是採用氫化熱處理，將氫離子植入多晶矽片上，使之與晶界上的電子結合，如此一來就可降低晶界在電性上的活性度。

2. 差排密度之控制與影響性

　　差排是影響多晶矽太陽電池效率最主要的結晶缺陷，差排在多晶矽錠裡的產生，與矽錠在冷卻過程中的熱應力有關。其開始影響到太陽電池效率之密度為 $10^5\sim10^6\text{cm}^{-2}$。因此適當的熱場設計，以降低溫度差異所造成的熱應力，是鑄造多晶矽錠必須持續改善的方向。

■ 5.4.2　不純物之控制

　　存在於多晶矽錠的主要不純物包括：氧、碳、氮、及金屬。圖 5.9(a)顯示一些金屬雜質對太陽電池效率的影響，圖 5.9(b)則顯示雜質會對太陽電池效率開始造成影響的臨界濃度。例如以鈦(Ti)而言，即使其濃度僅為 $6\times10^{12}\text{atom/cm}^3$ 也會對太陽電池效率有明顯的影響，但太陽電池對銅(Cu)的容忍度則比較寬，可以容忍到 10^{17}atom/cm^3 以上的濃度範圍。而金屬雜質在多晶矽太陽電池的行為遠比在單晶矽太陽電池來得複雜，這是因為金屬雜質可能會在晶界或差排處析出，所以金屬雜質在晶界或差排處的電性行為，會與在晶粒內有很大的差異。由於偏析的行為，金屬雜質在多晶矽錠內的分佈，以底部最低，頂端最高。

　　在 CZ 單晶矽中，因存在著過飽和的氧，這些過飽和的氧會析出形成氧析出物。而在鑄造多晶矽的坩堝因鍍有一層氮化矽，所以稍微抑制了氧的產生。觀察發現多晶矽錠中的氧含量以底部最高，約在 10～13ppma 左右，而中間及頂端的氧含量約在 1～7ppma 之間。

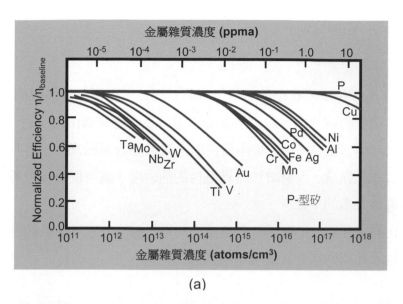

(a)

圖 5.9　(a)金屬雜質對單晶矽太陽電池效率的影響；(b)顯示雜質會對太陽電池效率開始
造成影響的臨界濃度

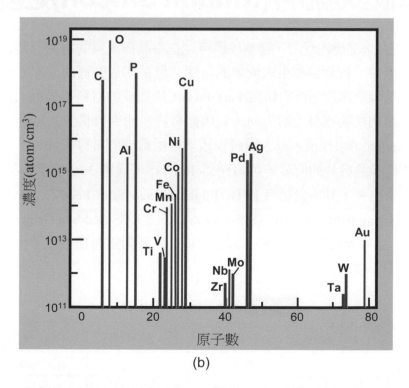

(b)

圖 5.9　(a)金屬雜質對單晶矽太陽電池效率的影響；(b)顯示雜質會對太陽電池效率開始
造成影響的臨界濃度(續)

範例 5-2

請說明為何對多晶矽片進行氫化熱處理，有助於提升太陽電池轉換效率？

解 因為在多晶矽片中，矽原子在晶界處有很多懸浮鍵(dangling bond)，導致出現活性很高的自由電子。如果矽錠內的過渡金屬含量較高時，這些過渡金屬會傾向於沉積在晶界處，因而增加晶界電性的活性度，進而促進少數載子再結合，導致太陽電池效率的下降。

氫化熱處理時，氫離子會與晶界上的電子結合，而可降低晶界在電性上的活性度，也因此幫助提升太陽電池轉換效率。

5.5 薄板多晶矽片(Ribbon Silicon)之製造技術

在追求降低成本的驅動力下，雖然我們可以在多晶矽原料的選用及製造單晶矽棒或多晶矽錠的過程中，找到節省生產成本的空間。但是切片製程的成本亦有相當程度的降低空間，這是因為切片過程的切損(kerf loss)，所造成的材料損失過大的緣故。因此如何降低切損是切片製程努力的方向，也因此有許多研究機構致力於開發生產薄板多晶矽片(ribbon silicon)的技術，以大幅減少因切片所造成的材料損耗。

最早的薄板多晶矽片的開發，可追溯到 1967 年，經過 30 多年的研發，已衍生出許多不同的技術出來，其中包括有 EFG (Edge Defined Film Feed)法、WEB (Dendritic Web)法、STR (String Ribbon)法、SF (Silicon Film)法及 RGS (Ribbon Growth on Substrate)法等。表 5.1 為這些薄板技術之比較。以下，將分別針對這幾種生產薄板多晶矽片的技術，做更詳細的介紹。

表 5.1　各種薄板技術之比較

	WEB 法	EFG 法	STR 法	RGS 法	SF 法
拉速(cm/min)	1～3	1.7～2	1～2	400～900	NA
薄板寬度(cm)	5～8	8×12.5	5～8	12.5	15～30
薄板厚度(μm)	75～150	100～300	100～300	300～400	50～100

	WEB 法	EFG 法	STR 法	RGS 法	SF 法
差排密度(1/cm²)	$10^4\sim10^5$	$10^5\sim10^6$	5×10^5	$10^5\sim10^7$	$10^4\sim10^5$
產出率(cm²/min)	5～16	170～200	5～16	7500～12500	NA
最佳太陽電池效率(%)	17.3	16	16	12	16.6

表 5.1　各種薄板技術之比較(續)

5.5.1　EFG(Edge Defined Film Feed)法

EFG 的技術是起源於 1971 年的 Tyco 實驗室，在過去這 35 年的期間已出現 5 種以上的不同 EFG 製程，這包括早期的單晶矽薄板，到今日常見的八面形管(Octagonal tube)或九面形管區(nonagonal tube)等。

圖 5.10 是 EFG 技術的原理示意圖，一個挖有薄細開口的石墨模板(graphite die)浸入矽熔湯內，矽熔湯便會藉由虹吸管作用力(capillary action)爬升到石墨模板頂端，再將一晶種(seed crystal)沾到石墨模板上端後，開始往上提拉，於是在晶種下開始不斷凝結出多晶矽來，而矽熔湯也持續藉由虹吸管作用力往上補充，如此一來，就可拉出一整塊的薄板狀多晶矽來。長出的薄板厚度主要是由模板頂部的厚度所決定，而不是由開口的寬度所決定。但拉速、溫度和液面高度可能都會稍微影響到長出薄板之厚度，例如當拉速快或溫度較高時，整個固液界面會比模板表面高得多，

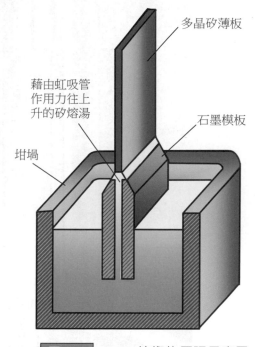

圖 5.10　EFG 技術的原理示意圖

使得長出的薄板厚度略小於模板頂部的厚度，反之放慢拉速或降低溫度，會使得薄板厚度較接近模板頂部的厚度。隨著液面高度的下降，如果虹吸管作用力無法提供足夠的矽熔湯到模板頂部時，所長出的薄板厚度也會減少。

　　雖然增加拉速，有助於提升產出率。然而拉速能到多快，取決於凝固時所釋放出來的潛熱(latent heat)是否能有效被帶離固液界面。因爲模板的材質爲石墨，所以碳會是矽薄板的主要污染雜質。通常模板要維持在比矽熔點還要高幾度的溫度，這樣長出的矽薄板才不會沾粘在石墨模板上。

　　利用 EFG 法長出的矽薄板厚度可做到 100μm 左右，這已經比現在線切割機所切出的矽晶片還薄了。而更先進的技術是長出多邊形的中空矽薄管，這樣可以大幅增加產出率。其中以八邊形中空矽薄管在商業化上最普遍，一般的寬度爲 10 或 12.5 公分左右。一般 EFG 法的生長速度爲 1.7～2.0cm/min。圖 5.11 爲 EFG 技術生產八邊形矽多晶薄板的實際照片。

圖 5.11　利用 EFG 技術生產八邊形矽多晶薄板的實際照片(本照片由 RWE Solar 提供)

　　拉出來的八邊形矽薄管，可利用雷射刀沿著每一邊的相交處切開，這樣就可切出 8 塊長條形矽薄板出來，接著可把長條形矽薄板切成一片一片的矽薄板，如圖 5.12 所示。這樣的長條形矽薄板的結構很類似由定向凝固方式所生產出的多晶矽片，其晶粒形狀也是呈現長條狀的，晶粒大小約為 100μm 左右。現在世界上每年利用 EFG 法所製造的多晶矽太陽電池已超過 100MW。

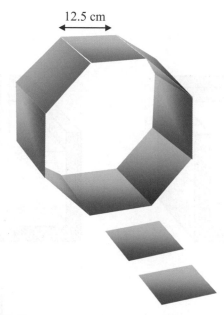

12.5 cm

圖 5.12　八邊形矽薄管切成矽多晶片之示意圖

■ 5.5.2　WEB(Dendritic Web)法

　　Dendritic Web(簡稱 WEB)是於 1960 年代開發出來生產矽薄板的技術，圖 5.13 顯示 WEB 法的生產原理。在 WEB 法裡頭，不需使用到石墨模板，而是先直接將一晶種浸入矽熔湯之內(圖 5.13a)，接著降溫使得矽熔湯呈現過冷狀態(supercooling)，於是晶種會往側面及下面凝固，形成一團類似牛糞狀(button)的固體(圖 5.13b)。當把晶種往上提拉時，在這團類似牛糞狀固體的兩端會往下長出兩根樹枝狀(dendritic)的晶體(圖 5.13c)，接著多晶矽薄板會以這兩個樹枝狀晶體當支撐，在其間長成(圖 5.13d)。

　　在這過程中，需要靠精確的溫度控制，才可維持矽熔湯表面的過冷狀態，並且防止多晶矽薄板因溫度太高而直接與矽熔湯表面分開。也需藉由精確的溫度控制，才能得到均勻的薄板厚度與寬度。多晶矽薄板的寬度,是由兩個樹枝狀晶體間的距離所決定的。常見的矽薄板厚度在 100～150μm 之間,而寬度則可達到 8cm 左右。至於拉晶的最高拉速,則與潛熱(latent heat)的移除效率有關,一般商業化的生產速率可達 1～3cm/min。目前以這方面製備的多晶矽,在實驗室太陽電池的轉換效率最高可達 17%以上,這主要是與矽板的晶體品質較好有關。但這技術要大規模商業化生產的可能性仍然很小。

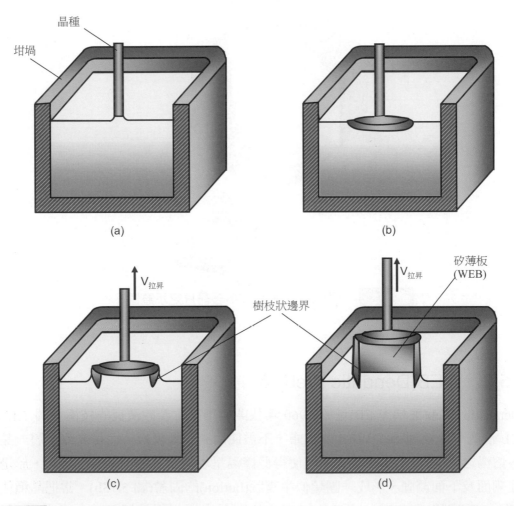

圖 5.13 WEB 法的生產原理:(a)將一晶種浸如矽熔湯之內,(b)降溫使得矽熔湯呈現過冷狀態,,形成一團類似牛糞狀(button)的固體,(c)把晶種往上提拉時,長出兩根樹枝狀的晶體,(d)多晶矽薄板會以這兩個樹枝狀晶體當支撐,在其間長成。

■ 5.5.3　STR (String Ribbon)法

　　圖 5.14 為 STR(String Ribbon)法之示意圖，不像 WEB 法需先長出樹枝狀晶體，STR 法是直接利用兩條穿過坩堝底部的石墨纖維線，來支撐長出的多晶矽薄板。將石墨纖維線往上拉，將會帶動矽熔湯往上凝固形成薄板，它的上升速率決定了薄板的生長速率。薄板的厚度控制，是由表面張力、拉速、散熱速率所決定的。因為 STR 法不需要先把液面過冷及長出樹枝狀晶體，所以在溫度的控制上，比較有彈性。

　　STR 法的生長速率，與 EFG 法及 WEB 法類似。如果謹慎控制生長條件，STR 法甚至可以長出厚度 5μm 的薄板，不過商業上應用的厚度約在 100～300μm 之間。由於 STR 技術所用的設備很簡單，所以製造成本低。實驗室最高的太陽電池轉換效率達 16% 以上。

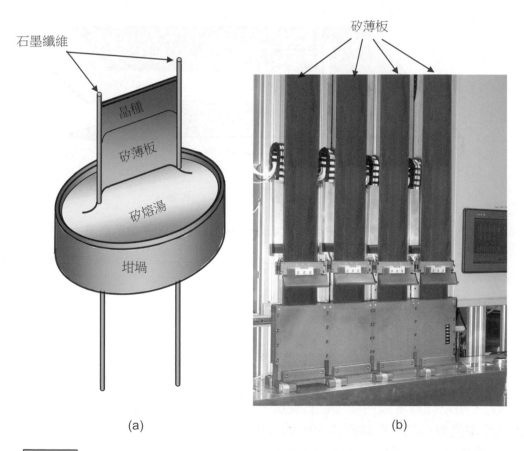

(a) 　　　　　　　　　　　　　　　　 (b)

圖 5.14　(a)為 STR (String Ribbon)法之示意圖，(b)矽薄板的實際生長情形

■ 5.5.4 RGS(Ribbon Growth on Substrate)法

圖 5.15 為 RGS(Ribbon Growth on Substrate)法之示意圖，矽熔湯及一成型模板 (shaping die)置於一石墨或陶瓷基板上方表面。成型模板用來盛裝矽熔湯及固定矽薄板的成長寬度，而矽薄板的厚度由表面張力、拉速、散熱速率所決定。在這方法裡，結晶固化的方向(亦即由上往下)與矽薄板成長方向(亦即由左往右)幾乎是垂直的。由於整個生長表面之面積相對於厚度來說是非常大的，所以潛熱主要是藉由熱傳導的作用由基板帶走。RGS 法的生長速率相當快，可達 4～9m/min。商業上應用的厚度約在 300 ～400μm 之間。由於這技術所製造的多晶矽薄板之晶粒較小，差排密度較高，其所製造的太陽電池的轉換效率仍低於 12%，因此這技術目前尚未商業化生產。

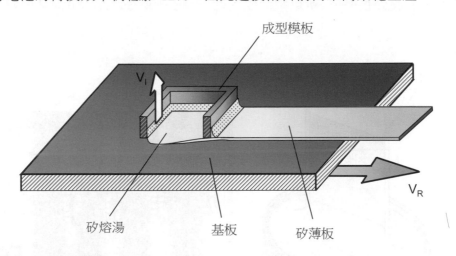

圖 5.15 RGS (Ribbon Growth on Substrate)法之示意圖

5.6 矽薄板之品質特性

與鑄造多晶矽一樣，晶界是影響矽薄板品質的主要因素之一。除了 WEB 技術外，其它幾種技術生產出來的矽薄板都具有多晶的結構。由於矽在(111)面形成孿晶界(twin boundry)，所以在矽薄板內往往容易發現大量的(111)面孿晶。尤其孿晶出現在 STR 矽薄板的比率是最高的，有時高達 80%的表面被孿晶所覆蓋。

由 EFG 及 STR 這兩種往上提拉技術所拉出的薄板,它們具有多晶的結構,而且晶粒為平行於生長方向的柱狀形,其晶粒大小約數公分寬。但在薄板的邊角附近會長出額外的小晶粒,所以 STR 的薄板邊緣,其晶粒會比中心部份來得小。而其它兩種藉由基板(substrate)拉出矽薄板的技術(SF 及 RGS),其晶粒形狀也都是柱狀形的,但卻是沿著厚度方向生長的,這點與 EFG 及 STR 有些不同。

差排是矽薄板常見的缺陷之一。由於生產矽薄板的冷卻速率很高,晶體所承受的熱應力也比較高,因此導致較高的差排密度。這些差排對太陽電池轉換效率之影響,比晶界對太陽電池效率之影響還來得重要。如表 5.1 所示,矽薄板內部的差排密度約在 $10^4 \sim 10^7 / cm^2$,其中以 WEB 矽薄板的差排密度最低,也因此生產出來的太陽電池之效率是最高的。而由於 RGS 的生長速率最快,溫度梯度也最大,因此具有最多的差排密度,做成的太陽電池之效率也是最低的。

5.1 請簡述利用澆鑄法來製備多晶矽錠的方法與原理。

5.2 請說明澆鑄法的優缺點。

5.3 請簡述利用布里基曼法及熱交換法來製備多晶矽錠的方法與原理。

5.4 請問在鑄造多晶矽錠時,為何要在石英坩堝的內緣塗上一層氮化矽呢?

5.5 請簡述鑄造多晶矽錠的操作流程。

5.6 請簡述利用電磁鑄造法(EMC)來鑄造多晶矽錠的方法與原理。

5.7 請說明多晶矽片內的晶粒大小對太陽電池轉換效率有何影響,以及如何控制晶粒大小呢?

5.8 請畫出用 EFG 法生產矽薄板的技術,並說明其原理。

5.9 請說明及比較本章提到之各種生產矽薄片技術的特性與品質差異。

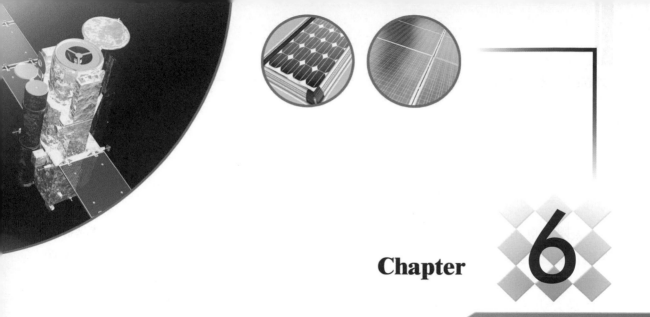

Chapter 6

結晶矽太陽電池

6.1 前言

　　目前的商業化太陽電池中，結晶矽就佔了 9 成以上。雖然隨著其它不同材料之太陽電池的推廣，結晶矽太陽電池的使用比例會略減，但它在未來仍會是太陽電池的主流。原因之一，是因為過去幾十年的半導體工業需求，已使得結晶矽技術成熟化，間接地也降低了生產成本。

　　最早的結晶矽太陽電池是使用 P-型的 CZ 矽單晶當基板(substrate)，隨著價格較低廉多晶矽片的出現，多晶矽太陽電池已成為全球太陽能電池市占率最高(超過 50%)的主流技術。但多晶矽太陽電池的效率仍次於單晶矽太陽電池，所以若比較單位成本之發電效率(Watt per dollar)，兩者其實是相當接近的。

　　本章將介紹結晶矽太陽電池的基本結構、製作一個太陽電池的基本流程及模組化技術。

6.2 太陽電池基本結構

太陽能應用系統的最基本單位為太陽電池(cell)。一般來說，一個單一的結晶矽太陽電池輸出電壓約在 0.5V 左右，而最大功率輸出與太陽電池效率、表面積有關。舉例來說，一個效率為 18%的太陽電池，其最大輸出功率僅約為 1.8W 左右，這樣的輸出電壓與最大功率是不足以供應一般電器產品所需。所以在一般的應用上，必須將許多太陽電池串聯及並聯在一起，來形成所謂的模組(Module)。其中並聯的目的是為了增加輸出功率，而串聯的目的則在提高輸出電壓。如果還想進一步提高輸出電壓與輸出功率的話，甚至可將多個模組並聯或串聯起來，而形成所謂的陣列安排(array)，如圖 6.1 所示。

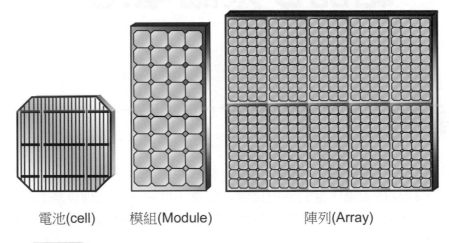

電池(cell)　　模組(Module)　　　　陣列(Array)

圖 6.1　電池(Cell)、模組(Module)及陣列(Array)之相關性之示意圖

在一般太陽電池的應用系統上，除了電池、模組及陣列外，還可能包括：蓄電池(storage battery)、功率調節器(power conditioner)和安裝固定結構(mounting structures)等，這類的周邊設備，統稱為平衡系統(balance of system)。

使用不同的材料及製造技術，太陽電池的架構會有不同的變化。但最基本的太陽電池結構可分為基板(substrate)、P-N 二極體、抗反射層(Antireflection)、表面粗糙結構化(Texturing)和金屬電極(Metal contact)等 5 個主要部份，如圖 6.2 所示。這些結構設計的主要目的在於如何使太陽電池可以得到最佳化的能量轉換效率。因此，必須要克服的效率損失因子包括：

1. 減低太陽光自表面的反射，得到最大的能量吸收
2. 減低任何型式的載子再結合(carrier recombination)
3. 金屬電極接觸之最佳化

　　以下分別針對這些主要結構，做進一步說明。

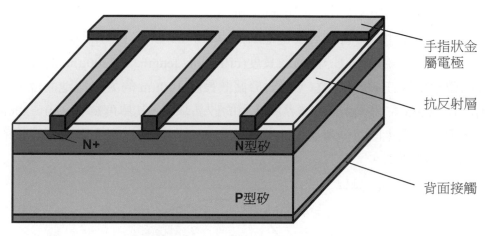

手指狀金
屬電極

抗反射層

N+　　　　　　　N型矽

P型矽

背面接觸

圖 6.2　基本的結晶矽太陽電池之結構

■ 6.2.1　基板

　　在結晶矽太陽電池中，以單晶矽可達到的能量轉換效率最高。而要達到最佳化的能量轉換效率，使用的基板品質最為關鍵，這裡所謂的品質是指基板應具有很好的結晶完美性、最低的雜質污染等。就品質的完美性而言，在所有的結晶矽中以 FZ 矽片(Float Zone Silicon)最佳，而 CZ 矽片(Czochralski)次之。在低成本要求的考量之下，多晶矽片(multicrystalline)甚至比單晶矽更廣泛被使用。然而多晶矽片內的結晶缺陷，例如晶界(grain boundaries)及差排(dislocation)，使得其能量轉換效率不如 CZ 單晶矽片高。

　　少數載子的生命週期(lifetime)，是影響能量轉換效率的重要因素之一。而矽晶片的生命週期主要受金屬雜質的影響，金屬雜質越高，生命週期越短，能量轉換效率也就越低。除了起始基板本身所存在的金屬雜質外，太陽電池的高溫製程也有可能引入不必要的金屬污染源。除了嚴格控管製程來降低污染的機率外，在矽晶片上另外一個可以著墨的地方，則是導入去疵的技術(Gettering technology)，降低金屬雜質對生命週期的影響。此外，利用氫氣鈍化處理(passivation)，也是提高能量轉換效率的有效方法之一。

最常用的矽晶基板為 P-型摻雜，是添加硼(Boron)摻雜物的。這是因為現有的太陽電池技術大多是依 P 型矽晶而設計的。然而使用 N 型矽晶基板做出的太陽電池，其能量轉換效率是可以更高的，所以近年來也開始製作 N 型矽晶太陽電池。使用電阻率較低的矽晶基板，會降低太陽電池的串電阻(series resistance)導致能量的損耗。目前工業界常用的矽晶基板之電阻率為 0.5～30ohm-cm。

矽晶基板的厚度也會影響到太陽電池的效率，圖 6.3 顯示在採用矽薄板的太陽電池之效率相對於厚度的關係。以一個擴散長度(diffusion length, L_d)200μm 的太陽電池而言，最大的效率出現在 80μm 左右，但對於擴散長度 100μm 的太陽電池而言，最大的效率則出現在 50μm 左右。目前工業界所使用的矽晶基板，其厚度約在 180～200μm 附近，發展更薄的矽晶太陽電池勢必是未來的趨勢，這不僅可提高太陽電池的效率，也可達到降低成本的要求。

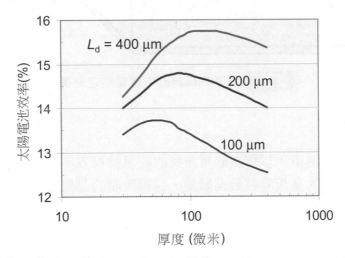

圖 6.3　矽薄板的太陽電池之效率相對於厚度的關係，其中 L_d 為擴散長度

■ 6.2.2　表面粗糙結構化(Texturing)

由於矽具有很高的反射係數(reflection index)，它對太陽光的反射程度在長波長區域(～1100 nm)可高達 54%，在短波長區域(～400 nm)，可達到 34%。因此將矽晶基板表面做粗糙結構化處理的目的，在於降低太陽光自表面反射損失的機率，進而提高電池的效率。所謂的粗糙化處理，是將電池的表面，蝕刻成金字塔狀(pyramid)或角錐狀，這樣的處理，可使得太陽入射光至少要經過兩次以上的表面反射，因此大幅降低了直接自表面反射損失的太陽光之比例，見圖 6.4。

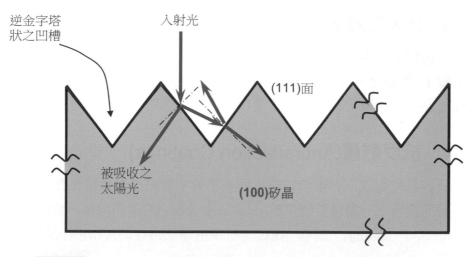

逆金字塔
狀之凹槽

入射光

(111)面

被吸收之
太陽光

(100)矽晶

圖 6.4　利用表面的粗糙結構可以降低光線之反射程度之原理

　　逆金字塔狀之凹槽之產生，一般是利用 NaOH 或 KOH 之鹼性蝕刻液去對矽晶表面進行蝕刻。由於這種蝕刻反應屬於異方向(anisotropical)蝕刻反應，也就是說反應速率與方向有關，以矽而言，(111)面的反應速率最慢，所以會被蝕刻出一個逆金字塔狀的凹槽，如圖 6.5 所示。凹槽上的結晶面即為(111)面。由於逆金字塔狀之凹槽具有最佳的光封存效果，所以被廣泛用在太陽電池，成為基本的製程之一。

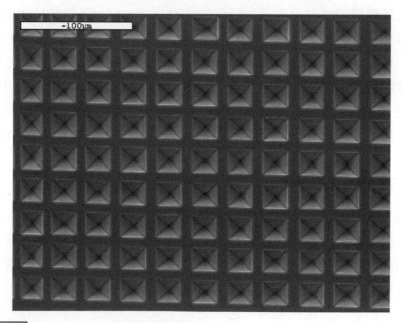

~100μm

圖 6.5　利用 NaOH 或 KOH 之鹼性蝕刻液，所蝕出之逆金字塔狀之凹槽

■ 6.2.3　P-N 二極體

P-N 二極體是產生光伏特效應的來源，它的產生是藉由高溫擴散製程，在 P-型矽晶基板上做 N-型擴散，或是在 N-型基板上做 P-型擴散所產生的。一般的 N-型擴散約只有 0.5μm 左右的厚度而已，而且它是在基板做完粗糙化處理後才進行的。

■ 6.2.4　抗反射層(Antireflection Coatings)

除了將矽晶基板表面做粗糙結構化外，另外一個可以有效降低反射損失的方式，是在矽晶表面塗佈上一層低折射係數(refraction index)的透明材料，亦即所謂的抗反射層(Antireflection Coatings，簡稱 ARC)。抗反射層之最佳厚度(d)與折射係數(n)，可利用下式估算之：

$$\lambda = 4nd$$
$$n^2 = n_{si}n_0$$

其中 n_{si} 為 Si 之折射係數，n_0 為環境之折射係數。就空氣而言，$n_0=1$，因此適當的抗反射層材料之折射係數應以接近 $n_{si}^{1/2}$ 為最佳。此外，當厚度 $d = n\lambda_0/4$ 時，反射的情況可被降到最低，這裡的 λ_0 為自由空間的波長。

適合當抗反射層的材料，包括：氧化鈦(TiO_2，$n = 2.30$)、氮化矽(SiN_x，$n = 2.0$)、一氧化矽(SiO，$n = 1.8 \sim 1.9$)、氧化鋁(Al_2O_3，$n = 1.86$)、二氧化矽(SiO_2，$n = 1.44$)、氧化鈰(CeO_2，$n =1.9$)等。在工業界的應用上，近來常用氮化矽(SiN_x)來形成抗反射層，它不僅能有效的減少入射光的反射，而且還有鈍化(passivation)的作用，甚至可以保護太陽電池表面，有防刮傷及防濕氣等功能。但傳統上的 SiO 及 TiO_2 也仍被採用。如果欲使用兩層的抗反射層，則以使用 TiO_2 及 Ta_2O_5 這類折射係數較大的材料為宜。

■ 6.2.5　金屬電極

金屬接觸是一種建築在半導體表面的結構，藉由它的出現，帶電荷的載子便可以在半導體與外面電路產生流通現象。在太陽電池中，金屬接觸必須被用來取出產生光電的載子，這種作用必須是選擇性的，也就是說它必須只允許一種型態的載子由矽表面流向金屬，但卻可以阻止另外一種型態的載子流通。

但如果直接將矽及金屬接觸在一起，它並不具備這種選擇性流通的效果。若要達到這種效果，一般的作法是在金屬電極下方先創造出一個 N^+ 的區域以取出電子，或創造出一個 P⁺的區域以取出電洞。在這樣的結構中，多數載子可以順利由矽表面流到金屬，不會有太大的電壓損失。而由於重摻區域的影響，少數載子的濃度已被降到最低，因此產生的流通就自然被抑制到最小的程度了。

在金屬電極的劃分上，接收少數載子之電極通常都放在正面，也就是受光的那一面，位於金屬電極下方的重摻區域，被稱爲發射極(emitter)。矽基板背面則通常會全部塗上一層所謂的 back surface field (BSF)金屬層。

一般而言，太陽電池的正面與背面，都會有兩條平行的金屬電極(稱爲 Bus bar)以提供與外界線路之接焊。在正面的條狀金屬電極，還會往側邊伸展出一列很細的金屬手指(finger)，一般稱之爲格子線(gridlines)，如圖 6.6 所示。格子線的設計，除了要能有效地收集載子外，還必須降低金屬線遮蔽入射光的比例。格子線的寬度一般可做到50μm 以下，Bus bar 的寬度約在 0.5mm 左右。因此一般正面的金屬線會遮掉 3～5%可接收入射光的面積。而這些金屬電極的材料，通常以鋁或銀合金爲主。

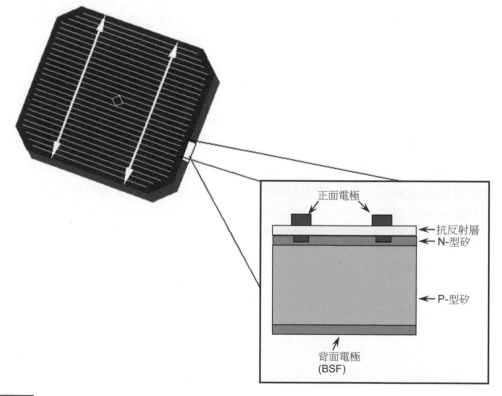

圖 6.6 　太陽能電池正面的部份，有兩道較大的白色垂直線，稱之為 Bus bar，其它有密密麻麻的白色水平線，稱之為 gridlines，這些都是用來搜集電流的金屬電極

範例 6-1

請問使用 P-型或 N-型的單晶矽太陽電池,哪一種可以達到更好的能量轉換效率?

解　N-型的單晶矽太陽電池可以達到更好的能量轉換效率。

原因是因為 P-型矽單晶太陽電池上,具有較高的電池對裝成組件損失(Cell to Module Loss)及較高的光衰(約 2~6%)等缺點。因此近年來不會產生光衰現象的 N-型矽單晶片,已受到廣泛的注意。

6.3 太陽電池之製造流程

　　太陽電池的製造流程遠比 IC 製程來的簡單,但在太陽電池的製造上,同樣必須考量的要素有產能、製程良率、產品的平均效率及生產成本等。

　　一個太陽電池製造廠的產能大小,通常是以它的產品每年可製造出相當於多少功率的電力來論定,亦即 MW/year。而產能的計算,也與所生產的太陽電池其平均效率及生產線的產出率(throughput)有關。至於生產成本的降低,則一直是太陽電池業者努力的目標,但這必須與產品的平均效率取得一定的平衡才行。例如使用埋入式的電極(buried contact)雖比採用網印(screen printing)方式的電極,更能提高太陽電池的平均效率,但因其製造成本較高,所以並未被廣泛使用。影響太陽電池良率的原因,除了產品品質外,最大的原因則為破片率,因此如何降低破片率是很重要的良率控制因素。

　　太陽電池的製造流程,會因製造商所採用的技術種類而有些差異。以下,將介紹一個比較基本的 P-型矽晶太陽電池製造流程,如圖 6.7 所示。

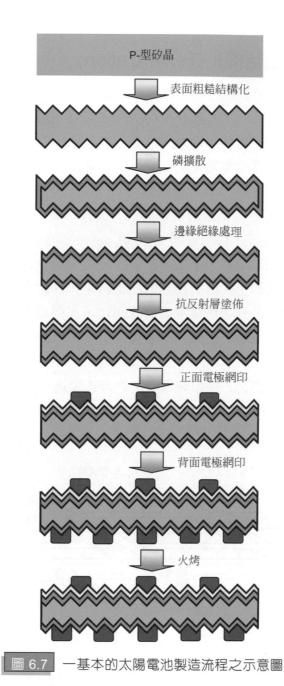

圖 6.7　一基本的太陽電池製造流程之示意圖

■ 6.3.1 表面粗糙結構化(Texturization)

這是太陽電池的第一道製程，首先利用 NaOH 進行方向性的蝕刻，在矽基板表面產生逆金字塔狀凹槽。而 NaOH 須與 IPA(isopropyl alcohol)混合在一起，IPA 的作用在於濕化矽基板表面，以獲得更均勻的蝕刻效果。由於過小的凹槽會導致較大的入射光反射，而過大的凹槽會阻礙金屬電極的形成，所以必須找出最佳化的凹槽大小。利用適當的 NaOH 蝕刻液濃度、溶液溫度及蝕刻時間控制，可以獲得最佳化的凹槽大小。而 IPA 的揮發程度也會影響到凹槽的形成結果。根據經驗，最典型的製程參數為蝕刻液濃度 5%NaOH，溫度 80℃，蝕刻時間 15 分鐘。

這種利用方向性蝕刻產生逆金字塔狀凹槽的技術，可以在單晶矽上得到最佳的效果。雖然它可應用在多晶矽上，但所得到的凹槽結果，卻比單晶矽差很多。這也是多晶矽太陽電池的效率比單晶矽太陽電池低的原因之一。這是因為多晶矽表面存在著許多不同方向性的晶粒，這些晶粒的蝕刻速率快慢不一，不像(100)單晶矽的均勻蝕刻效果。

為了解決這種問題，也有人採用機械切割的方式製造出 V-型凹槽，接著用鹼蝕刻來去除因機械加工所造成的表面損傷層。這樣的 V-型凹槽其深度一般為 50μm 左右。

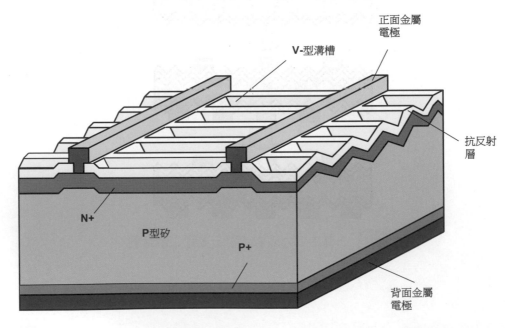

圖 6.8 利用機械切割的方式製造出 V-型凹槽，可以降低多晶矽太陽電池的表面反射程度

■ 6.3.2　磷擴散製程(Phosphorus diffusion)

在完成表面粗糙結構化後，矽基板要利用高溫擴散製程來形成 P-N 二極體。由於一般的太陽電池是使用 P-型矽晶片當基板，所以必須靠磷擴散來形成 P-N 二極體。由於擴散是在高溫下進行的，所以在進行高溫擴散之前，必須確保晶片表面的潔淨度，尤其是金屬雜質的控管是很重要的。

在工業界上，有一些不同的製程可以用來進行磷擴散。依據所使用擴散爐管的種類，擴散製程可歸類為：

1.　石英爐管(如圖 6.9 所示)：

在石英爐管裡，欲進行磷擴散的矽晶片，垂直擺放在石英晶舟上。將石英晶舟連同晶片自爐管的一端推入爐管內。爐管的另外一端則通入反應氣體。反應氣體一般採用 $POCl_3$，使之在爐管內與氧氣反應產生 P_2O_5 氣體，接著 P_2O_5 與 Si 反應產生磷原子。這些磷原子便藉由高溫擴散的作用，進入矽晶格內，而形成 N-型的摻雜。通常製程溫度約在 900～950℃左右，製程時間約 5～15 分鐘左右。以上的擴散反應，可由以下的反應式表示之：

$$4POCl_3 + 3O_2 \rightarrow 2P_2O_5 + 6Cl_2$$

$$2P_2O_5 + 5Si \rightarrow 2P + 6SiO_2$$

擴散的磷濃度係由傳輸氣體(carrier gas)的流量、溫度與時間等製程參數所決定。經過這種擴散爐管處理完的矽晶片表面會產生一層二氧化矽(SiO_2)，通常必須使用氫氟酸(HF)來去除矽晶表面的二氧化矽，其反應式為

$$SiO_2 + HF \rightarrow H_2SiF_6 + 2H_2O$$

一般的商業擴散爐，可同時安裝四根石英擴散管，它是屬於批式(batch)的製程，也就是說可以同時將許多的晶片置入石英擴散管內進行磷擴散。與傳輸帶擴散方式比較，石英擴散管是比較乾淨的製程，因為爐管內沒有任何金屬部份暴露在高溫之下。

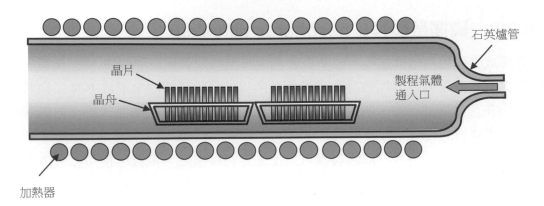

石英爐管

晶片

晶舟

製程氣體
通入口

加熱器

(a)

(b)

圖 6.9　(a)一石英管擴散爐之示意圖，(b)晶片即將被推入石英管擴散爐之實際照片

2.　傳輸帶式爐管(Belt furnace)：

　　這個方法是先將含磷的膏狀化合物(例如：H_3PO_4)，塗抹在矽晶片表面，俟乾燥後，利用傳輸帶將晶片帶入爐管內，進行擴散過程，如圖 6.10 所示。在爐管裡的溫度分佈可設計成幾個不同的區域,所以矽晶片藉著傳輸帶進入溫度較低(~600℃)的第一區內,先將膏狀化合物內的有機物燒掉。接著進入約 950℃ 的區域內進行擴散過程。

　　利用這方法得到的磷擴散只有發生在晶片的正面,但晶片的邊緣也會發生磷擴散。至於爐管內的加熱方式,以採用紅外線加熱燈(Infrared lamp)為最佳。在這方法中,由於外界空氣可進到爐內,再加上傳輸帶含有金屬成份,所以金屬污染的機率比石英擴散爐管大。圖 6.11 為一商業用的傳輸帶式爐管之照片。

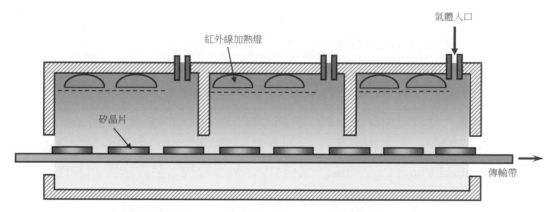

圖 6.10　利用傳輸帶式爐管,進行磷擴散的示意圖

圖 6.11　一商業化的傳輸帶式爐管(本照片由 SierraTherm 公司提供)

■ 6.3.3 邊緣絕緣處理(Edge Isolation)

經過擴散製程後，晶片的邊緣也會出現上一層 N-型摻雜區，如果這層邊緣的 N-型摻雜區不被去除的話，它將造成正面與背面電極之接通。所以我們必須將這層邊緣 N-型摻雜區移除，才能顯現出 P-N 二極體的結構。

要移除這 N-型摻雜區，一般是採用低溫的乾蝕刻(dry etching)方式。在作法上是將晶片堆疊在一起(因為這樣才不會蝕刻到晶片的正面及背面)，放入反應爐內，再使用 CF_4 及 O_2 的電漿進行乾蝕刻。蝕刻效果與晶片的堆疊方式、RF 的頻率及功率、蝕刻時間、CF_4 及 O_2 氣體流量及比例有關。

■ 6.3.4 抗反射層塗佈(ARC Deposition)

前面提過適合當抗反射層的材料，包括：氧化鈦(TiO_2)、氮化矽(SiN_x)、一氧化矽(SiO)、氧化鋁(Al_2O_3)、二氧化矽(SiO_2)、氧化鈰(CeO_2)等。抗反射層的塗佈技術，以化學蒸鍍法(Chemical Vapor Deposition，簡稱 CVD)最普遍被工業界採用。CVD 法又可分為 APCVD(Atomspheric Pressure CVD)、PECVD(Plasma Enhanced CVD)及 RPCVD (Reduced Pressure CVD)。在工業界上，前兩者較普遍被使用。物理蒸鍍法(Physical Vapor Deposition，簡稱 PVD)雖也可被用來製造抗反射層，但比較不普及。以下將介紹 APCVD 及 PECVD 兩種方法。

1. **APCVD 法**

APCVD 法一般被用來生產氧化鈦(或二氧化矽)的抗反射層，在作法上是將鈦的有機化合物及水之混合物，利用一噴嘴(nozzle)濺灑在置於 200℃環境的矽晶片上，使得鈦有機化合物在晶片表面產生水解反應，而將氧化鈦沉積蒸鍍在矽晶片的表面。這方法，通常可利用傳輸帶式反應爐大量生產。事實上，在氧化鈦的塗佈作法上，也可利用 spin-on 或網印(screen print)的方式進行塗覆，再置於高溫下使塗覆變成抗反射層。

2. **PECVD 法**

PECVD 法一般被用來生產氮化矽(SiN_x)的抗反射層，在作法上是在反應爐內通入 SiH_4 及 NH_3(或 N_2)氣體，使它在矽晶表面產生一層非晶質結構的氮化矽(SiN_x)抗反射層。在這抗反射層裡，會含有將近 40%原子比例的氫原子，所以雖然我們把非晶質結構的氮化矽之化學式寫成 SiN_x，但它實際上應該是 a-SiN_x:H。一般抗反射層的厚度為 800-1000 埃，顏色以藍色為主。但因鍍層不同也可形成藍紫色或淺藍色。

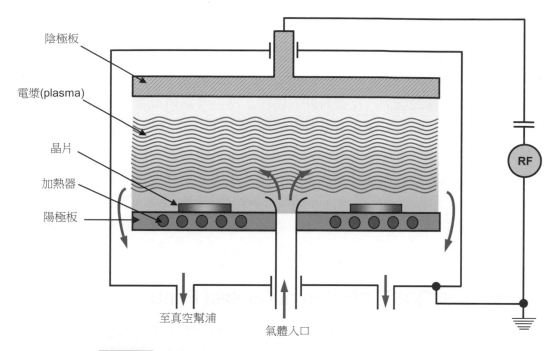

陰極板

電漿(plasma)

晶片

加熱器

陽極板

RF

至真空幫浦

氣體入口

圖 6.12　利用 PECVD 法來生產氮化矽抗反射層之示意圖

圖 6.13　一商業化的 PECVD 機台之照片，此機台可用來生產 TiO_2 及 SiO_2 抗反射層
(本照片由昇陽光電子科技提供)

　　圖 6.12 為一 PECVD 法之示意圖。在設備上，所使用的 RF 有高頻(～13.56 MHz)及低頻(10～500 KHz)兩種，前者在表面鈍化(surface passivation)及 UV 穩定效果上比較好，但比較難以得到均勻的氮化矽抗反射層。除了 RF 的頻率及功率會影響到抗反射層的特性外，舉凡電極的排列、反應時間、溫度、壓力及氣體流量等製程參數，都會影響抗反射層的好壞及間接影響太陽電池的效率。圖 6.13 為一 PECVD 機台之實際照片。

　　氮化矽抗反射層最常使用在多晶矽太陽電池上，因為它不僅能有效的減少入射光的反射，還具有鈍化的作用。這種鈍化的作用，起因於氮化矽抗反射層內部所含的氫原子。因為氫原子可以與多晶矽內部的雜質及缺陷(如晶界)發生反應，而大幅降低多晶矽內部在電性上的活性，所以也降低了少數載子再結合的機會，這樣的鈍化機制叫做Bulk Passivation。

■ 6.3.5　正面電極之網印(Front Contact Print)

　　太陽電池對正面金屬電極的要求，在於與矽接觸時電阻要低、金屬線寬要小、與矽之間的黏著力要強、可焊接性要高等。此外可以大量生產及低製造成本也是主要的要求之一。基於這些要求，網印(screen Printing)技術是目前最普遍用在太陽電池產業製造正面電極技術。這種太陽電池的金屬電極作法與 IC 上的金屬電極作法有很大的不同。

　　在網印技術中，最重要的兩個成份是印刷板(screen)及金屬膏(paste)。印刷板的構造，係使用一個鋁製的邊框，上頭架著許多人造纖維或不鏽鋼線。一般印刷板上的不鏽鋼線密度大約是每公分約 80～100 條左右，不鏽鋼線的直徑約 10μm 左右，而線與線之間的距離約 10μm 左右。此外印刷板上還覆蓋著感光乳膠(photosensitive emulsion)，如圖 6.14 所示。

　　金屬膏的成份對金屬電極之形成有著很重要的影響。它的內部成份包括：
1. 有機溶劑：作用在於使得金屬膏呈現流體態，以利印刷的進行。
2. 有機結合劑：作用在於固定金屬粉末。
3. 導電金屬材料：一般是銀的粉末，顆粒大小約在數十微米左右。它的重量約佔整個金屬膏的 60～80%左右。
4. 玻璃粉：玻璃粉係由一些低熔點、高活性氧化物粉末所組成。它可以對矽表面進行蝕刻反應，而幫助銀粉與矽表面的接合。其添加量約為 5～10%。

　　如圖 6.14 所示，一開始晶片並沒有與印刷板接觸，把金屬膏添加到印刷板上面後，使用一金屬或橡膠製的滾輪由印刷板一端施壓滑向另外一端，如此一來，金屬膏就會依據印刷板上的圖騰印製到晶片上。在這製程中，重要的製程參數包括有滾輪壓力、滾輪速度、晶片與印刷板的距離等。網印製程之後，晶片要置於 100～200℃ 的環境下，進行乾燥處理，以去除有機揮發物。

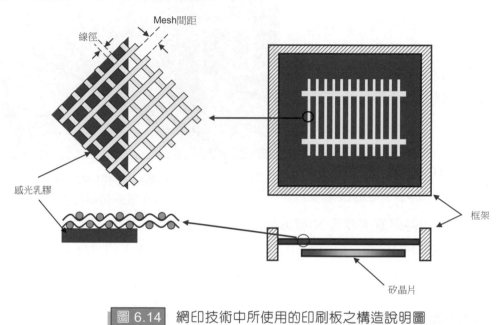

圖 6.14　網印技術中所使用的印刷板之構造說明圖

■ 6.3.6　背面電極之網印(Back Contact Print)

　　背面金屬電極通常也是採用網印技術來製造，它與正面電極的不同點在於金屬膏成份同時含有銀粉與鋁粉。這是因為銀粉本身無法與 P-型矽形成歐姆接觸。而鋁粉雖然可與 P-型矽形成歐姆接觸，但焊接性差，因此兩者必須混合在一起做為背面金屬電極之材料。

　　雖然從原理上來看，一整層連續的背面電極的電阻較小，但工業界還是習慣採用如正面電極般的網狀結構，這是因為一整層連續的背面電極會因不同的熱膨脹係數，使得晶片在高溫處理時發生撓曲變形。

■ 6.3.7 火烤(Cofiring)

完成網印的晶片，要置於高溫爐內進行火烤過程，這目的在於燒掉金屬膏裡的有機化合物，並使金屬顆粒燒結在一起，形成好的導體，同時也要藉著高溫與晶片表面形成好的接合。如圖 6.7 所示，正面的金屬膏塗在 ARC 層上面，而背面的金屬是塗在 N-型矽上面。

在火烤過程，金屬膏內的活性物質必須要穿透 ARC 層與 N^+ 發射極接觸。所以火烤的溫度與時間是很重要

圖 6.15 一商業化的傳輸帶式火烤設備之外觀照片(本照片由昇陽光電科技提供)

的，過度的火烤會使得銀原子穿透 N^+ 發射極而進入底部的 P-型基板。反之，不足的火烤程度，則會導致過高的接觸電阻。圖 6.15 為一商業化傳輸帶式火烤設備之外觀照片。

6.4 模組化技術

前面提過，一個單一的結晶矽太陽電池之輸出功率太小，所以在實際應用上，必須將許多太陽電池串聯及並聯在一起，來形成所謂的模組(Module)，以獲得足夠的電池電壓。由於太陽電池的應用，需要在戶外的環境操作，所以必須有一定的保護裝置，才能確定太陽電池可以長久在戶外運作，不會造成失效之虞。這些保護裝置包括：正面玻璃、背面塑膠或玻璃基板及外緣鋁框保護等。

■ 6.4.1 太陽電池的串接

太陽電池模組中的太陽電池通常是串聯在一起的。電池的串接通常是將銅箔焊接在正面的 Bus bar 上，而銅箔的另外一端接到另一電池的背面，如圖 6.16(b)所示。由於 bus bar 的導電率比較低，所以銅箔必須與 bus bar 重疊一定的長度以上。圖 6.16(c)則顯

示一太陽電池模組其電路接線之安排。一個傳統 36 系列串聯的模組，在正常的操作條件下，約可產生 15 伏特的最大電壓，這已足夠對 12 伏特的蓄電池進行充電。

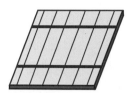

(a)　單一太陽電池

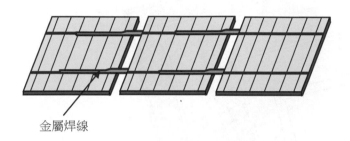

金屬焊線

(b)　太陽電池之串聯

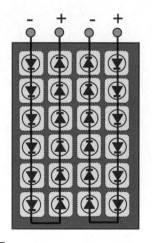

(c)　太陽電池模板之接線

圖 6.16　太陽電池之串接與模板電路安排之示意圖

■ 6.4.2　太陽電池模組之構造與製造過程

　　由於戶外型的太陽電池，必須至少在戶外操作 20 年以上，所以一個太陽電池模組要如何承受機械負載、如何避免環境污染影響、如何承受雨水侵蝕與溫度變化、如何提高安全性等，是在模組結構之設計上之主要考量。

　　圖 6.17 為一典形的太陽電池模組結構之示意圖，它基本上是一層一層疊上去的。在模板的最上一層為強化玻璃(soda lime glass)，它必須有足夠的透光性及機械強度，因此它的含鐵量必須很低才行。現代化的模組所使用的玻璃裡頭常摻有鈰原子，以吸收紫外輻射光及增加可靠性。在太陽電池的正反面，各有一層保護層，它的材質為 EVA (ethylene-vinyl-acetate)的高分子塑膠。至於背面保護層，通常是一層複合塑膠，它可提供防止水氣及腐蝕之作用。目前也有一些製造商，使用強化玻璃當背面保護層。

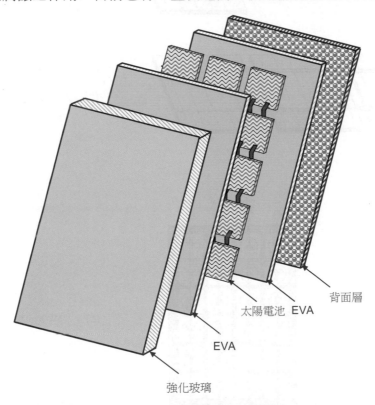

背面層

太陽電池　EVA

EVA

強化玻璃

圖 6.17　太陽電池之串接與模板電路安排之示意圖

　　當晶片焊上箔條導線，再與 EVA 及低鐵質強化玻璃堆疊好之後，必須一同放入層壓機(laminator)的機台(見圖 6.18b)做真空封裝，這樣才能製成太陽電池模組。圖 6.18(a)為太陽電池在一層壓機內進行真空封裝之示意圖，在這過程中，需要加溫到 EVA 的熔點(約 120℃)以上，使得 EVA 軟化覆蓋在太陽電池上，然後再加熱到 150℃ 左右使之產生化學鍵結，接著使它冷卻即完成封裝程序。

　　在從層壓機取出之後，太陽電池還要進行以下的後處理程序，最後可以完成如圖
6.19 所示的模組結構：

(1)　修邊：將多餘的 EVA 密封層裁掉。

(2)　用矽膠襯墊封住模組的邊緣，以堵住水氣可以滲漏的管道。

(3)　安裝外框。

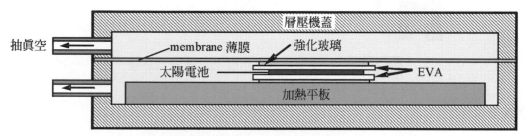

(a) 太陽電池模組在層壓機內進行真空封裝之示意圖

(b) 一層壓機之實際照片(本照片由 Spire Corporation 提供)

圖 6.18　太陽電池在一層壓機內進行真空封裝之示意圖與層壓機

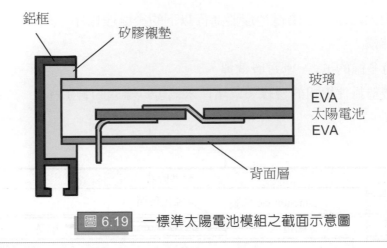

鋁框
矽膠襯墊
玻璃
EVA
太陽電池
EVA
背面層

圖 6.19　一標準太陽電池模組之截面示意圖

範例 6-2

一片 156mm× 156mm 單晶矽太陽電池片，它的最大功率操作電壓是 0.5 伏特，最大功率操作電流是 8.03 安培。它在 AM1.5 的量測光源功率強度是 0.1 瓦特／平方公分。

1. 請問它的能量轉換效率為多少？

2. 將 72 片單晶矽太陽電池片串連而成太陽能電池模組，請問它的最大操作功率為何？模組電壓為何？模組電流為何？

解　1. 太陽電池片能量轉換發電效率＝(0.5×8.03) ÷ (15.6×15.6) ÷ 0.1 ＝ 17.05％

　　　2. 操作最大功率 = (0.5× 8.03)× 72 = 298.8 瓦特

　　　　模組電壓 = 0.5 伏特×72＝36 伏特

　　　　模組電流 = 8.03 安培

6.5 結晶矽太陽電池之發展趨勢

　　結晶矽太陽電池效率高、特性穩定，一直是市場主流，佔世界太陽電池市場 90% 以上。目前模組價格已降低至每瓦 0.7 美元左右，但仍有進一步效率提升與成本降低的空間。因此提升發電效能與降低生產成本，一直是各大太陽電池廠努力的目標。往薄型化(<100μm)和大面(210mm×210mm)方向發展以降低每瓦成本，會是未來商業化生產重點，以期達到 20% 以上的發電效率及降低生產成本。結晶矽太陽電池有各種不同的

技術產品，除了傳統標準太陽電池外，尚有射極鈍化及背電極太陽電池（Passivated Emitter and Rear Cell, 簡稱 PERC）、銅電極太陽電池、N-型矽晶太陽電池、與矽薄膜技術結合的異質接面太陽電池（Heterojunction with Intrinsic Thin-Layer，簡稱 HIT）等具有未來發展潛力之高效率太陽電池。

1.　PERC 太陽電池

如圖 6.20 所示，PERC 技術是以氮化矽(SiN_x)或氧化鋁(Al_2O_3)，在電池背面形成鈍化層的背反射器。這樣的構造可以增加光波的吸收，同時將 P-N 極間的電勢差最大化，並降低電子複合，因而達到提升電池的光電轉換效率之效果。以 2016 年的 PERC 技術而言，可以使單晶矽太陽電池的轉換效率提升 1%左右；但卻只能使多晶矽太陽電池的轉換效率提升 0.5-0.8%左右。因此 PERC 技術可以幫助提高單晶矽太陽電池的普及度。

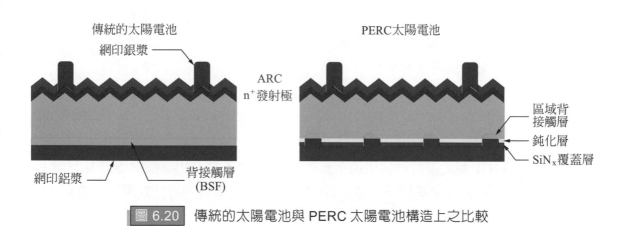

圖 6.20　傳統的太陽電池與 PERC 太陽電池構造上之比較

一般的太陽電池廠在引入 PERC 技術，所需新增設備的投資比引入 HIT 或 N 型電池技術低得多，一般只需要在普通電池生產線基礎上增加少量設備，轉換效率就會有較大幅度的提升。台灣已有旭泓、昱晶、新日光等公司在量產 PERC，其他國家則有中國大廠晶澳以及德商 SolarWorld 等公司。

2. N-Type 單晶矽太陽電池

與 P-型單晶矽電池相比，使用 N-型基板的優點有：

(1) 電子的遷移率較高，且電子的生命週期優於電洞。

(2) 無光衰的問題，可以維持穩定的發電效率。

(3) 在選用摻雜濃度的條件較廣泛。

同時，N-型單晶矽電池組成雙面電池後的轉換效率可上看 22%，因此成為單晶高效電池的另一個發展方向。然而，製作 N-型單晶矽電池所需新增的設備成本較高、技術上也比較複雜，也因此使 N-型單晶矽電池的成本仍遠高於市場均價。在產品市場價格仍低迷的狀況下，N-型單晶矽電池雖開啟了高效率的新世代，但距離大量普及仍需要好幾年的時間。

3. HIT(Heterojunction with Intrinsic Thin-Layer)型太陽電池

HIT 型太陽電池，主要由單晶矽材料與寬能隙的非晶矽材料所組合而成。HIT 型太陽電池相較於傳統矽晶太陽能電池擁有以下一些優點：

(1) 較高的光電轉換效率。

(2) 有較好的溫度特性，也就是說在較高的溫度下操作電池效率損失較小。

(3) 較高的開路電壓，這是因為不同的能帶接合(單晶-非晶)及減少自由載子損耗的界面。

圖 6.21 為 HIT 型太陽電池結構的示意圖，HIT 型太陽電池的基板主要以 N 型為主，跟一般傳統式太陽能電池基板不一樣。目前 HIT 型太陽電池的轉換效率可以達到 23%以上。

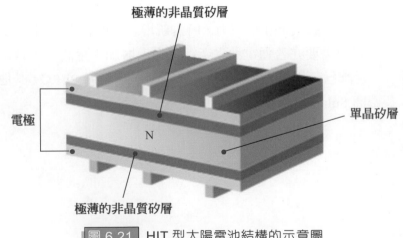

圖 6.21 HIT 型太陽電池結構的示意圖

6.1　請說明電池(Cell)、模組(Module)及陣列(Array)之間的差異。

6.2　請畫出一最基本的結晶矽太陽電池之結構,並說明結構上各部份的名稱。

6.3　為何工業界常用的矽晶基板之電阻率為 0.5～30ohm-cm,而不採用更低的電阻率呢?

6.4　請說明在矽晶基板表面做粗糙結構化處理的目的何在?

6.5　請說明要如何在晶基板表面做出逆金字塔狀之凹槽?

6.6　請說明太陽能電池上的 Bus bar 及 gridlines 的作用何在?

6.7　請說明用石英爐管及用傳輸帶爐管進行磷擴散的差異。

6.8　請說明如何利用 APCVD 法來生產氧化鈦的抗反射?

6.9　請說明使用在網印技術上的金屬膏的成份有哪些?其分別的作用為何?

6.10 請說明火烤(Cofiring)的目的何在?

6.11 請說明一個傳統的矽晶太陽電池具有哪些結構及其目的何在。

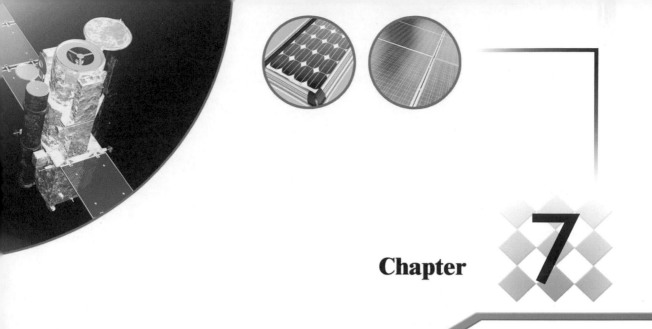

Chapter 7

薄膜型結晶矽太陽電池

7.1 前言

目前太陽電池的核心技術仍是以結晶矽(crystalline silicon)當基材為主,商業化的結晶矽厚度約在 100～200μm 左右。在 2006～2010 年期間,由於多晶矽原料的嚴重短缺,除了限制矽基太陽電池的成長幅度之外,也促進了薄膜型太陽電池的發展。由於薄膜型太陽電池具有低生產成本之特性,且具有適於大面積製造的優勢,它的產量也逐年的快速成長。在 2010 年之後,薄膜太陽電池已廣泛的使用在商業大樓及家居房屋中。

但是近幾年薄膜型太陽電池的市場佔有率也與多晶矽原料的價格有關。例如在 1990 年左右,薄膜太陽電池的市場佔有率一度達到 30%,隨後逐年下降至 4%,而在 2009 年的市場佔有率攀升到 16.5%,但隨著多晶矽原料價格由每公斤 400 美元降到 20 美元後,薄膜太陽電池的市佔率又開始下滑,在 2014 年已降到 9%。以 2014 年全球光電發電總產量 47 GW 而言,其中薄膜太陽電池的發電量僅約 4.4 GW。

如果你使用過太陽能計算機,你就知道裡頭的太陽電池是使用薄膜技術的。顯然,這樣的太陽電池很小,大概只有 2.5 公分長、0.6 公分寬左右,厚度是很薄的。例如矽晶太陽電池的吸光層的厚度達到 350 微米左右，而薄膜太陽電池的吸光層則僅爲 1 微米左右。薄膜型太陽電池依材料種類之不同，可細分爲：

(1) 薄膜型結晶矽太陽電池(Thin Film Crystalline Silicon Solar Cell, 簡稱 c-Si)

(2) 薄膜型非晶矽太陽電池(Thin Film Amorphous Silicon Solar Cell，簡稱 a-Si）

(3) 二六族化合物太陽電池，例如：CdTe、及 $CuInSe_2$（CIS）等。

(4) 三五族化合物太陽電池，例如：GaAs、InP 及 InGaP 等。

除了三五族化合物太陽電池可以利用多層薄膜結構達到高於 30% 以上的效率外，其它幾種薄膜型太陽電池之效率，一般多在 10% 以下。本章介紹的重點在於薄膜型結晶矽太陽電池，其它幾種薄膜型太陽電池則會在第 8-11 章分別介紹之。

薄膜型結晶矽太陽電池，厚度不如非晶矽模組(～300nm)那麼薄，但遠比目前結晶矽太陽電池之晶片(厚度約在 100～200μm)要來得薄許多，其厚度約爲幾個 μm 左右，可以使用次級矽材料、玻璃、陶瓷或石墨爲基材。除了矽材料使用量可大幅降低外，此類型光電池由於電子與電洞傳導距離短，因此矽材料的純度要求，不像矽晶圓型太陽能電池高，材料成本可進一步降低。此外，其具有高吸收光特性，又無光劣化現象。因此，薄膜型結晶矽太陽電池技術之未來發展潛力頗被 PV 業界看好。由於矽材料不具有高的吸光效率，爲提高光吸收率，設計上需導入光線留滯(light trapping)的概念，與其它薄膜型光電池不同。

與其它材料的薄膜型太陽電池相比較的話，薄膜型結晶矽太陽電池具有以下的優點：

(1) 不含有毒或對環境有害之物質。

(2) 因受益於傳統結晶矽太陽電池技術，所以生產技術上較爲簡單成熟。

(3) 與傳統結晶矽太陽電池一樣，可長時間使用而不會退化。

(4) 矽可大量取得與生產，所以成本較低。

7.2　薄膜結晶矽之沉積技術

薄膜矽可以使用氣相或液相的方式來沉積產生。其中最主要的技術爲化學氣相沉積法(Chemical Vapour Deposition，簡稱 CVD)及液態磊晶法(Liquid Phase Epitaxy，簡稱 LPE)。LPE 的沉積反應可以在 350～1000℃的廣大溫度範圍內產生，而沉積速率可達到 4μm/min。至於 CVD 的沉積溫度，最低約爲 200℃(PECVD 法)，最高可達 1200℃ (APCVD 法)。沉積速率可從 LPCVD 的 10nm/min 增加到 RTCVD 的 10μm/min。用 CVD 法生產薄膜矽已達商業化水準，但商業化的 LPE 僅用在生產三五族薄膜上。

　　薄膜的沉積是由一連串複雜的過程所構成的。圖 7.1 爲薄膜成長機構的示意圖。首先到達基板的原子必須將縱向動量發散，原子才能吸附(absorption)在基板上。這些原子會在基板表面發生形成薄膜所須要的化學反應。形成的薄膜原子會在基板表面作擴散運動，這個現象稱爲吸附原子的「表面遷移」(surface migration)。當原子彼此間相互碰撞時，會結合而形成核胚(nuclei)，這種過程稱爲「成核」(nucleation)。

　　核胚必須達到一定的臨界大小之後，才能持續不斷的穩定成長。因此過小的核胚會傾向彼此聚合以形成一較大的原子團、調降系統之能量。原子團的不斷成長會形成『核島』(island)。核島之間的縫隙須要塡補原子才能使核島彼此接合而形成整個連續的薄膜。而無法與基板鍵結的原子則會由基板表面脫離而成爲自由原子，這個步驟稱爲原子的去吸附(desorption)。

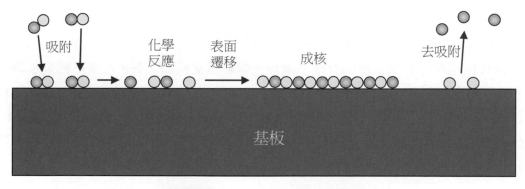

圖 7.1　薄膜成長機構的示意圖

■ 7.2.1　CVD 薄膜結晶矽之沉積技術

　　化學氣相沉積法(Chemical Vapour Deposition，簡稱 CVD)，顧名思義，乃是利用化學反應的方式，使得氣體反應物生成固態生成物，並沉積在基板表面的一種薄膜沉積技術。雖然利用 CVD 法來生產矽薄膜是種昂貴且複雜的製程，但它可產生高品質的薄膜，而且具有達量化生產規模之優點。

　　CVD 技術中包含了非常複雜的化學與物理現象，它通常可由化學反應及輸送現象的交互作用來描述。這些現象可歸類爲質量傳輸控制(mass transport)及表面動力控制(surface kinetics)兩類：

1. 質量傳輸控制(mass transport)為藉由對流、擴散等輸送現象，使反應氣體及反應產物，在主氣流(main gas stream)及基板表面之間的一種傳送現象。其中的傳輸速率與壓力及氣流速率有關，而也會受到基板的表面邊界層(boundry layer)的擴散速率影響。例如在高溫沉積矽薄膜，它主要就是由質量傳輸控制，所產生的薄膜厚度其均勻性可能較差，但可採用冷爐壁的設計。在冷爐壁的設計中，基板可直接被加熱，使得沉積反應僅會發生在受熱的基板表面，而不會發生在冷爐壁上。

2. 表面動力控制(surface kinetics)是指發生在基板表面的物理現象，這包括反應物的吸附、化學反應、晶格的嵌入及產物的釋出。這些表面動力學主要由化學反應速度所控制，所以與反應溫度有關。如果在低溫沉積矽薄膜，它就是屬於這種表面動力控制方式，所產生的薄膜均勻性較佳，但由於溫度的控制很重要，所以一般需採用熱爐壁的設計。

利用 CVD 技術來沉積產生矽薄膜，可採用許多不同的基板，包括在單晶片上沉積單晶矽薄膜，到在玻璃基板或不鏽鋼箔上沉積出微晶矽薄膜(microcrystalline silicon thin film，簡稱μc-Si)。而 CVD 技術又可細分為：

1. APCVD (Atomsphere Pressure CVD)：

APCVD 是在近於大氣壓的狀況下進行化學氣相沈積的系統，它是一種質量傳輸控制的方式，所以基板在爐管裡的安置必須比較鬆散，才可能讓反應氣體有效的傳輸到基板表面。亦有人利用光學快速加熱的 APCVD 系統，發展出所謂的 RTCVD (Rapid Thermal CVD)方式，它使用一個特殊的晶舟，裡頭安置兩層的基板，而氣體可直接通到晶舟內，避免掉薄膜沉積在爐壁上，因此可以有比較高的化學良率。

2. LPCVD (Low Pressure CVD)：

在低壓下(1～100 Pa)進行的化學氣相沉積法，屬於表面動力控制的方式，所以基板在爐管裡的安置必須比較緊密，因此它的生產成本可以比 APCVD 來得低，但是它的沉積速率一般比較慢。利用 LPCVD 長出的矽薄膜其結晶性與反應溫度有關，通常反應溫度在 580-620℃之間，所得的矽薄膜仍具有完整的結晶性，低於這個反應溫度，所得到的矽薄膜僅具有部份的結晶性、甚至可能變成非晶矽(amphorous silicon)。

LPCVD 法適合用在將矽薄膜長在其它材質的基板上，這是因為它可以長出較大晶粒的矽薄膜，而且可以長在大面積的基板上。與 PECVD 法相比，利用 LPCVD 法產生的多晶矽薄膜，其晶粒內部的應變(strain)比較小而且表面損傷程度也較小，所以載子的漂移率(mobility)比較快。它的缺點是具有較多的晶格缺陷，因此擴散長度比較小。

3. PECVD (Plasma Enhanced CVD)：

　　雖然 CVD 法可以生產出高品質的薄膜，但在 620℃ 以下沉積速率是相當緩慢的。利用電漿(plasma)的輔助，則可以提供能量幫忙打斷反應氣體的一些化學鍵，所以可以增加沉積速率，也因此 PECVD 的反應溫度可以比較低。在 PECVD 中由於電漿的作用而會有光線放射出來，因此又稱爲「激光放射」(glow discharge)系統。由於電漿可以改變表面的化學狀態，因此會影響到薄膜的結構及沉積速率，因此射頻激光(RF Glow Discharge)所產生的電漿，其離子化程度較薄弱，也比較試適合用來長矽薄膜。圖 7.2(a) 爲 PECVD 的示意圖，圖 7.2(b)則爲一 PECVD 的設備外觀圖。

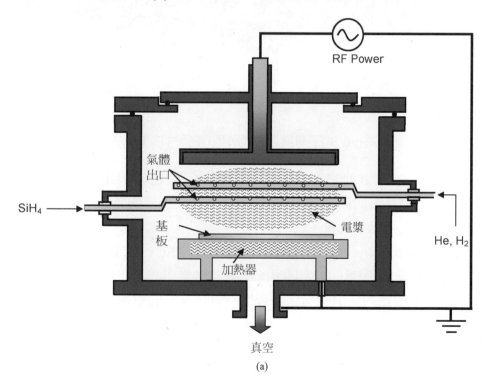

圖 7.2　(a)利用 PECVD 生產矽薄膜的操作原理之示意圖

(b)

圖 7.2 (b)一可生產微晶(μc-Si)矽薄膜之設備外觀(本照片由 ULVAC, Inc.公司提供)

　　PECVD 的缺點之一，是它容易在沉積過程造成薄膜表面的損傷。在 200-300℃進行 PECVD 可得到高品質的矽薄膜，但薄膜內會含有高濃度的氫原子。因此沉積溫度通常要在 500℃左右以降低氫含量。

　　ECRCVD (Electron Cyclotron Resonance CVD)是 PECVD 的另外一種型式。ECR 也是屬於微波電漿設備的一種，以 2.45GHz 的微波激發氣體分子使之解離而形成電漿，但另外加一磁場於爐體內，由軸向磁場產生一與之垂直的電場，電子因而繞磁場做圓周運動，當電子的運動角頻率與微波的波向量變化頻率相同時，則達到「電子迴旋共振」的情形，此時電子能最有效吸收微波能量，大大增加了解離效率。利用 ECR 產生的電漿密度比傳統的 PECVD 之電漿密度高。它的主要優點之一，是它對薄膜表面的損傷程度較小，這是因為電漿與基板被適當的分離，而且操作壓力較低的原因。ECRCVD 的主要缺點是只能在極低壓(0.1-1 Pa)及高磁場下操作，所以系統的成本較高。圖 7.3 為 ECRCVD 的示意圖。

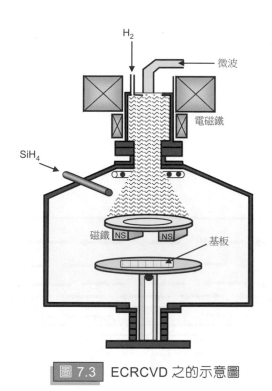

圖 7.3　ECRCVD 之的示意圖

4.　HWCVD (Hot-Wire CVD)：

熱絲化學氣相沉積法，是讓 SiH_4 及 H_2 受熱分解在一加熱到 1800-2000℃的觸媒熱絲上，因此氣相反應及薄膜之沉積，係藉由觸媒熱絲表面所產生的原子或分子而進行的。HWCVD 需要在高真空(～10 Pa)下進行，它是種製程簡單及低成本的薄膜生長方法。由於這方法是在較高的溫度下進行沉積反應，所以可以直接在玻璃基板上得到多晶結構的矽薄膜。圖 7.4 為 HWCVD 的示意圖。

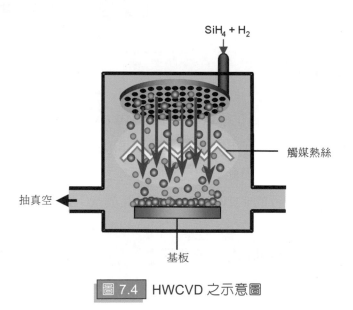

圖 7.4　HWCVD 之示意圖

■ 7.2.2 LPE 薄膜結晶矽之沉積技術

液態磊晶法(LPE)可以生長出高品質的矽薄膜,這是因為薄膜是在接近熱平衡下生長出來的,因此具有較少的結晶缺陷。這樣的薄膜可以具有較高的少數載子生命週期,所以適合用來製造高轉換效率的太陽電池。圖 7.5 為 LPE 的示意圖。

與 CVD 相比較,LPE 的生長速率是比較緩慢的,而且也比較昂貴。因此如果想要讓 LPE 法可以商業化大量生產薄膜矽的話,就必須先提升生長速率才行。

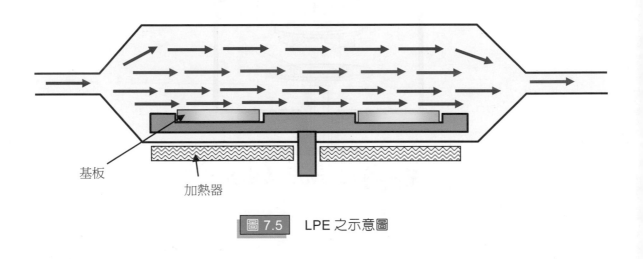

基板

加熱器

圖 7.5　LPE 之示意圖

範例 7-1

請說明利用熱絲化學氣相沉積法(HWCVD 法)生產結晶矽薄膜的方法與原理。

解　熱絲化學氣相沉積法,是讓 SiH_4 及 H_2 受熱分解在一加熱到 1800-2000℃ 的觸媒熱絲上,因此氣相反應及薄膜之沉積,係藉由觸媒熱絲表面所產生的原子或分子而進行的。HWCVD 需要在高真空下進行,它是種製程簡單及低成本的薄膜生長方法。由於這方法是在較高的溫度下進行沉積反應,所以可以直接在玻璃基板上得到多晶結構的矽薄膜。

7.3 薄膜晶粒之改善技術

當生長出的矽薄膜為多晶或非晶態時，由於晶界(grain boundry)會影響到轉換效率，所以還可以運用一些高溫處理的方法來增加晶粒的大小，以降低晶界的總面積。以下簡單介紹幾個可以改善薄膜晶粒大小之技術：

■ 7.3.1 ZMR 再結晶技術(Zone Melting Recrystallization)

區熔再結晶技術，是將已長有薄膜的基板表面加熱，使得一小區域的表面被熔化。藉著在表面移動這個熔融區，使得薄膜產生再結晶現象。加熱基板表面的能量來源，可利用電子束或 RF 加熱器等。由於這個方法必須將基板表面加熱到矽的熔點(1420℃)，所以這方法不適用在使用一般玻璃當基板的 a-Si 薄膜上。至於使用冶金級矽或石墨當基板所得到的多晶矽薄膜，在進行這樣高溫的再結晶處理時，要特別防止雜質在高溫下由基板擴散進入薄膜的問題。

利用 ZMR 所重新長出的晶粒大小與晶粒的生長速率有關(或者與熔融區的移動速率有關)。當生長速率越慢時，晶粒會越大，如圖 7.6 所示。

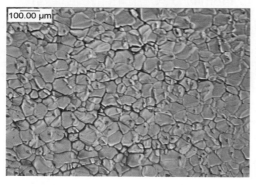
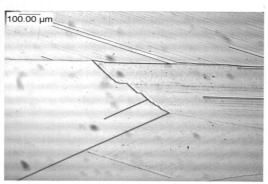

(a) 生長速率 1cm/min，所得到的晶粒非常小　　(b) 生長速率 0.3 cm/min，可得到的晶粒相當大

圖 7.6　再結晶的晶粒大小與生長速率有關，晶粒大小隨生長速率增加而變小

■ 7.3.2 金屬誘發結晶化(Metal-Induced Crystallization, MIC)

利用金屬誘發結晶法(MIC)可將非晶矽(a-Si)的薄膜，轉換成微晶結構(μc-Si)的薄膜，而且所得到的晶粒大小，甚至比由熱退火處理或利用 PECVD、HWCVD 所直接得

到的微晶薄膜之晶粒還來得大。如果將 a-Si 的薄膜在低溫條件下沉積在鍍有某些金屬的基板上，接著將它加熱到 300℃之上，即可使得 a-Si 轉換成μc-Si 的薄膜。如果在高溫的狀態下進行沉積反應，則可能會直接得到大晶粒的微晶結構。金屬所扮演的角色就像是一個觸媒般。圖 7.7 顯示 MIC 過程之示意圖。它的反應機構為：利用金屬與 a-Si 反應形成介穩定的金屬矽化物，當高溫使得金屬矽化物移動的過程中，金屬原子的自由電子與 Si-Si 共價鍵發生反應，這可降低 a-Si 結晶化所需的能量屏障，使得結晶溫度降低。

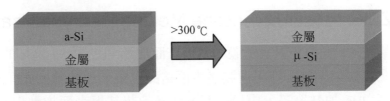

圖 7.7 利用金屬誘發結晶法(MIC)可將非晶矽(a-Si)的薄膜，轉換成微晶結構(μc-Si)的薄膜之示意圖。

根據研究，可以促進 MIC 誘發結晶的金屬，包括：Al, Au, Sb, In, Pd, Ti, Ni 等。其中，以 Al 最常被使用。一般經由 MIC 過程產生的微晶結構薄膜內，可能會有高濃度的金屬殘留，導致很低的少數載子生命週期。要克服這個缺點，可採用以下兩種措施：

1. 採用 MILC (Metal-Induced lateral Crystallization)的方式，讓結晶化過程起源於金屬化的區域，再側向延伸進入不含金屬的區域。在這種方法中，一般是使用 Pd 或 Ni，只不過一定量的金屬還是會擴散進入原先不含金屬的區域。
2. 採取光學激發的方式來取代爐管退火，這種過程一般是將基板置於石英爐管內，用光去照射 a-Si 的表面。

■ 7.3.3 退火處理(Annealing)

將在玻璃基板上沉積的 a-Si 薄膜，於高溫下進行長時間的退火處理，使得薄膜發生結晶化及晶粒增大。薄膜在整個過程中一直維持在固態，所以這種退火過程，又被稱為 SPC (Solid-Phase Crystallization)。缺點是耗時，一般要達到有效的結晶化，需要至少 20～40 小時的退火處理。然而其主要優點是製程非常簡單，適合大面積太陽電池的製作。

■ 7.3.4　雷射誘發再結晶(Laser-Induced Recrystallization)

　　ELR (Excimer Laser Crystallization)及 ELA (Excimer Laser Annealing)的方法，最近幾年被廣泛地應用在使 a-Si 發生結晶化的研究上。雖然研究的重點放在 TFT (Thin-Film Transistor)上，但這技術也同樣可以應用在太陽電池上。這技術是將聚焦的雷射光在 a-Si 或μc-Si 的薄膜上掃瞄，以加熱試片。根據使用雷射光之功率大小，再結晶的發生可以有以下三種機制：

1.　雷射光的功率比較小，只有部份的薄膜被熔化，因此只有薄膜的上層被轉換成多晶結構，如圖 7.8 所示。

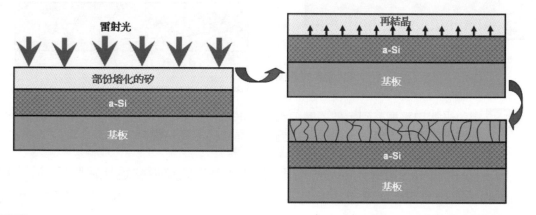

圖 7.8　雷射光的功率比較小，只有部份的薄膜被熔化，因此只有薄膜的上層被轉換成多晶結構。

2.　雷射光的功率調整至大部份的薄膜被熔化，只有在底部還有一些殘留的矽。這些殘留的矽塊，乃成為多晶的成核，最後可得到大晶粒的多晶結構，如圖 7.9 所示。

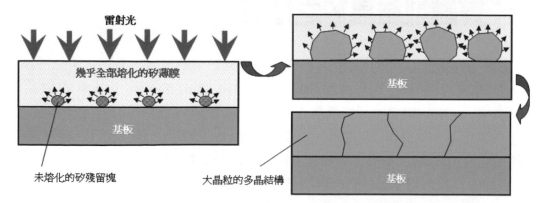

圖 7.9　雷射光的功率調整到大部份的薄膜被熔化，只有在底部還有一些殘留的矽。這些殘留的矽塊，乃成為多晶的成核，最後可得到大晶粒的多晶結構。

3. 雷射光的功率調整到全部的薄膜都被熔化,因此多晶的核胚會以均質成核 (homogenous nucleation)的方式在熔化的區域內產生,最後可得到細小晶粒的多晶結構,如圖 7.10 所示。

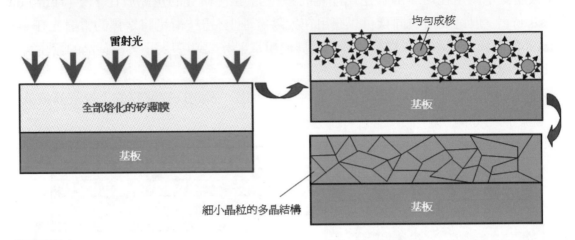

> 圖 7.10 雷射光的功率調整到全部的薄膜都被熔化,因此多晶的核胚會以均質成核的方式在熔化的區域內產生,最後可得到細小晶粒的多晶結構。

由於這技術使用的雷射光屬於短脈衝式,所以基板的溫度會遠比薄膜低,這是 ELR 與 ZMR 的主要差異處。如果在基板與 a-Si 之間,多加入一層氧化矽或氮化矽,可大幅度降低熱量由薄膜傳導到基板上,也可降低不純物由基板擴散到薄膜內的程度。

7.4 薄膜型結晶矽之種類

目前薄膜型結晶矽太陽電池,有許許多多不同的製造技術,有使用單晶薄膜的技術,也有使用大晶粒的多晶薄膜(multicrystalline thin film)或小晶粒的微晶薄膜 (microcrystalline thin film)。製造單晶或多晶薄膜需使用矽材的基板,沉積溫度一般為 800℃,所以基本上是種磊晶的製程。至於微晶(μc-Si)薄膜,一般是沉積在較低廉的基板上(如玻璃等),它的沉積溫度一般在 600℃ 以下。表 7.1 為各種矽薄膜太陽電池的比較。在本節中,我們以基板材質的種類當分類介紹薄膜型結晶矽太陽電池。

表 7.1　各種矽薄膜太陽電池的比較

薄膜種類	非晶矽 (a-Si)	微晶矽 (μc-Si)	多晶矽(poly-Si)				單晶矽 (c-Si)
晶粒大小(μm)	非晶結構	<0.1	0.1-5	0.1-50	10-50	100-1000	單晶
沉積溫度(℃)	<300	<300	800-1200	<300	900-1000	1000-1400	1000-1400
成長方法	CVD	CVD	CVD	CVD,MIC, 低溫磊晶	APIVT	CVD(+ZMR), APIVT,epi	epi+"epi-lift", "smart-cut"
成長速率 (μm/min)	0.01-0.1	0.01-0.1	1-3	0.01-0.1	1-10	1-10	1-10
轉換效率(%)	8-13	3-10	～1	NA	3-4	～15	～18
電池厚度(μm)	0.3-0.7	1-2	5-20	10-20	5-50	10-50	5-50
太陽電池結構	drift, stacked	diff./drift, stacked	diffusion	diffusion	diffusion	diffusion	diffusion
優點	-高吸收率	-高吸收率	-技術成熟	-低溫	-低設備成本	-原料成本低	-使用 IC 產業現有技術
缺點	- 不穩定 - 紅光的吸收差	- 需要先沉積氧化矽	-含氫量低 -小晶粒	-速率低	-含氫量低 -小晶粒	- 需要兩道步驟	- 需要三道步驟

■ 7.4.1　單晶矽薄膜生長在單晶矽基板上

　　將單晶矽薄膜生長在單晶矽基板上，是所有薄膜型結晶矽太陽電池中具有最高之能量轉換效率的。利用 LPE 及 CVD 法都可產生高品質的單晶矽薄膜。通常在實際應用上，還必須將單晶矽薄膜與單晶矽基板分離(稱爲 Lift-off)，以達到節省製造成本之目的，被分離後的單晶矽基板還可以重新回收再被利用。文獻上有至少 8 種以上的分離技術被發表出來，本書僅介紹其中 2 種比較重要的技術。

7.4.1.1　Epilift 製程

　　Epilift 的製程是利用 LPE 法，將單晶矽沉積在覆蓋著光罩層(通常爲 SiO_2)的單晶矽基板上，此光罩層具有四方格子的圖騰，格子線寬約 2～10μm，格子間距爲 50～100μm，如圖 7.11 所示。這樣的光罩使得單晶矽只會長在格子線上。單晶矽基板的結晶方向一般爲(100)，而格子的開口是沿著(100)的方向。由於生長面幾乎爲(111)面，所以薄膜具有鑽石形狀的剖面，因此它具有天然的抗反射之結構。一開始先長出一層重掺(P^+)的矽薄膜,接著再長輕掺的矽薄膜,這將有助於使用選擇性蝕刻的方式,將磊晶薄膜層與基板分開(因 P^+ 的蝕刻速率比較快)。分開後的光罩層與單晶基板通常可以重覆再使用。

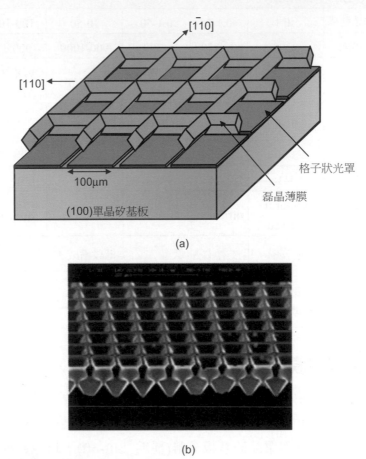

(a)

(b)

圖 7.11 (a) Epilift 製程之示意圖,(b)利用 Epilift 技術所得到之單晶矽薄膜之照片

7.4.1.2 Smart Cut 製程

"Smart Cut"的技術主要應用在 IC 產業,以生產 SOI (Silicon-On-Insulator)晶片,但這技術也被應用到太陽電池產業上。作法是先在一單晶矽晶片上長一層薄的 SiO_2 層,讓氫原子植入 SiO_2 層底下的矽晶格中,這些氫原子的聚結會創造出一個很脆弱的區域來。接著將 SiO_2 層的表面接到另一個基板(玻璃或石英或矽晶片)上,然後再進一步加熱,此時含氫的區塊會整個崩裂,因此產生一個約 200nm 的矽薄膜,此矽薄膜是固定

在新的基板上。原本的單晶矽晶片可經由拋光處理後，回收繼續使用。得到的矽薄膜與新基板還需經過更高溫度的熱處理，以增加鍵結程度。

　　由於此技術所產生的矽薄膜太薄了，所以通常還要再經由 CVD 或 LPE 的方式長上一層較厚的磊晶層才可用在太陽電池產業上。圖 7.12 顯示利用 Smart-Cut 技術生產矽薄膜的流程圖。

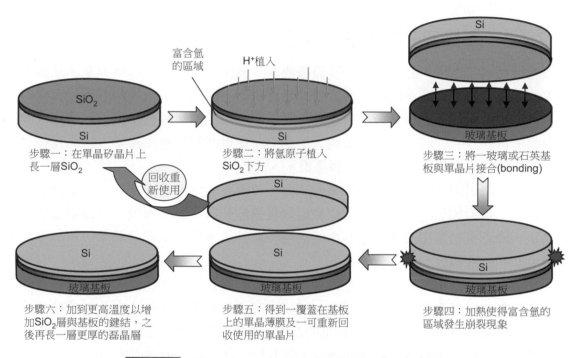

步驟一：在單晶矽晶片上長一層SiO$_2$
步驟二：將氫原子植入SiO$_2$下方
步驟三：將一玻璃或石英基板與單晶片接合(bonding)
回收重新使用
步驟六：加到更高溫度以增加SiO$_2$層與基板的鍵結，之後再長一層更厚的磊晶層
步驟五：得到一覆蓋在基板上的單晶薄膜及一可重新回收使用的單晶片
步驟四：加熱使得富含氫的區域發生崩裂現象

圖 7.12　利用 Smart-Cut 技術生產矽薄膜的流程圖

■ 7.4.2　多晶矽薄膜生長在多晶矽基板上

　　使用多晶矽當基板的著眼點，在於降低生產成本。可以被用來當基板的多晶矽包括：(1)較高純度的冶金級矽材(Metallurgical Silicon)、(2)板狀多晶矽(Silicon Ribbon)、(3)鑄造多晶矽(Casting Silicon)等。雖然鑄造多晶矽的晶粒較大且純度比冶金級矽材高，但高品質鑄造的多晶矽因爲價格很高，所以尚未用在商業化生產薄膜矽上。反倒是冶金級矽材及板狀多晶矽比較有商業上的價值。

　　在薄膜的生長技術上，APCVD 及 LPE 都有人使用在多晶矽板上。但製程重點在於如何長出低雜質濃度及低缺陷密度的薄膜磊晶層。要降低使用低廉多晶矽基板所引起的雜質污染，可在基板上方先長一層 SiO$_2$，當成擴散屏障層(diffusion barrier)。一般

SiO_2 擴散屏障層的厚度在 1～4 μm 之間，就可達到很好的效果。如果薄膜矽長在這樣的擴散屏障層，其所得到的晶粒會比較細小，所以還需再進行晶粒改善的高溫熱處理。

也有人在薄膜磊晶層與低廉多晶矽基板之間，插入一層多孔性結構的矽(porous silicon)，既可當擴散屏障層也可吸附來自基板的雜質，而且還可以提供背面反射作用，增加太陽光源的吸收。

■ 7.4.3 多晶矽薄膜生長在其它材質基板上

基板材料之選用，必須考慮到其製造成本。前面提到的單晶基板或多晶基板，在成本的考量之下，對商業化的生產吸引力畢竟有限，因此尋求低廉的基板是首要的考量。再來要考量的因素是基板材料的熱膨脹係數，因為如果基板材料與矽薄膜之間的熱膨脹係數相差太大時，容易導致過大的應力，使得薄膜內產生差排，因此基板材料的熱膨脹係數應盡量接近矽的熱膨脹係數。

但為了降低因熱膨脹差異所帶來的應力，矽薄膜的沉積最好在較低的溫度下進行比較恰當，低溫的另一個好處是可以減低雜質擴散到薄膜層的程度。然而低溫的主要缺點是，降低沉積速率及產生較細小的晶粒。此外，基板必須取得簡單，可以被用來生產大面積的矽薄膜。

在這些考量之下，玻璃似乎是最適合當基板的材質，它不止具有最接近矽薄膜的熱膨脹係數，又具有價格低廉、透明、絕緣、高化學穩定性、防水、耐溫度變化及容易回收等優點。當沉積反應發生在較低的溫度，矽薄膜會是非晶矽(a-Si)或微晶矽(μc-Si)的結構。當沉積反應發生在較高的溫度，矽薄膜會是多晶(poly-Si)的結構。

範例 7-2

請解釋說明如何利用 Epilift 製程，將單晶矽薄膜生長在單晶矽基板上？

解 Epilift 的製程是利用 LPE 法，將單晶矽沉積在覆蓋著光罩層(通常為 SiO_2)的單晶矽基板上，這光罩層具有四方格子的圖騰。這樣的光罩使得單晶矽只會長在格子線上。單晶矽基板的結晶方向一般為(100)，而格子的開口是沿著(100)的方向。由於生長面幾乎為(111)面，所以薄膜具有鑽石形狀的剖面，因此它具有天然的抗反射之結構。一開始先長出一層重摻(P^+)的矽薄膜，接著再長輕摻的矽薄膜，這將有助於使用選擇性蝕刻的方式，將磊晶薄膜層與基板分開(因 P^+ 的蝕刻速率比較快)。分開後的光罩層與單晶基板通常可以重覆再使用。

7.5 薄膜矽太陽電池設計上之考量

　　薄膜矽太陽電池的設計上，必須考量到光學及電子上的需求及材料特性。光學上的考量點，主要著眼於如何提升太陽電池對光線的留滯能力，如何讓薄膜也能提升到接近厚晶片一樣的留滯能力。如同在傳統的厚晶片太陽電池，在薄膜矽太陽電池上也需要利用到表面的粗糙化處理，以增加其對光線的吸收能力。至於在電子設計上，薄膜矽太陽電池所面臨的挑戰遠比厚晶片太陽電池困難許多，這是因為薄膜矽太陽電池之結構不具備三維空間的均勻性。

　　在薄膜矽太陽電池上，載子的再結合程度通常是比較高的，主要是受到雜質濃度、晶界、薄膜界面等之影響。雜質的效應，可以使用 Al 的去疵 (gettering)作用來降低。晶界的效應則要靠增加晶粒的大小來降低。最具挑戰的地方，在於如何鈍化薄膜與基板間的界面活性，尤其當基板具有可導電性時，這種挑戰更大。

　　為了解釋薄膜矽太陽電池的設計，我們用一個如圖 7.13 所示之簡單的太陽電池結構來說明之。這樣的結構中，所使用的是玻璃基板，在它的上面鍍有一層金屬，例如鋁(Al)。首先在這鍍有 Al 的玻璃基板上，先長上一層 P-型的 a-Si 或µc-Si 薄膜，這層薄膜可利用 7.3 節所提到的晶粒改善技術來增加

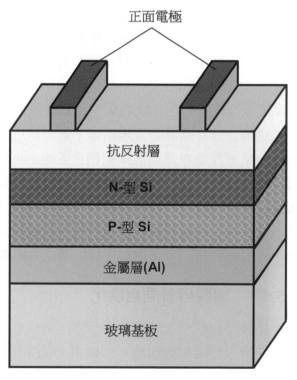

正面電極

抗反射層

N-型 Si

P-型 Si

金屬層(Al)

玻璃基板

圖 7.13　一基本的薄膜矽太陽電池之結構

其晶粒大小。這層 P-型矽薄膜在整個太陽電池的電路上被當成基極(base)。然後在 P-型矽薄膜上方再長上一層 N-型µc-Si 薄膜，形成 P-N 接合。通常這層 N-型µc-Si 薄膜是在低溫下沉積形成的，這點與傳統的厚矽晶片太陽電池所使用的擴散方式是不同的。在這樣的結構裡，最特別的地方是所採用的 Al 層，它除了可以當成擴散的屏障層外，

也參與晶粒的改善過程(亦即 MIC)，此外它可以當成雜質的去疵層，提供黑體反射作用增加光線的留滯能力。

然而在設計更高能量轉換效率的薄膜矽太陽電池時，可以考慮加入以下幾種特殊的結構：

(1) 使用粗糙化處理的界面，以增加其對光線的留滯能力(light-trapping)。
(2) 使用背面的光學反射層，以增加其對光線的留滯能力。
(3) 導入可以改善薄膜矽品質的去疵機構，例如使用 Al 層及磷擴散。

■ 7.5.1 光線的留滯(Light-Trapping)

矽薄膜對紅外線的吸收係數很低，因此如何增加矽薄膜太陽電池對光線的留滯能力，是增加能量轉換效率的關鍵之一。我們知道，短路電流 I_{sc} 與太陽電池的厚度有關，隨著厚度的增加，可獲得的短路電流會大幅降低，這是導致能量轉換效率低的原因之一。增加表面的粗糙度，可以大幅的增加其對光線的吸收。幸好沉積的薄膜矽也並不像拋光表面那麼平坦，所以天性上它就多多少少具有對光線的留滯能力。

應用在厚片結晶矽太陽電池上的一些增加光線留滯技術，並不一定適用在薄膜矽上。如果直接要在薄膜矽做粗糙化處理，可能會導致過多的損傷。例如沉積在玻璃基板上的薄膜矽，其晶體方向沒有規則性，所以是無法應用異方向性蝕刻(anisotropic etching)的技術的。如果想先在矽基板上做異方向性蝕刻後再長薄膜矽，這遇到的挑戰是，矽基板上的粗糙表面將導致過多的成核中心，因而降低沉積出來的薄膜矽品質。以下將簡單介紹一些可增加光線留滯能力的方式與挑戰。

7.5.1.1 薄膜矽表面粗糙化

將薄膜矽沉積在其它材質(例如：玻璃基板)上，不平坦的沉積表面自然扮演著粗糙化的作用。粗糙化的程度，可藉由沉積溫度與沉積速率來控制，也可藉著雷射再結晶(ELA)的方式進一步讓薄膜矽表面變得更粗糙。Kaneka 發展出一種薄膜矽太陽電池結構，稱為 STAR (Surface Texture and enhanced Absorption with a back Reflector)，就是應用這種粗糙化的結構，如圖 7.14 所示。它的結構為在玻璃基板上先鍍上一層粗糙化的背面反射材料，再用 PECVD 法長一層 N-型薄膜矽，然後在<550℃長一層 2～4μm 厚的 I-Si(亦即不摻雜的 Si)，接著再長上 P-型薄膜矽、抗反射層及 Ag 電極。

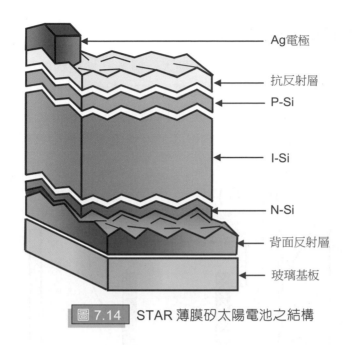

Ag電極

抗反射層

P-Si

I-Si

N-Si

背面反射層

玻璃基板

圖 7.14 STAR 薄膜矽太陽電池之結構

7.5.1.2 基板表面之粗糙化

在基板上做粗糙化處理，最簡單的方式是採二維的保角凹槽(conformal grooves)，它除了可以增加光線的留滯外，也可因表面積的增加，而改善熱的傳輸現象。但它的缺點則是因為電池體積的增加，而增加少數載子的再結合性。在設計上，也有人在玻璃基板上用機械加工方式做出 V-型的凹槽(Encapsulated-V texturing)。

至於三維的基板表面粗糙化處理，可採用用陶瓷粉末壓製而成的基板，或者是在玻璃基板上做出有許多突起結構來達成。

7.5.1.3 基板上的鍍膜

在基板上引入鍍膜的目的，在於提高太陽電池對光線的留滯力。被用作這方面用途的鍍膜有：

1. 使用溶膠-凝膠法(Sol-gel)將含有 tetraethoxysilan + trimethoxysilan + silica 成份的凝膠塗在基板表面。使用這類的基板，在沉積薄膜矽時，溫度不可超過 500℃，以避免凝膠的分解。

2. 使用磁控濺鍍法(magnetron sputtering)，在玻璃基板或不鏽鋼板鍍上 ZnO 薄膜。接著利用化學蝕刻方式，將 ZnO 薄膜粗糙化處理。

7.5.1.4 多孔性的矽(Porous Silicon)

在薄膜磊晶層與低廉多晶矽基板之間，插入一層多孔性結構的矽(porous silicon)，它既可當擴散屏障層也可吸附來自基板的雜質，而且能提供背面反射的作用，增加太陽光源的吸收。這層多孔性結構的矽是藉由電化學陽極氧化法(Electrochemical anodisation，見圖 7.15)產生的，多孔性的程度，可利用電流強度來控制。矽的折射係數(Refraction index)會隨著多孔密度而遞減。

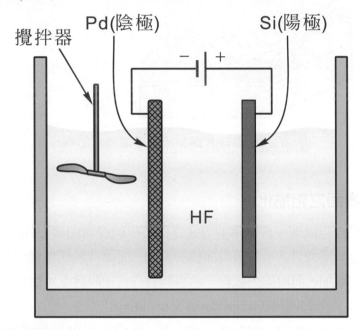

攪拌器　　　Pd(陰極)　　　　　　Si(陽極)

HF

圖 7.15　利用電化學陽極氧化法製造多孔性結構矽之示意圖

7.6 混合型(Hybrid)堆疊之薄膜太陽電池

一般在低溫產生的單一結構之微晶薄膜矽太陽電池之轉換效率僅能達到 10%左右，要想進一步提高轉換效率，必須在設計上或材料上有很大的突破才行。例如要能夠顯著降低晶界造成的再結合程度，或開發更先進的光線留滯機構才行。近來有一種較新的結構，是將兩個或三個不同的太陽電池串疊在一起，而形成所謂的混合型(Hybrid)結構，也稱為串疊結構(Tandem cell)，如圖 7.16 所示。在這種結構中，將多晶薄膜矽太陽電池與非晶薄膜矽太陽電池串疊在一起，由於兩者對太陽光的吸收特性不同(亦即兩者所吸引的太陽光譜範圍不同)，因此兩者的結合便可以有效的吸收更廣的太陽光譜能量，進而改善太陽電池的效率。圖 7.17 混合型太陽電池之模組結構。

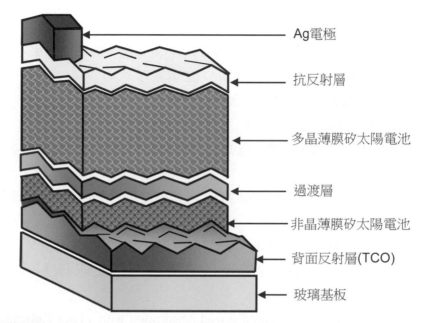

Ag電極
抗反射層
多晶薄膜矽太陽電池
過渡層
非晶薄膜矽太陽電池
背面反射層(TCO)
玻璃基板

圖 7.16　將多晶矽薄膜太陽電池與非晶矽太陽電池串疊在一起的混合型結構

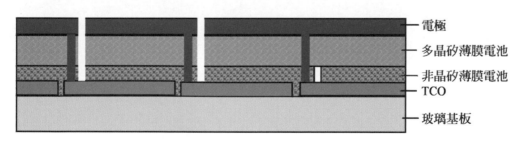

電極
多晶矽薄膜電池
非晶矽薄膜電池
TCO
玻璃基板

圖 7.17　混合型太陽電池之模組結構

7.1 請說明薄膜型太陽電池依材料種類可分為哪幾類？

7.2 請說明薄膜型結晶矽太陽電池具有哪些優點？

7.3 請簡述薄膜沉積的生長機構，並畫出機構的示意圖以說明機構上的每一步驟。

7.4 請說明利用 PECVD 法生產結晶矽薄膜的方法與原理。

7.5 請說明如何利用 ZMR 再結晶技術來改善結晶薄膜的晶粒大小？

7.6 請說明何謂金屬誘發結晶法(MIC)？

7.7 金屬誘發結晶法容易導致金屬殘留在微晶結構薄膜內，請問可以使用哪些方法來克服這問題呢？

7.8 在雷射誘發再結晶的技術中，再結晶的發生可根據使用的雷射功率大小而有哪幾種機制呢？

7.9 請畫圖來說明利用 Smart cut 技術將單晶矽薄膜生長在單晶矽基板上？

7.10 若想把多晶矽薄膜生長在其它材質基板上(例如：玻璃)，在基板材料的選擇上，需要考慮的因素有哪些呢？

7.11 請畫出 STAR(Surface Texture and enhanced Absorption with a back Reflector)薄膜矽太陽電池的結構，並說明結構上的每一層的作用。

7.12 請說明在薄膜磊晶層與低廉多晶矽基板之間，插入一層多孔性結構的矽有何作用呢？

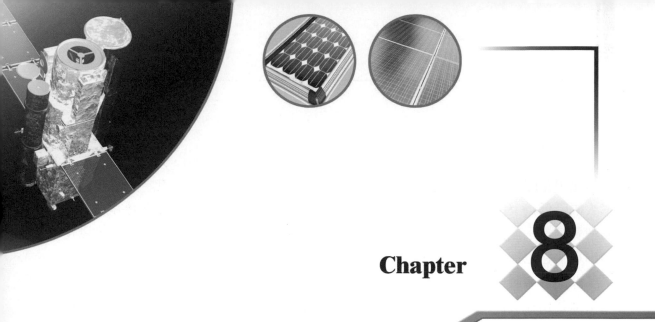

Chapter

8

非晶矽太陽電池

8.1　前言

　　非晶矽(Amorphous Silicon)的原子結構，不像結晶矽一樣具有一定的規則性，而是沒規則性的排列著，呈現著非常鬆散的結構，而且內部含有大量的結構或鍵結上的缺陷，這是種類似玻璃的非平衡態結構。一直到 1974 年，才有研究者發現非晶矽可以用在 PV 元件上，在此之前，非晶矽一直是被視爲絕緣體的。在 1980 年代，非晶矽是唯一商業化的薄膜型太陽電池材料。當年非晶矽太陽電池的出現，曾引起廠商大力地投入。從 1985 年到 1990 年初，非晶矽太陽電池的比例曾創下全球太陽電池總量的三分之一，但之後卻因爲穩定度不佳的問題未能獲得有效改善，而導致生產比例下滑。

　　然而新一代的非晶矽多接面太陽能電池(Multijuction Cell)，已可以大幅改善傳統式非晶矽太陽電池的缺點，使得轉換效率可提升到 8～10%，而且使用壽命也獲得提昇。目前市場上絕大多數的薄膜太陽電池都是用非晶矽作爲主要材料(佔所有薄膜太陽電池的 75%左右)，而未來在具有成本低廉的優勢之下，仍將是未來薄膜太陽能池的主流之一。

　　非晶矽薄膜太陽電池的主要缺點是轉換效率偏低(約 8～10%)，以及會產生嚴重的光劣化現象(亦即在受到 UV 照射後，部份未飽和矽原子發生結構變化，而使得轉換效率大幅降低)。因此在太陽能發電市場上的應用比較沒競爭力，早期多半應用於小功率的消費性電子產品市場，例如：電子計算機、玩具等。但近年，藉著可撓性太陽電池的出現，它也被使用在一些動力設備上(例如：汽車、帆船、飛艇等)。

　　非晶矽薄膜太陽電池，按基板可分爲硬基板和柔性基板兩大類。所謂柔性基板太陽電池是指在柔性材料(例如：不鏽鋼、聚酯膜)上製作的太陽電池，與平板式結晶矽或玻璃基板的非晶矽等硬基板太陽電池相比，其最大的特點是重量輕、可折疊及不易破碎。以美國 Uni-Solar 公司所採用的不鏽鋼基底爲例，不鏽鋼的厚度僅爲 127μm，且具有極好的柔軟性，可以任意捲曲、裁剪、粘貼，既使彎成很小的半徑，作數百次捲曲，電池性能也不會發生變化。而以高分子聚合物聚酰亞胺爲柔性基板製備的非晶矽太陽電池，總厚度約 100μm 左右(含封裝層)，功率重量比可達到 500W/kg 以上，比不鏽鋼襯底非晶矽電池高出近十倍，是世界上最輕的太陽電池。從製備工藝上看，由於此結構電池採用捲對捲(roll to roll)工藝製造，便於大面積連續生產，達到降低成本的目的。因此，近來應用在可撓性基板上所製造出來的可撓性非晶矽太陽電池模組之應用也逐漸普及，圖 8.1 爲一被用來提供電力的可撓性太陽電池模組之照片。

圖 8.1 　一被用來提供電力的可撓性太陽電池模組之照片(相片取自 http://esamultimedia.esa.int/images/TTP/DS009_Montage08_H.JPG)

一般非晶矽是藉由濺鍍或是化學氣相沉積方式，在玻璃、陶瓷、塑膠或不鏽鋼基板上所生成的一種薄膜。非晶矽的優點在於其對於見光譜的吸光能力很強(比結晶矽強500 倍)，所以只需要薄薄的一層就可以把光子的能量有效地吸收。而非晶矽太陽電池的結構，通常為 P-I-N(或 N-I-P)型式，P 層跟 N 層主要做為建立內部電場之目的，I 層則由非晶矽構成。由於非晶系矽具有高的光吸收能力，因此 I 層厚度通常只有 0.2～0.5μm。其吸光頻率範圍約在 1.1～1.7eV 之間，這不同於結晶矽的 1.1eV，但由於結構均勻度低，因此電子與電洞在材料內部的傳輸過程中，易因距離過長，而提高再結合機率。為避免此一現象發生，I 層不宜太厚，但也不能太薄，而造成吸光不足。為克服此一困境，非晶矽太陽電可採用多層結構堆疊方式設計，以兼顧吸光與光電效率。

8.2 非晶矽之原子結構與特性

非晶矽對太陽光的吸光效率，比單晶矽好上 40 倍以上。所以只要一微米(μm)厚的非晶矽薄膜，就可吸收照射在它上面 90%的太陽光。所以這是非晶矽可以降低太陽電池成本的主要原因之一。非晶矽的原子排列，不具有如結晶矽般的規則性，但它仍具有某種程度上短距離的次序，在這種狀況之下，大部份的矽原子還是傾向於跟其它 4 個矽原子鍵結在一塊。但它無法維持長距離的規則性，因此它會產生許多鍵結上的缺陷，例如懸浮鍵(dangling bond)的出現。也就是說，部份的矽原子無法與 4 個臨近的矽原子鍵結在一塊。這些鍵結上的缺陷，乃提供了一個給電子及電洞再結合的路徑。

但是如果非晶矽在沉積的過程中，可以崁入 5-10%的氫原子的話，氫原子就可與矽原子鍵結，而去除部份的懸浮鍵，如圖 8.2 所示。我們稱這種含氫的非晶矽為hyrogenerated amorphous silicon (a-Si:H)。這對於提高非晶矽太陽電池的效率是相當重要的。

　　在傳統的 a-Si 太陽電池裡，一般會用到 P-I-N 的結構，所以就像一般的結晶矽一樣，P 層結構是藉由摻雜硼原子(Boron)所形成的，I 層則為不摻雜的純矽，N 層則是藉由摻雜磷原子(Phosphorus)所形成的。至於摻雜的方式，通常是採用 B_2H_6 及 PH_3 氣相法為主。

　　一般標準的 a-Si:H 的能階隙(energy gap)約在 1.6～1.8eV 之間，這與沉積的生長條件及含氫量有關。這麼高的能階隙，代表著波長比 7000Å 的太陽光將無法被吸引利用，因此非晶矽太陽電池的轉換效率之理論值只能達到 14～15%左右。如果想要更進一步突破的話，就必須在非晶薄膜內加入 Ge、C、O、N 等元素以形成合金膜。通常形成合金膜的方式，是利用在 SiH_4 氣體中摻入 GeH_4、CH_4、O_2、NO_2、NH_3 等氣體而成的。這樣的合金膜可以產生很大變化的能階隙。其中，以採用 GeH_4 最常見，一般用 a-Si$_{1-x}$Ge$_x$:H 來表示矽鍺之合金薄膜。a-Si$_{1-x}$Ge$_x$:H 之合金薄膜比 a-Si 具有更低的能階隙，因此可增加較低能量之太陽光的吸引，當 Ge 的比率(x)越高時，能階隙會越低。但當 x 增加到 0.5 時，矽鍺之合金薄膜就不再適合用在太陽電池上了。

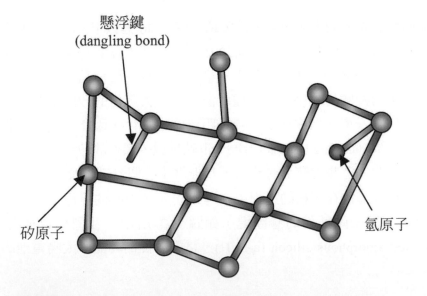

懸浮鍵
(dangling bond)

矽原子

氫原子

圖 8.2　氫原子的存在有助於移除非晶矽結構裡的懸浮鍵

8.3 非晶矽之沉積技術

非晶矽的沉積技術，基本上還是用到上一章所介紹的幾種薄膜沉積技術，例如：電漿輔助化學氣相沉積法(PECVD)、熱絲化學氣相沉積法(HWCVD)、濺鍍法(Sputtering)等。

■ 8.3.1　PECVD

PECVD 是目前用來生產非晶矽薄膜最主要的方法。用來產生電漿的電力方式有：直流電(DC)、AM 週波、高週波(VHF)、微波(MW)、射頻(RF)等。其中，以射頻 PECVD 最為普及，所使用的頻率為 13.56MHz。由於沉積出來的非晶矽薄膜內含有氫原子，所以通常以 a-Si:H 來表示，或簡稱為 a-Si。

8.3.1.1　RF PECVD

利用 PECVD 法生產非晶矽薄膜時，比較重要的製程參數包括：

1. 操作壓力：

一般的爐內操作壓力在 0.05 至 2torr 之間。較低的壓力有助於沉積出均勻的薄膜，而高壓則有助於結晶矽薄膜的生長。因此，如果要長非晶矽薄膜的話，最佳的壓力約在 0.5～1torr 之間。

2. RF 的功率：

一般 RF 的功率約在 $10mW/cm^2$ 至 $100mW/cm^2$ 之間，因為如果低於 $10mW/cm^2$，就很難維持電漿狀態。越高的 RF 的功率，薄膜的沉積速率越快。

3. 反應溫度：

通常理想的沉積溫度，應在 150 至 350℃ 之間。當沉積溫度越低時，被吸附進入薄膜內的氫原子會越高，而這也會促使非晶矽薄膜之能階隙(bandgap)之增加。

4. 電極距離：

兩個電極板之間的距離通常在 1～5 公分之間，越短的距離，越能長出均勻的薄膜，而使用較寬的距離，則比較容易維持電漿狀態。

5. 氣體流量：

氣體流量的大小，與沉積速率及基板面積有關。部份矽原子進入爐體內時，會沉積在基板上或爐壁上，其餘的則被真空抽走。因此如何有效利用這些氣體是很重要的。

此外氫氣(H_2)與矽甲烷(SiH_4)的混合比率，對沉積出來的薄膜品質有很大的影響。當 H_2 的比例提高時，沉積速率會下降，但薄膜的品質會變穩定，如果 H_2 的比例高到一定程度時，則可產生微晶薄膜。圖 8.3 為 Ferlauto 等研究者，利用單晶矽基板在不同的 H_2 的比例之下，所製作出的矽薄膜相圖，在 R<10，所生長出來的薄膜結構為非晶質，但當薄膜厚度超過臨界值時，會出現粗糙的表面。

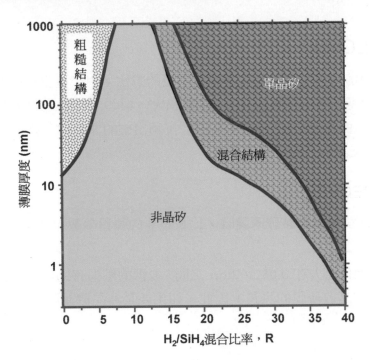

圖 8.3　在單晶矽基板上，利用 PECVD 法去生長矽薄膜，在不同的 R 值及薄膜厚度之下，所得到的相圖。

　　圖 8.4 顯示一貫作業在玻璃基板上生產 P-I-N 結構的非晶矽薄膜之示意圖。首先將鍍有 TCO(Transparent Conductive Oxide)的玻璃基板，先傳送到第一個爐室內長 P-型非晶矽薄膜，而第一個爐室內所使用的氣體為 SiH_4 及 B_2H_6。接著傳輸到第二個爐室內長 I-型非晶矽薄膜(亦即不含摻雜物)，所以其所使用的氣體只有 SiH_4。最後再傳輸到第三個爐室內長 N 型非晶矽薄膜，此時所使用的氣體為 SiH_4 及 PH_3。當 SiH_4 氣體通過兩個產生電漿的電極板中間時，它會被解離成 SiH_3 及氫原子，由於 SiH_3 化學上的不穩定性，當它沉積在基板上，會釋出氫原子，而留下尚含有氫含量在 10～20%左右非晶矽薄膜。大部份的商業化非晶矽太陽電池模組都是採用這種連續性 PECVD 的生產方式。

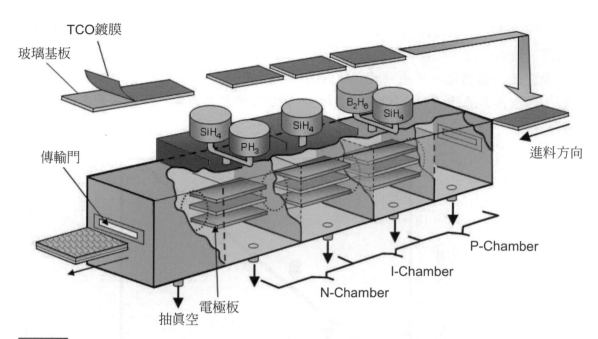

TCO鍍膜

玻璃基板

傳輸門

SiH₄

PH₃

SiH₄

B₂H₆

SiH₄

進料方向

P-Chamber

I-Chamber

N-Chamber

電極板

抽眞空

圖 8.4　一貫作業在玻璃基板上利用 PECVD 法生產 P-I-N 結構的非晶矽薄膜之示意圖

8.3.1.2　VHF PECVD

　　採用高週波(VHF)的 PECVD 法也一直被廣範的研究，因爲它可以用來產生更高沉積速率的非晶矽薄膜。根據研究，在固定的電漿功率之下，使用越高的頻率，沉積速率就越快，如圖 8.5 所示。目前尚未完全明白，使用 VHF 可以增進沉積速率的眞正原因，但可能是因爲 VHF 可以改善電漿在高能量區域的分佈有關。研究上也顯示，使用 VHF 法甚至可以產生更佳品質的非晶矽薄膜及太陽電池。雖然 VHF 具備了這樣的優點，但它尙未被大規模的用在非晶矽的商業規模量產之中，這是因爲它必須克服以下兩個技術上的挑戰：

(1)　在大面積的基板上，所沉積出的薄膜厚度不均勻。
(2)　在大面積的電極板上，VHF 較難形成電漿的耦合。

8.3.1.3　MW PECVD

　　使用微波(microwave, MW)頻率高達 2.45GHz 的 PECVD 法也被廣泛研究，我們也可預期它可以達到更快的沉積速率。但當微波電漿與基板直接接觸時，它產生的非晶矽薄膜之光電性遠比 RF 電漿所產生的非晶矽薄膜要來得更劣質。所以它並不適合用來生產高效率電池裡頭的 I 層非晶矽。

　　因此研究上有人採用非接觸性的微波電漿(Remote MW Plasma)，在做法上是將基板置於電漿外面，然後利用微波電漿激發或分離通過電漿區的 He、Ar 或 H$_2$ 氣體，這些受激發的氣體進一步激發流向基板的 SiH$_4$。如此一來就可以避免電漿直接接觸薄膜，而改善非晶矽薄膜的品質。但採用非接觸性的微波電漿，沉積速率會比直接式的低。

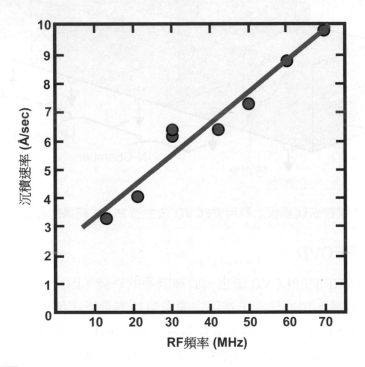

圖 8.5　在固定的電漿功率之下，使用越高的頻率，沉積速率就越快

■　8.3.2　HWCVD (Hot-Wire CVD)

　　在上一章，我們也簡單介紹過這種熱絲化學氣相沉積法(HWCVD)，它是一種用來製程低成本非晶矽或微晶矽薄膜的方法。在這方法上，是先讓 SiH$_4$ 及 H$_2$ 受熱分解在一加熱到 1800-2000℃的觸媒熱絲上，然後這些藉由觸媒熱絲表面所產生的原子或分子，會擴散到被加熱到 150～450℃的基板上。利用這方法所產生的非晶矽薄膜，內部所含的氫原子會比 RF PECVD 方法低，所以穩定性也比較高。雖然 HWCVD 的沉積速率相當高(150～300Å/sec)，但非晶矽薄膜的均勻性卻比較差。整體而言，利用 HWCVD 所製造的非晶矽太陽電池之效率尚比不上 PECVD 所製造的非晶矽太陽電池。

■ 8.3.3　合金膜的形成

前面提過，利用在 SiH_4 氣體中摻入 GeH_4、CH_4、O_2、NO_2、NH_3 等氣體，可以形成 a-$SiGe_x$、a-SiC_x、a-SiO_x、a-SiN_x 等合金膜而成的。其中，以 a-$SiGe$ 最常被用當成降低能階隙(E_g)的作用，當 Ge 的比率越高時，能階隙會越低。但當能階隙低到 1.4eV 以下時，整個矽鍺之合金薄膜內部的缺陷密度就過高了，也就不再適合用在太陽電池上。

此外，在製造合金膜時，必須要特別注意如何維持沉積的均勻性。由於 GeH_4 及 SiH_4 在電漿下的分解速率不一樣，所以在靠近氣體入口端所沉積的薄膜裡頭，會含有比靠近氣體排出口端所沉積的薄膜含有更高濃度的鍺。由於這種濃度的不均勻性，使得 a-$SiGe$ 合金膜必較難以應用在大面積的基板上。但是因為 GeH_4 與 Si_2H_6 有較相近的分解速率，所以已有人利用 Si_2H_6 來取代 SiH_4，而成功獲得均勻的 a-$SiGe$ 合金膜。

8.4　非晶矽太陽電池之結構

■ 8.4.1　基本的 P-I-N 結構

最基本的非晶矽太陽電池，係採用 P-I-N 或 N-I-P 的三層接合結構。一般 P 層厚度約在 50～200Å 左右，I 層的厚度比較厚(約 4000～6000Å 左右)，而 N 層的厚度也只有 100～300Å 左右。如圖 8.6 所示，在這樣的結構之中，過多的電子會從 N 層薄膜流向 P 層薄膜，因此使得 N 層薄膜帶有正電荷，而 P 層薄膜帶有負電荷，於是創造出超過 10^4 V/cm 的導入電場。

當太陽光子照射到 a-Si 太陽電池時，很容易就完全穿透 P 層薄膜，所以大部份的光子吸收必須發生在較厚的 I 層薄膜裡頭。當光子被 I 層薄膜吸收時，它會產生一對電子與電洞的光電載子，然後在 N 層與 P 層之間的導入電場之牽引之下，這些電子與電洞會分別流向 N 層與 P 層，於是產生了光電流，這就是 a-Si 太陽電池最基本的發電原理。

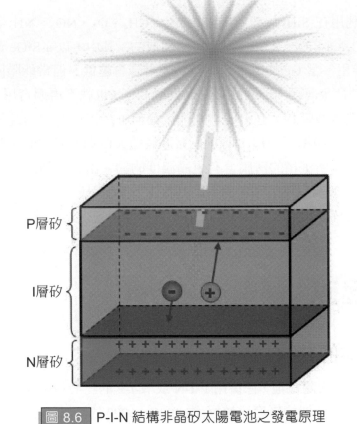

P層矽

I層矽

N層矽

圖 8.6　P-I-N 結構非晶矽太陽電池之發電原理

　　非晶矽太陽電池的優點之一，是它可以很有效的吸收太陽光，而總薄膜厚度小於 1 微米。這麼薄的薄膜，自然必須由一個更厚的基板來支撐。依據這個基板是擺在受光面或背光面，可分成以下兩個太陽電池之結構：

1.　上覆蓋層設計(Superstrate design)：

　　如圖 8.7 所示，在這樣的太陽電池結構中，太陽光是從透明的基板上進入薄膜層，基板通常使用透明玻璃或塑膠。在基板上方有一抗反射層，基板下方為透明導電膜(transparent conductive oxide,簡稱 TCO)，它的材質一般使用 SnO_2 或 ZnO。SnO_2 通常是在 600-800℃的溫度下，使用 Spray Pirolysis 的方式鍍在玻璃基板上的。為了降低太陽光反射，所以會在 TCO 層的表面做凹凸狀的粗糙化處理，然後再長上 P 層薄膜。由於 P 層薄膜所吸引的光線並不會增加光電流的產生，因此也可以採用高能隙的 a-SiC(亦即加入 C 的非晶質合金膜)當成 P 層薄，以減少其對光的吸收。在結構的最底層還有背面反射層及 Ag/Al 電極。這種太陽電池結構，比較適合用在使用玻璃為建材的建築物上。

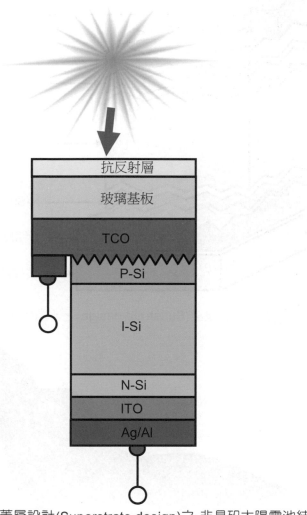

圖 8.7 上覆蓋層設計(Superstrate design)之 非晶矽太陽電池結構

2. 基板層設計(Substrate design)：

　　這種結構與上一種覆蓋層的設計正好相反，基板本身是位於背面，如圖 8.8 所示。首先在基板上方鍍上一層背面反射層，接著依序長上 N、I、P 層薄膜，然後是抗反射層及金屬電極。這種結構，最適合應用在以不透鋼當基板的可撓式非晶矽太陽電池上(如圖 8.9 所示)。

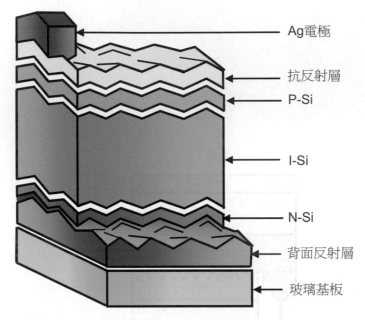

Ag電極

抗反射層

P-Si

I-Si

N-Si

背面反射層

玻璃基板

圖 8.8　基板層設計(Substrate design)之非晶矽太陽電池結構

圖 8.9　可撓式非晶矽太陽電池之照片

■ 8.4.2　多接面太陽電池結構(Multijunction Cell)

　　非晶矽太陽電池的轉換效率是偏低的，但近年來利用多接面太陽電池結構，已可以有效的增加轉換效率。多接面太陽電池之原理，在於調節各接面之能階隙，以對不同波長的太陽光分別進行吸收，並減少短波與能階隙的差異所造成的能量損失、及長波穿透所造成的損失。例如美國的 Unisolar 及日本的 Kane Ka 公司，所開發的「三接面」非晶矽太陽電池，在實驗室上已達 15%以上的轉換效率。多接面太陽電池結構的另一優點是，每個接面的光電流較低，因此光劣化程度也較小一些(僅爲 10～20%，而單一非晶矽太陽電池可以高達 20～40%)。

　　圖 8.10 是一個由三層 P-I-N 結構疊成的多接面太陽電池結構，在最上面的 I 層是採用 a-Si:H 的非晶矽(有時也可採用 a-SiC:H 或 a-SiO:H)，而底下兩個 I 層是採用 a-SiGe:H 的合金膜。所以越上層的結構之能階隙越高，越下層的能階隙越低。在多接面太陽電池結構，每個 I 層都比單一接面所使用的 I 層來得薄。每層薄膜厚度的設計變的很關鍵，這樣才能讓太陽光有效的被吸收。

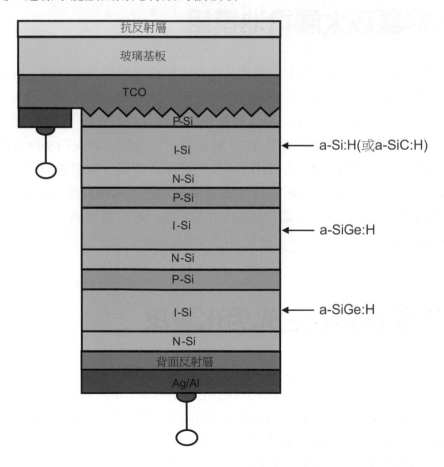

圖 8.10　由 3 個 P-I-N 組成的多接面太陽電池之結構示意圖

範例 8-1

請說明多接面太陽電池可以增加轉換效率的原理。

解 多接面太陽電池之原理，在於它可以調節各接面之能階隙，以對不同波長的太陽
光分別進行吸收，並減少短波與能階隙差異所造成的能量損失及長波穿透所造成
的損失。多接面太陽電池結構的另一優點是，每個接面的光電流較低，因此光劣
化程度也較小一些。藉由以上的特性，多接面太陽電池可以增加轉換效率。

8.5 非晶矽太陽電池模組

圖 8.11 顯示一個在玻璃基板上生產非晶矽的太陽電池模組之示意圖。在商業生產
上，一般採用約 100×50×0.3cm 大小的玻璃基板，在其上用 APCVD 的方式，長上一層
SnO_2 當成透明導電層(TCO)。接著，基板要先邊拋處理及清洗過後，才能塗上 Ag 金屬
膏及在帶狀爐裡烘烤形成金屬線。此外 TCO 層必須用雷射將之切成約 9mm 寬的條狀，
接著利用 PECVD 法在 TCO 層上方長出 P-I-N 的非晶矽薄膜，或者雙層或三層多接面
結構。接著在非晶薄膜上長上一層 ZnO 當緩衝層，然後再用濺鍍法(sputtering)長上一
層 Al 層當成背面電極及反射層。最後再接上 EVA 及一層保護玻璃，即可形成一個非
晶矽太陽電池模組。

8.6 非晶矽薄膜之光劣化現象

非晶矽太陽電池的一個重大缺點是，它會發生光劣化現象(degradation)，這種現象
就是所謂的 Staebler-Wronski 效應(簡稱 SWE)。它是在 1977 年被觀察出來的一種現象，
在被太陽光照射數百個小時之後，非晶矽太陽電池的轉換效率便會出現明顯下降的現
象。根據研究，一個單一接面的太陽電池在被太陽光照射 1000 個小時之後，它的效率
會比起始值低 30%左右，而一個三層接面的太陽電池則會下降 15%左右。

　　這種光劣化現象係起因於，太陽光能會打斷一些鍵結較弱的矽原子共價鍵，因而使得懸浮鍵(dangling bond)的數目隨著光照時間而增多。根據研究，懸浮鍵缺陷之生成速度，會隨著光照度之平方成比例增加。然而這種光劣化現象是屬於一種可逆式反應，當將已發生光劣化的 a-Si 在 160℃ 左右的溫度，進行數分鐘的退火處理，即可回到原先狀態。事實上，這種光劣化的現象，並不會出現永久性的崩潰，通常在經過 1000 個小時之後，它的劣化程度已經達到飽和值，而不會進一步劣化了，見圖 8.12。

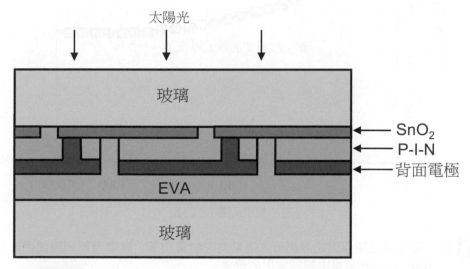

圖 8.11　一個在玻璃基板上生產非晶矽的太陽電池模組之示意圖

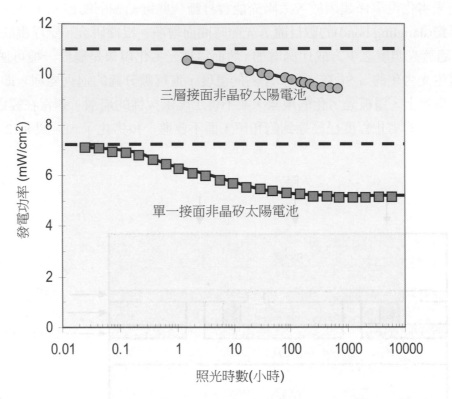

圖 8.12 單一接面及三層接面之非晶矽太陽電池之發電功率，會隨著照光時間而降低，但在 1000 個小時後會出現穩定化的現象。

範例 8-2

請說明何謂非晶矽太陽電池的光劣化現象。

解　在被太陽光照射數百個小時之後，非晶矽太陽電池的轉換效率便會出現明顯下降的現象，這就是光劣化現象。它的起因是太陽光能會打斷一些鍵結較弱的矽原子共價鍵，因而使得懸浮鍵(dangling bond)的數目隨著光照時間而增多。這種光劣化現象是屬於一種可逆式反應，當將已發生光劣化的 a-Si 在 160℃ 左右的溫度，進行數分鐘的退火處理，即可回到原先狀態。

8.1　請說明非晶矽太陽電池的優缺點為何？

8.2　請說明在非晶矽太陽電池的 P-I-N 結構中每一層的目的，並說明其發電原理。

8.3　請問用來製作非晶矽薄膜的技術中，最常被使用的有哪些？

8.4　請問利用 PECVD 法生產非晶矽薄膜時，比較重要的製程參數有哪些呢？

8.5　請敘述如何利用一貫作業在玻璃基板上生產 P-I-N 結構的非晶矽薄膜？

8.6　非晶矽太陽電池依據基板是擺在受光面或背光面，可分成哪兩種太陽電池之結構？這兩者之間有何差異呢？請畫出兩者的結構並說明之。

8.7　請藉由查尋網路資料，敘述你對非晶矽太陽電池之未來發展的看法。

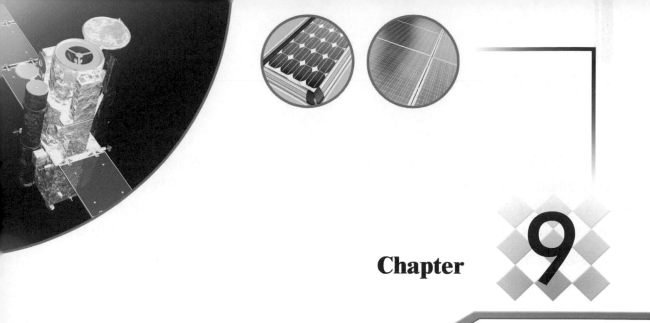

Chapter

9

III-V 族化合物太陽電池

9.1 前言

在 1953 年半導體太陽電池被開發出來之後，早期的太陽電池主要是用在太空衛星的能源系統上。直到 1973 年國際能源危機之後，太陽電池才開始大量被用在地表上的發電系統上，而且也促進了 PV 產業的快速發展。在 1990 年之前，太陽電池的材料是以矽基的單晶矽、多晶矽及非晶矽為主。這是因為矽基材料的製造與取得較為容易，價格也較為低廉。但因為這些商業化的矽基太陽電池，一般僅能達到約 16〜19% 的能量轉換效率，這也限制了其在太空衛星上的應用。

除了矽可以被用在太陽電池以外，而也可使用 III-V 族或 II-VI 族的化合物太陽電池。所謂的 III-V 族化合物，是指由週期表的 III 族元素(例如：Ga、In 等)與 V 族元素(例如：P、As 等)所形成的半導體材料，例如：砷化鎵(GaAs)或磷化銦(InP)等。使用這類 III-V 族化合物太陽電池的最主要優點是，它可以達到超過 30% 以上的轉換效率，特別適用在太空衛星的能源系統上。這是因為 III-V 族是具有直接能隙(direct bandgap)的半導體材料，僅僅 2μm 厚的材料，就可在 AM1 的輻射條件下吸光 97% 左右。

在單晶矽基板上，以化學氣相沉積法成長 GaAs 薄膜所製成的薄膜太陽電池，因為具有 30%以上的高轉換效率，很早就被應用於人造衛星的太陽電池板上。而新一代的 GaAs 多接面太陽電池(multijunction cell)，例如 GaAs、Ge 和 GaInP$_2$ 的三接面太陽電池，因可吸收光譜範圍非常廣，所以轉換效率已可高達 39%以上，是目前轉換效率最高的太陽電池種類，而且性質穩定，壽命也相當長。不過此種太陽電池的價格也極為昂貴，平均每瓦價格可高出多晶矽太陽電池數十倍以上，因此除了太空等特殊用途之外，預期並不會成為民生用途太陽電池的主流。

9.2 III-V 族化合物之特性

圖 9.1 顯示元素週期表中的 II～VI 族的元素，因此 III-V 族化合物可以包括：磷化鋁(AlP)、砷化鋁(AlP)、銻化鋁(AlSb)、氮化鎵(GaN)、磷化鎵(GaP)、砷化鎵(GaAs)、銻化鎵(GaSb)、氮化銦(InN)、磷化銦(InP)及砷化銦(InP)等組合。在此類半導體化合物中，五族原子會把它的一個電子轉移給三族原子，自己本身就成為帶正電的離子(V+)。而三族原子得到一個電子，就成為帶負電的離子(III⁻)。此時，每個離子都有 4 個價電子，而組成和矽晶體一樣的共價鍵。嚴格說起來，三族和五族的原子不同，吸引電子的能力也不同。使得化合物半導體和元素半導體有所差異。以砷化鎵為例，價電子所組成的共價鍵會傾向於砷原子，所以這種鍵結除了具有共價的特性外，還有離子的特性。這種鍵結的強度比起一般的四族元素半導體的鍵來的大。

表 9.1 為這些 III-V 族化合物的基本物理性質。矽具有非直接的能隙(indirect bandgap)，但幾乎所有的 III-V 族化合物則具有直接的能隙(direct bandgap)。這兩者的差別在於，當電子由價帶激發到導帶時，除了能量的改變之外，具有非直接能隙的矽還會同時發生晶體動量的改變，但具有直接能隙的 III-V 族化合物則不會發生晶體動量的改變。這使得 III-V 族化合物在許多微電子的應用比矽具有更佳的特性。III-V 族化合物的優點之一是能隙寬，而且使用三元或四元的混合 III-V 族化合物(例如：InGaP、AlGaAs、GaInNAs、GaNPAs 等)更能使能隙的設計之變化更大。圖 9.2 顯示一些常見半導體材料之晶格常數與能隙，在不同材料之間的連接線，表示結合不同比例的這兩種材料所形成之三元或四元化合物之能隙大小。

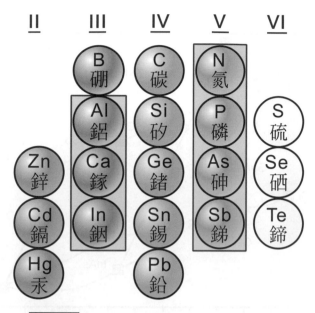

圖 9.1　元素週期表中的 III〜V 族的元素

表 9.1　III-V 族化合物的基本物理性質

III-V 化合物	密度 (g/cm³)	結晶構造	晶格常數		融點 (°C)	E_g(eV) @300K	移動率 (cm²/V · sec)		光吸收係數(1/cm)
			a_0(nm)	C_0(nm)			μ_e@300K	μ_h@300K	
AlP	2.40	Zinc Blende	0.5463		2000	2.45	80		
AlAs	3.598	Zinc Blende	0.5661		1740	2.13/3.11	180		
AlSb	4.26	Zinc Blende	0.6136		1080	1.62/2.218	200	420	
GaN	6.10	Wurzite	0.3180	5.166	>2500	3.39	380		$1.5×10^5$
GaP	4.129	Zinc Blende	0.5450		1467	2.24/2.78	200	120	
GaAs	5.307	Zinc Blende	0.5642		1238	1.428	8500	420	$1.1×10^4$
GaSb	5.613	Zinc Blende	0.6094		712	0.72	7700	1400	$1×10^4$
InN	6.88	Wurzite	0.3533	5.692	1200	2.4			
InP	4.787	Zinc Blende	0.5869		1070	1.351	6060	150	
InAs	5.667	Zinc Blende	0.6058		943	0.356	33000	460	$4×10^3$

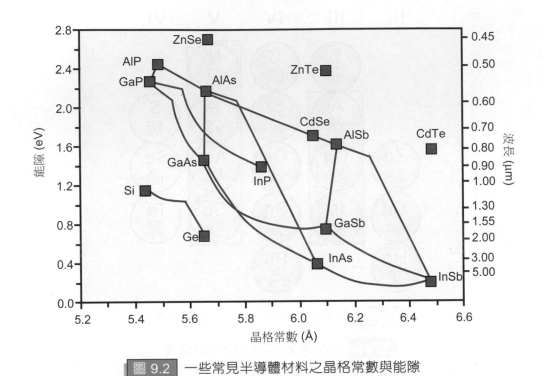

圖 9.2　一些常見半導體材料之晶格常數與能隙

在太陽電池的用途上，III-V 族化合物與矽相比較的話，具有以下的特性：

1.　高能量轉換效率：

由於太陽電池之理論轉換效率，與半導體之能隙大小有關。以太陽光譜之整體角度來看的話，一般最佳的太陽電池材料之能隙為 1.4～1.5eV 之間，所以能隙為 1.43eV 的 GaAs 及 1.35eV 的 InP，會比 1.1eV 的矽更適合用在高效率太陽電池上。而且利用各種 III-V 族化合物所形成的多接面太陽電池，可增加被吸收波長的範圍，更可達到高效率化的目的。

2.　適合薄膜化：

由於矽是非直接能隙材料，對於光的吸收係數較小，所以一般需要採用 100μm 以上的厚度，才能吸收到足夠的太陽光。而 III-V 族化合物多為直接能隙的材料，所以對於光的吸收係數較大，因此僅僅數微米的厚度，就能吸收到足夠的太陽光。因此只要使用薄膜的 III-V 族化合物，就可達到很高的效率。

3.　耐放射線損傷：

由於 III-V 族化合物屬於直接能隙之故，少數載子之擴散長度較短，且耐放射性佳，因此這樣的太陽電池，更適合太空之用途。

4. 更適合聚光技術(concentrator technology)：

所謂的聚光技術是使用透鏡聚焦太陽光，使之照射在太陽電池上以增加效率。然而聚焦的太陽光會使得太陽電池的溫度增加，就 III-V 族化合物而言，太陽電池的效率隨著溫度增加而下降的程度遠比矽慢。因此 III-V 族化合物可以聚焦到 1000 倍或 2000 倍的程度，而矽則只能聚焦到 200-300 倍左右。

9.3 III-V 族化合物之薄膜生長技術

III-V 族化合物的薄膜生長技術，主要是利用磊晶生長法，又可細分為液相磊晶法(LPE)、化學氣相沉積法(CVD)、有機金屬化學氣相沉積法(MOCVD)、分子束磊晶法(MBE)等。由於 GaAs 是最主要的 III-V 族化合物，所以本節將以 GaAs 為例來介紹以上這些生長技術，其他的 III-V 族化合物也大多可利用這些技術來製造。至於三元或四元的化合物，也只要在 GaAs 的生長過程中，添加特殊比率的元素(例如：Al、In、Sb 等)到氣體即可獲得。一般用在 III-V 族化合物上的 N-型摻雜物包括：S、Se、Te、Sn、Si、C、Ge 等，而 P-型摻雜物則包括：Zn、Be、Mg、Cd、Si、C、Ge 等。其中 4 價的 Si、C、Ge 可當成 N-型摻雜物也可當成 P-型摻雜物，這主要跟它是在晶體結構中取代 Ga 或 As 原子而定。

所謂的磊晶是指在一晶體上有次序的長上另一層晶體，如果基材與所長的磊晶層材料相同的話，就叫做均質磊晶(homoepitaxy)，如果基材與所長的磊晶層材料不相同的話，就叫做異質磊晶(heteroepitaxy)。藉由使用不同的基板材質，可以變化所長出來的 III-V 族的化合物薄膜之電性，而引入三元或四元的化合物，例如 $Al_xGa_{1-x}As$、$In_xGa_{1-x}As_yP_{1-y}$ 等，更能提供更大的變化，但在生長這些薄膜時要注意的是晶格常數(lattice constant)的匹配性，如果基板與薄膜的晶格常數之差異過大的話，會導致過大的應力及結晶缺陷。利用圖 9.2，可以設計出最適當的 III-V 族化合物，以達到晶格常數的要求，例如 Ge、GaAs、AlAs 三者間的晶格常數就很接近。當基板與所要長的薄膜之晶格常數差異太大時，可以慢慢的變化 III-V 族化合物中的元素組成比例，來逐步變化晶格常數。

■ 9.3.1 液相磊晶法(LPE)

　　液相磊晶法是由液態物質來長出磊晶層。在生長 GaAs 的磊晶過程，它可藉由添加雜質來降低液態物質的熔點(例如 GaAs + As 的熔點比純 GaAs 來得低)，因此液態物質可以保持在比較低的溫度，而不會去把 GaAs 基板給熔化掉。慢慢降低熔液的溫度，使得化合物因過飽和而在 GaAs 基板上析出。但因為熔液中的雜質濃度會隨著晶體的生長而遞增，因此熔液的熔點會跟著遞減，所以 LPE 的溫度也要不斷調降，以維持磊晶的生長。

　　此技術可以長出高品質的磊晶層且系統的成本低，以及材料性質的再現性相當高。不過，其表面型態比其它磊晶技術(如：MOVPE、MBE)的磊晶表面狀態要差，且不適合用在大面積的量產上。

　　圖 9.3(a)為一商業化的 LPE 設備之外觀，它是採用傳統的移動式晶舟技術(graphite/quartz boat slider technique)，如圖 9.3(b)，熔液係由上端往下落，使熔液與基板接觸，然後將爐體溫度徐徐冷卻以進行磊晶成長。

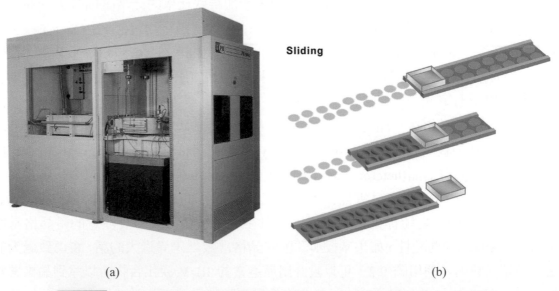

(a)　　　　　　　　　　　　　　　　　　　　　(b)

圖 9.3　(a)一商業化的 LPE 設備之外觀，(b)移動式晶舟技術之示意圖

■ 9.3.2　化學氣相沉積法(CVD)

　　化學氣相沉積法(CVD)算是一種氣相磊晶(Vapor Phase Exitaxy, VPE)，它是使氣相的 Ga 及 As 在 650-850℃的溫度下反應，而沉積在基板上形成 GaAs 磊晶。整個生產過程包括幾個步驟，首先是將反應氣體(GaCl₃、As₄、H₂)及摻雜氣體傳輸到基板，接著它們會吸附在基板上，然後發生化學反應而以約 1μm/h 的生長速度在基板上沉積出 GaAs 薄膜。整個 CVD 的化學反應式可表示為：

$$GaCl_3 + As_4 + 6H_2 \rightarrow 4GaAs + 12HCl$$

化學氣相沉積法可以在常壓(APCVD)或低壓(LPCVD)下進行，或者利用電漿的輔助(PECVD)。

■ 9.3.3　有機金屬化學氣相沉積法(MOCVD)

　　MOCVD 為有機金屬化學氣相沉積磊晶技術，它是在低壓下(約 60torr)利用有機金屬，例如：三甲基鎵(Trimethyl-Gallium, TMGa)、三甲基鋁(Trimethyl-Aluminum, TMAl)等，與特殊氣體，例如：砷化氫(AsH₃)、磷化氫(PH₃)等，在反應器內進行化學反應，並使反應物沉積在加熱到 600-800℃的晶片上，而得到磊晶片之生產技術。MOCVD 技術源自於 1986 年，Manaseviet 利用 TMGa 與 As 成功生長 GaAs 單晶後，自此，MOCVD 系統開始應用於晶體成長。

　　圖 9.4 為一 MOCVD 設備之示意圖。III-V 族有機金屬之來源可為液態(如：TMGa、TMAl)或固態(如：TMIn)，它一般儲存在氣泡室(Bubblers)內，並藉由傳輸氣體(如：H₂)將之帶入反應室中。利用改變氣泡室的溫度，可以控制有機金屬材料之氣相分壓。摻雜物(Dopant)可使用有機金屬來源，例如：二甲基鋅(Dimethyl-Zinc, DMZ)、二矽乙烷(Si₂H₆)、DEBe、TESn、CCl₄ 等。基板係置於一石墨製成之基座(Susceptor)上，並以 RF 線圈或熱電阻絲等加熱之，使得有機金屬分子進行擴散、熱解等化學反應，熱解後的離子團則於基板表面進行成長。薄膜的成長速率主要是由反應氣體流量(Mass flow rate)來控制。MOCVD 的化學反應式可由下式表示：

$$Ga(CH_3) + AsH_3 \rightarrow GaAs + 3CH_4$$

　　與 LPE 相比較，MOCVD 之設備成本較為昂貴且技術較複雜，但它可以生長出多層很薄的均勻異質磊晶層，增大了電池設計的靈活性，因此有潛力獲得更高的太陽能電池轉換效率。

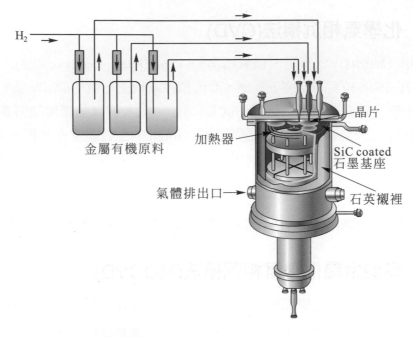

金屬有機原料

H₂

加熱器

晶片

SiC coated
石墨基座

氣體排出口

石英襯裡

圖 9.4 ── MOCVD 設備之示意圖

■ 9.3.4 分子束磊晶法(MBE)

分子束磊晶(MBE)技術(Molecular beam epitaxy)，是在超高真空狀態下($\sim 10^{-10}$ torr)，讓熱原子或熱分子束自原料中分離出來，然後在基板表面進行反應，而沉積產生磊晶薄膜的一種技術。由於使用高真空及十分潔淨的設備，因此可以用來產生高純度的磊晶。

如圖 9.5 所示，反應物是分別置於不同的 Knudsen Cells(一種 graphite effusion 的爐子)中，利用輻射加熱的方式讓反應物揮發形成分子束，然後撞擊到晶片的表面，進行反應。MBE 法的生長速率比 MOCVD 法還慢，雖然 MBE 磊晶的速度非常緩慢，但它能夠很精確地控制化學組成與摻雜濃度，甚至可以做到只有幾層原子厚度的單晶多層結構。

表 9.2 為以上各種 III-V 族化合物的薄膜生長技術之比較。

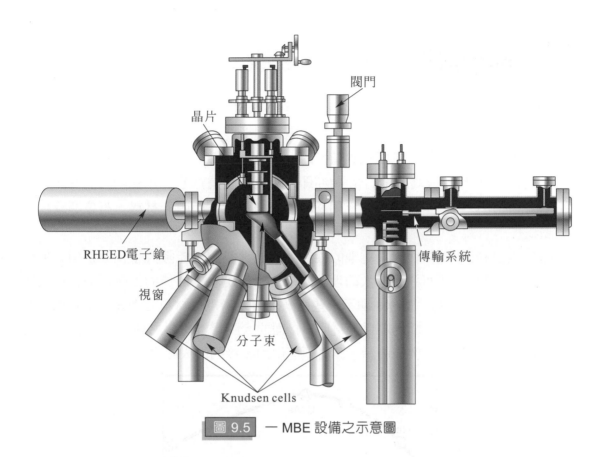

晶片
閥門
RHEED電子鎗
視窗
分子束
傳輸系統
Knudsen cells

圖 9.5　— MBE 設備之示意圖

表 9.2　各種 III-V 族化合物的薄膜生長技術之比較

	液相磊晶(LPE)	氣相磊晶(VPE)	有機金屬氣相磊晶 (MOCVD)	分子束磊晶(MBE)
技術層次	低	中	高	中高
量產能力	高	中	中	低
磊晶生長速度	高	中	中	中低
成長極薄磊晶	難	不容易	容易	容易
磊晶平整度	差	中	好	好
磊晶純度	高	高	高	高

9.4 單一接面太陽電池之設計

在太陽電池的設計上，需要適當的調整電流與電壓，才可使產生的功率達到最大化。如果想要使產生的電流最大化，那麼太陽電池要能盡量捕捉太陽光譜中的光子才行，因此越小能隙的材料，越能達到這目的。但是小能隙的材料，卻會導致比較小的光電壓。而且一些具有較高能量的光子(亦即比較短的波長)，它高出能隙的能量並不會轉為電能，而是以熱的型式浪費掉。相反的，如果選用大能隙的材料，將會導致較小的光電流。

因此，在傳統單一接面太陽電池的設計上，通常要選用能隙大小位於整個太陽輻射光譜中間的材料，才可達到最大的理論效率。也就是說，最佳的太陽電池材料之能隙約為 1.4～1.5eV 之間。圖 9.6 顯示一些單一接面太陽電池材料之理論效率及相對的能隙及光電流、光電壓之間的關係。這些單接面的太陽電池材料之理論效率都在 30% 以下，如果想要更進一步突破的話，就必須運用到多接面的太陽電池之設計了。

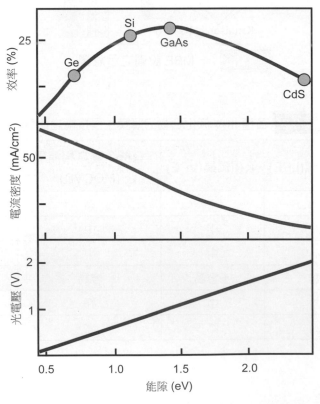

圖 9.6 單一接面太陽電池材料之理論效率及相對的能隙及光電流、光電壓之間的關係

9.5 多接面太陽電池之設計

　　由於單一接面的太陽能電池只能吸收和轉換特定光譜範圍的太陽光，因此能量轉換效率不高。因此，利用不同能隙寬度的材料做成太陽能電池，按能隙寬度大小從上至下疊合起來，選擇性地吸收和轉換太陽光譜的不同能量，就能大幅度提高電池的轉換效率，如圖 9.7 所示。在多接面太陽電池的設計上，要考慮到以下幾個重點：

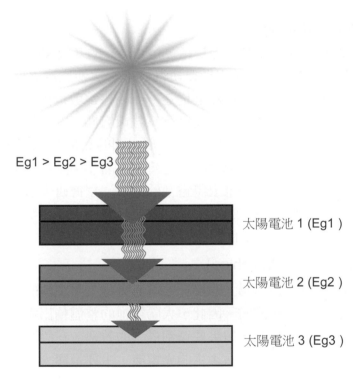

Eg1 > Eg2 > Eg3

太陽電池 1 (Eg1)

太陽電池 2 (Eg2)

太陽電池 3 (Eg3)

圖 9.7　將多個不同能隙的太陽電池依能隙的大小串疊起來，可以有效的吸收不同能量的太陽光，而提高太陽電池之效率

1. 能隙的選擇

　　多接面太陽電池中每層材料的能隙大小，決定了每個太陽光子會在那一層裡頭被吸收掉。在理想狀態之下，每一層之間的能隙差異應該要設計到差不多才比較好，這樣每一層的太陽電池才能吸收相等數量的太陽光譜。如前面提到的，光線中超過該層材料的能隙之能量，會轉換爲熱能消耗掉，因此每層之間的能隙差異要越小越好。此外，爲了吸收最多的太陽光源，愈上層的薄膜應具有愈大的能隙，愈底層的薄膜應具

有愈小的能隙。當然，使用越多層的多接面太陽電池，其對太陽光的吸收效率越好，但這也意謂著製造成本的增加。以目前比較常見的三接面太陽電池所使用的 GaInP/GaAs/Ge 太陽電池為例，GaInP 的能隙為 1.8eV、GaAs 的能隙為 1.4eV、Ge 的能隙為 0.7eV，所以在堆疊上，GaInP 就必須放在最上層，而 Ge 則放在最底層。

藉由調整三元或四元化合物中的元素的組成比例，就可變化出很廣範圍的能隙。以三元化合物 $GaInP_2$ 為例，其能隙為 1.85eV，而晶格常數為 5.65Å。如果我們想要得到較小的能隙，那麼我們可下降 Ga 的比例而增加 In 的比例，直到 Ga 的比率降到 0 為止，這時得到的就是 InP(能隙為 1.3eV)。

2. 晶格常數(Lattice Constant)

所謂的 monolithic 多接面太陽電池是指，是在同一的基板(substrate)上，一層接一層的長上不同材質的半導體薄膜。如果要使得最上層與最底層之間達到最大的光電流，最好每一層的材料都具有相同的結晶構造。而晶格常數是指一個結晶物質的單位晶格(unit cell)之原子間距，它與結晶構造及元素組成有關。在多接面太陽電池的設計中，不止要考慮到能隙的安排，也要注意到層與層之間的晶格匹配性(lattice matching)。

當層與層之間的晶格常數差異過大時，它將會在晶體中產生缺陷或差排，因此增加少數載子再結合的機會，因而降低太陽電池的效率。根據研究，晶格常數差異達到 0.01%，就已會顯著的影響到光電效率。由圖 9.2 中，我們可以發現 GaInP、GaAs、Ge 三者的晶格常數非常的接近，這是他們被廣為採用的原因之一。

3. 電流的匹配性(Current Matching)

由於多接面太陽電池是種串聯式的接合，電流會由太陽電池的頂端流向底端，所以通過每一層的電流必須是相同的。因此，太陽電池的整體輸出電流，便會受限於各別接面所產生的最小電流。所以，如果要達到最大的效率，在設計上要讓各接面可以產生相同的光電流。而在半導體接面產生的光電流，主要是與大於能隙的入射光子數目及材料對光的吸收率(absorptivity)有關。

4. 薄膜厚度

前面提到的兩項因素影響光電流的因素，也決定了太陽電池需要如何的薄膜厚度才足夠。例如當太陽光照射到太陽電池可以產生大量的光子的話，所需的薄膜厚度就可以薄一些。如果薄膜層對光的吸收率低的話，就要使用厚一點的薄膜。

以 GaInP/GaAs/Ge 多接面太陽電池為例，由於 Ge 對於光的吸收係數最低，所以就需要比較厚的 Ge 薄膜層。比較常見的應用，是採用 150μm 厚的 Ge 層。

範例 9-1

Ge 的能隙為 0.7 eV、GaInP 的能隙為 1.8 eV、GaAs 的能隙為 1.4 eV。若要將這三種不同能隙的材料做成三接面的太陽電池，那麼最理想的堆疊順序為何？

解　為了吸收最多的太陽光源，愈上層的薄膜應具有愈大的能隙，愈底層的薄膜應具有愈小的能隙。所以在堆疊上，GaInP 就必須放在最上層、GaAs 置於中間，而 Ge 則放在最底層。

9.6　GaInP/GaAs/Ge 太陽電池

　　因為可以達到 30%左右的效率，使得 GaInP/GaAs/Ge 成為目前最普遍使用的 III-V 族多接面太陽電池，如圖 9.8 所示。它是由 GaInP、GaAs、Ge 等三個太陽電池串聯在一起的結構，在製造上它是主要利用 MOCVD 的方法，在同一基板上一層接一層的長上這些不同成份的薄膜而形成的。主要優點是 GaInP、GaAs、Ge 等三個半導體材料具有非常接近的晶格常數，使得異質磊晶的生長相對的比較容易。以下就這三層不同的電池來分別說明 GaInP/GaAs/Ge 電池的結構：

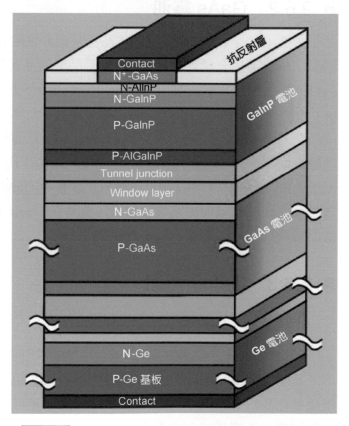

圖 9.8　GaInP/GaAs/Ge 三接面太陽電池之結構

■ 9.6.1　Ge 電池

應用於太空方面的 III-V 族多接面太陽電池，通常是以鍺當基板。這主要是因為鍺的製造成本較低，並具有優於砷化鎵的機械性質，此外其晶格常數非常接近砷化鎵(Ge = 0.5657906 nm，GaAs = 0.565318 nm)，具有很好的匹配性。但是鍺也具有一些的缺點，例如鍺為非直接能隙的材料，使得開路電壓 V_{oc} 僅能達到 300mV，而且其開路電壓對溫度很敏感。

由於 Ga、As、In、P 都算是 Ge 的摻雜物，所以在鍺電池上長 GaAs 及 GaInP 薄膜時，這些元素都難免會擴散進入 Ge 電池內。因此整個 Ge 電池技術的挑選在於減少這些不必要的擴散現象，精確的控制導電率及型態，及如何在其上面長出零缺陷的 GaAs 異質磊晶層。

■ 9.6.2　GaAs 電池

雖然 Ge 與 GaAs 兩者之間的晶格常數非常的接近，但在 Ge 上長出的 GaAs 異質磊晶之品質卻是充滿變化的。GaAs 磊晶層的品質指標在於薄膜表面的粗糙度(haze)及晶格缺陷，例如差排密度(threading dislocation)。根據研究，如果在 GaAs 中添加 1%的 In，所形成的 $Ga_{0.99}In_{0.01}As$ 磊晶之品質會優於一般的 GaAs 磊晶。

在 GaAs 電池上面的窗口層(window layer)，通常可採用 $Al_xIn_{1-x}P$ 或 $Ga_xIn_{1-x}P$ 薄膜。理論上而言，$Al_xIn_{1-x}P$ 比 $Ga_xIn_{1-x}P$ 更適合當窗口層，因為其具有較大的能隙。但由於 $Al_xIn_{1-x}P$ 對於氧污染相當敏感，所以比較難與 GaAs 形成好的接合品質。因此 $Ga_xIn_{1-x}P$ 薄膜反而比較常被使用來當窗口層。此外在 GaAs 電池下面的 $Ga_xIn_{1-x}P$ 薄膜，是做為背面效場層(back-surface field, BSF)的目的。

■ 9.6.3　GaInP 電池

$Ga_xIn_{1-x}P$ 的晶格常數 a-$(Ga_xIn_{1-x}P)$，可由以下的公式來計算之

$$a\text{-}(Ga_xIn_{1-x}P) = x \cdot a\text{-}(GaP) + 1\text{-}x \cdot a\text{-}(InP)$$

其中 a-(GaP)=0.54512nm 及 a-(InP)=0.58686nm，分別為 GaP 及 InP 的晶格常數。所以長在晶格常數為 0.565318nm 的 GaAs 上面的 $Ga_xIn_{1-x}P$ 薄膜，如果要達到完全的晶格匹配性，那麼最適合的組成為 $Ga_{0.516}In_{0.484}P$。

　　利用 MOCVD 法在 GaAs 上面生長出的 $Ga_xIn_{1-x}P$ 薄膜，其能隙大小，除了跟組成有關，也與 $Ga_xIn_{1-x}P$ 薄膜的生長條件及品質有關，例如：生長溫度、生長速率、磷的分壓及摻雜物的濃度等。

　　可以用來當 $Ga_xIn_{1-x}P$ 薄膜的摻雜物包括有：

1.　N-型摻雜物

　　硒(Se)是常被用在 III-V 族化合物當 N-型摻雜物的元素，它通常是利用分解氫化硒 (H_2Se)得來的。在一般的薄膜生長條件之下，自由電子的濃度會隨著 H_2Se 的分壓而增加，但最後會飽和於 $2\times10^{19}/cm^3$ 的濃度。硒的摻雜也與 PH_3(用在 GaInP 上)及 AsH_3(用在 GaAs 上)的分壓有關。當硒的濃度增加到使電子濃度達到 $2\times10^{18}/cm^3$ 以上時，GaInP 的能隙會增加，薄膜的生長表面會變得比較平滑，但硒的濃度過高時，薄膜的生長表面又會變得粗糙。

　　矽(Si)也是常用於 III-V 族化合物的 N-型摻雜物的元素，它的來源為 Si_2H_6。跟硒的特性一樣，當矽的濃度高於特定的臨界值時，它也會使得 GaInP 的能隙增加。

2.　P-型摻雜物

　　GaInP 薄膜中最常使用的 P-型摻雜物為鋅(Zn)，它的主要來源為二甲基鋅 (Dimethyl-Zinc, DMZ)及二乙基鋅(Diethylzinc, DEZ)。當載子濃度達到 $1\times10^{18}/cm^3$ 以上時，Zn 就會破壞 $Ga_xIn_{1-x}P$ 薄膜的規則性而增加能隙大小。而且當 Zn 的濃度較高時(或者說，使用較大的 DEZ 氣流量)，它會引起 GaInP 及 AlGaInP 中的 In 含量之降低。此外，Zn 在磊晶層與層之間的擴散，會導致太陽電池效率的降低。

　　位於 GaInP 電池上方的 AlInP 薄膜是用來當成窗口層的作用。它的目的在於鈍化射極(emitter)表面的表面狀態，以降低其對少數載子的再結合影響。一般適合當窗口層的材料，必須具有以下的特性：

(1)　晶格常數要接近 GaInP 的晶格常數。

(2)　其能隙要大於射極的能隙。

(3)　具有高電子濃度($> 10^{18}/cm^3$)。

(4)　材料的品質要能產生較低的界面再結合速率。

　　AlInP 正好可以合乎以上的要求，在晶格常數的匹配上，$Al_{0.532}In_{0.468}P$ 的晶格常數與 GaAs 相同。而 AlInP 的能隙約為 2.34eV 也比 GaInP 高了 0.4～0.5eV 左右。

　　位於 GaInP 電池上方的 AlGaInP 薄膜是用來當成背面效場層(back-surface field, BSF)的目的。它的作用在於鈍化 GaInP 電池的基極(base)與隧道結(tunnel junction)。

■ 9.6.4　隧道結(Tunnel Junction Interconnects, TJIC)

在 GaInP 與 GaAs 電池之間的隧道結的作用，在於提供 GaInP 電池的 P-型 BSF 與 GaAs 電池的 N-型窗口層之間的低電阻連結，因此當成隧道結的材料必須是重摻的 N^{++} 或 P^{++} 接合。倘若沒有這層隧道結的話，P-型 BSF 與 N-型窗口層所形成的 P-N 接合，會產生一個與電池受光所產生的光電壓相反之順向電壓，因而抵消了光電壓。通常隧道結是採用摻有 C 或 Se 的薄 GaAs 薄膜(～10nm)。

9.7　InP 基太陽電池

InP 早在 1958 年即被用在太陽電池上，最初的效率只有 2.5%。但直到 1984 年，研究發現 InP 太陽電池最引人注目的特點是它的抗輻射能力強，不但遠優於 Si 電池，也遠優於 GaAs 基系電池。所以在 III-V 族太陽電池中，除了 GaAs 基系電池外，InP 基系電池也備受矚目。

InP 也是具有直接能隙的半導體材料，它對太陽光譜中最強的可見光及近紅外光波段也有很大的光吸收係數，所以 InP 電池的有效層厚度也只需 3μm 左右。此外，InP 的能隙寬度為 1.35eV，也處在匹配太陽光譜的最佳能隙範圍內，電池的理論能量轉換效率和溫度係數介於 GaAs 電池與 Si 電池間。InP 之表面再結合速度只有 10^3cm/sec，這遠比 GaAs 的表面再結合速度還低，所以只要使用簡單的 P-N 接合即可得到高效率。

太陽電池之耐放射損傷特性，是太空用太陽電池的重要考量之一。由於 III-V 族化合物大多具有直接能隙，所以比具有非直接能隙的 Si 基電池，更不易受到放射線照射而劣化。但因耐放射性也與材料內部的缺陷程度及不純物的濃度有關，所以如果 III-V 族化合物的缺陷比矽多了 100 倍以上的話，其耐放射性也會與矽相當。由於 InP 中的缺陷容易因溫度而移動，所以會使得其放射劣化具有自動的回復性，這是它具有優良的耐放射損傷之特性。

9.8 量子井太陽電池(Quantum Well Solar Cells)

　　為了擴展對太陽光譜長波長範圍的吸收，進而提高光電流，另外的一個作法是在 P-I-N 型太陽電池的 I 層中植入高濃度的深能階(deep level)之不純物，這些不純物會在能隙中間形成一個或多個中間的能帶(intermediate bands)。由於接合的能隙 E_g 並不會受到改變，所以開路電壓 V_{oc} 也不會受到改變。同時這些中間能帶可以吸收低能量的長波長光子，而且所產生的電子電洞對也不會隨著溫度而衰退。這樣的太陽電池被稱為量子井太陽電池(Quantum Well Solar Cells)。圖 9.9 顯示量子井太陽電池的能隙結構，越多的量子井則太陽電池的效率越高，根據估計，在理論上量子井的數目達到無限多時，太陽電池的轉換效率會達到 86.8% 的極限值。

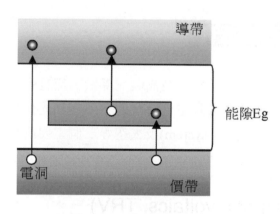

(a)單一量子井能隙結構

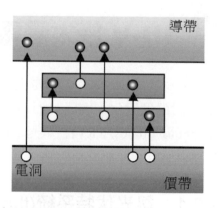

(b)多重量子井能隙結構

圖 9.9　量子井太陽電池的能隙結構，越多的量子井則太陽電池的效率越高

請問何謂量子井太陽電池(Quantum Well Solar Cells)？

解 在 P-I-N 型太陽電池的 I 層中植入高濃度的深能階(deep level)之不純物，這些不純物會在能隙中間形成一個或多個中間的能帶(intermediate bands)。由於接合的能隙 E_g 並不會受到改變，所以開路電壓 V_{oc} 也不會受到改變。同時這些中間能帶可以吸收低能量的長波長光子，而且所產生的電子電洞對也不會隨著溫度而衰退。這樣的太陽電池被稱為量子井太陽電池(Quantum Well Solar Cells)。量子井太陽電池的能隙結構，越多的量子井則太陽電池的效率越高，根據估計，在理論上量子井的數目達到無限多時，太陽電池的轉換效率會達到 86.8% 的極限值。

9.9 III-V 族太陽電池之應用

GaAs 及其它 III-V 族太陽電池，因為具有直接能隙及高吸光係數，而且耐反射損傷性佳且對溫度變化不敏感，所以這使得 III-V 族太陽電池特別適合用在熱光伏特系統(thermophotovoltaics, TRV)、聚光系統(concentrator system)及太空等三個主要應用領域裡。

■ 9.9.1 熱光伏特系統(thermophotovoltaics, TRV)

熱光伏特系統是指將紅外光譜轉換為電能的系統，這主要是利用低能隙(0.4-0.7eV)的 III-V 族材料來製造。GaSb 的能隙寬度為 0.72eV，是適合這方面用途的材料。GaSb 也可應用在多接面太陽電池中，搭配聚光系統去吸收更多的紅外光。此外量子井太陽電池結構也可當成吸收紅外光的熱光伏特系統。

■ 9.9.2 聚光系統(concentrator system)

所謂聚光型太陽電池，是由聚光型太陽電池(Concentrator Photovoltaic)、高聚光鏡面菲涅爾透鏡(Fresnel Lenes)及太陽光追蹤器(Sun Tracker)三者組合，由於 GaAs 太陽電池的製造成本相當昂貴，利用較便宜的聚光模組，可以降低太陽電池的使用量達到百分之一或甚至千分之一，就可達到一定的發電量。

　　聚光型太陽電池，是使用透鏡將太陽光聚焦到狹小的面積上來提高發電效率。不過因爲聚光會引起溫度的上升，可能會損傷太陽電池及發電系統，因此往往必須要特別控制聚光率才行。III-V 族化合物的太陽電池的效率，隨著溫度增加而下降的程度遠比矽慢，所以可以聚焦到 1000 倍或 2000 倍的程度。此外，聚光型太陽電池必須要安置在位於透鏡焦點附近時才能發揮功能，所以爲了使的模組總是朝向太陽的方位，必須搭配使用太陽追蹤系統。

　　利用聚光技術，使得 III-V 族太陽電池的效率已可達到 30%以上。以往這種聚光型太陽電池主要是用於太空產業，但現在搭配太陽光追蹤器則可用於發電產業，但仍比較不適合用於一般家庭。圖 9.10 爲一聚光太陽電池模組之照片。

圖 9.10　一聚光型太陽電池模組

■ 9.9.3　太空應用

　　近年來，全世界對人造衛星的需求量大幅增加。這些人造衛星除了應用在國防軍事及太空探險外，商用的人造衛星之需求也急遽增加，包括：電視轉播、遠距離通訊、氣象觀察等用途。在這些太空應用上的發電系統，都必須仰賴太陽電池。

　　用在太空應用上的太陽電池，必須具備高轉換效率、抗輻射性、輕量化及高可靠性等特性。早期太空用太陽電池是採用 Si，但 GaAs 及 InP 已取代矽而成爲最佳的太空及衛星用途上之材料。而 GaInP/GaAs/Ge 多接面太陽電池，更具有可以在高電壓、低電流下操作的優點，是更亮眼的新世代太空應用的太陽電池。

9.1 在太陽電池的用途上，III-V 族化合物與矽相比較的話，具有哪些特性呢？

9.2 請列出主要的 III-V 族化合物的薄膜生長技術有哪些？

9.3 請說明利用液相磊晶法，生長 GaAs 磊晶的過程，及這技術的優缺點。

9.4 請說明利用化學氣相沉積法(CVD)，生長 GaAs 磊晶的過程。

9.5 請說明利用有機金屬化學氣相沉積磊晶技術(MOCVD)，生長 GaAs 磊晶的過程及其特點。

9.6 請問在多接面太陽電池的設計上，要考慮到哪些因素呢？

9.7 在將 GaInP/GaAs/Ge III-V 多接面太陽電池時，為何串聯的順序為 GaInP 在最上層而 Ge 在最下層呢？請說明原因。

9.8 請說明 III-V 族太陽電池最適合的應用領域有哪些？

9.9 藉由查尋網路資料，敘述你對 III-V 太陽電池未來發展的看法。

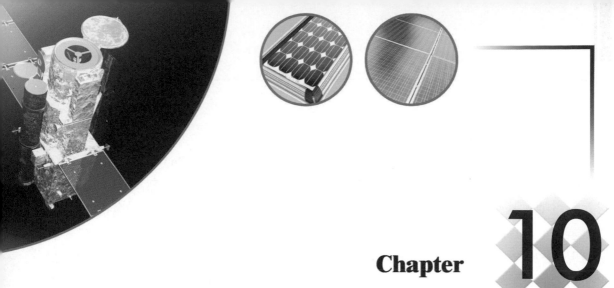

Chapter 10

碲化鎘(CdTe)太陽電池

10.1 前言

　　碲化鎘(Cadmium Telluride, CdTe)是屬於 II-VI 族的化合物半導體，它具有直接能隙，其能隙值為 1.45eV，正好位於理想太陽電池的能隙範圍之間。此外，CdTe 也具有很高的吸光係數(>5×10⁵/cm)。因此僅僅 2μm 厚的 CdTe 薄膜，就已足夠吸收 AM1.5 條件下 99%的太陽光。這使得 CdTe 成為一個可以獲得高效率的理想太陽電池材料之一。除此之外，CdTe 可利用多種快速成膜技術製作，由於模組化生產容易，因此近年商業化的動作亦相當積極，CdTe/glass 已應用於大面積屋頂建材。

　　CdTe 算是在薄膜式太陽電池中歷史最久，也是被密集探討的半導體材料之一。早在 1956 年 RCA 即提出使用 CdTe 在太陽電池的用途上，在 1959 年 RCA 利用將 In 擴散到 P-型的 CdTe 中做出約 2%的太陽電池。在 1979 年時，法國的 CNRS 利用 VTD 法在 N-型的晶片上長出 P-型的 CdTe 薄膜，而得到>7%的太陽電池。

　　除了以上這些同質 P/N 接面的發展外，CdTe 的異質接面太陽電池也從 1960 年就開始廣泛受到研究了。最早期是在 N-型的 CdTe 晶片或多晶薄膜上，長上 P-型的 Cu₂Te 薄膜。這樣的 N-CdTe/P-Cu₂Te 太陽電池在 1970 年初期已可達到>7%的效率。而在 P-

型單晶 CdTe 晶片上，長上異質接面的氧化物薄膜，例如：In_2O_3:Sn (ITO)、ZnO、SnO_2 等，也受到更廣泛的研究。例如在 1977 年就有人開發出效率達到 10.5%的 P-CdTe/ITO 的太陽電池。甚至到了 1987 年已有人可以做出 13.4%的 P-CdTe/ITO 太陽電池。

　　至於 P-CdTe/N-CdS 的太陽電池之發展最早也可追溯到 1960 年中期，在 1977 年就已出現 11.7%效率的 P-CdTe/N-CdS 太陽電池。於是這樣的 P-CdTe/N-CdS 結構變成最典型的 CdTe 太陽電池，它主體是由約 2μm 層的 P-CdTe 層與僅 0.1μm 厚的 N-CdS 形成，光子吸收層主要發生於 CdTe 層。

　　P-CdTe/N-CdS 的太陽電池之架構，可分爲基板型(substrate)及表板型(superstrate)兩種，在 superstrate 型態方面，是在玻璃基板上依序長透明氧化層(TCO)、CdS、CdTe 薄膜，而太陽光是由玻璃基板上方照射進入，先透過 TCO 層，再進入 CdS/CdTe 接面。而在 substrate 型態方面，是先在適當的基板上長上 CdTe 薄膜，再接著長 CdS 及 TCO 薄膜。其中以 superstrate 的效率最高。在 CdTe 太陽電池發展上的一個重大發現，是在 CdTe/CdS 結構上進行氯化鎘($CdCl_2$)處理，利用這樣的方法可以改善晶粒的結構大小，進而增加太陽電池效率，所以在 1993 年就已出現 15%的太陽電池，而現今最高的記錄已達到 16.5%了。預計未來的技術應可達到 19%的水準。

　　關於 CdTe 太陽電池的薄膜製造，目前已有多種可行的技術可被採用，例如：物理氣相沉積法(Physical vapour deposition, PVD)、密閉空間昇華法(Close-space sublimation, CSS)、氣相傳輸沉積法(Vapor transport deposition, VTD)、濺鍍法(sputtering deposition)、電解沈積法(Electrodeposition)、噴塗沉積法(Spray deposition)、有機金屬化學氣相沉積法(MOCVD)、網印沉積法(Screen-print deposition)等。各方法均有其利弊得失，其中電解沉積法是最便宜的方法之一，同時也是目前工業界所採用的主要方法，沉積操作時溫度較低，所耗用碲元素也最少。在玻璃基板的選用上，使用耐高溫($\sim$600℃)的硼玻璃作爲基板，轉換效率可達 16%，而使用不耐高溫但是成本較低的鈉玻璃做基板也可達到 12%的轉換效率。

　　在環保意識高漲的今日，鎘污染問題是發展 CdTe 薄膜太陽電池的一項隱憂，不過目前美國及德國業界已開始推行 CdTe 太陽電池回收及再生機制，此對未來 CdTe 太陽電池市場發展注入一股正面能量。美國的 First Solar 是碲化鎘薄膜太陽電池的龍頭大廠，近年來不斷提升過去被視爲低轉換效率的 CdTe 太陽電池，在 2015 年已宣布達到 21.5%的實驗室數據。並預計在 2017 年量產品可達 19.5%轉換率。

10.2 CdTe 的基本物理性質

在所有 II-VI 族化合物中，CdTe 具有最特別的性質，例如它具有最高的平均原子數、最低的熔點、最大的晶格參數及最大的離子性。圖 10.1 為 CdTe 的晶格結構，它具有 Zincblende 的結構，單位晶格常數為 6.481Å，而 CdTe 的鍵結長度為 2.806Å，所以它的密度為 5.3。圖 10.2 為 CdTe 的二元相圖，它的熔點為 1092℃(1365°K)。

CdTe 在室溫下的能隙大小為 1.45eV，而這能隙隨著溫度變化的溫度係數為 -1.7 meV/K。

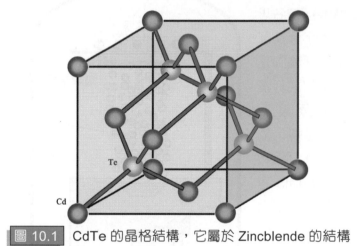

圖 10.1 CdTe 的晶格結構，它屬於 Zincblende 的結構

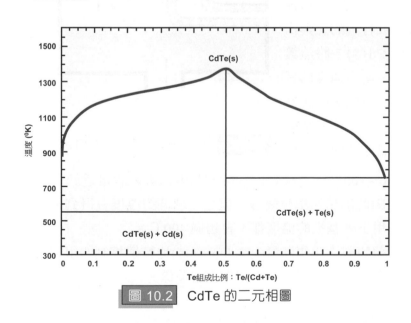

圖 10.2 CdTe 的二元相圖

10.3 CdTe 薄膜的製造技術

使用 CdTe 太陽電池的優點之一是，用來製造 CdTe 及 CdS 薄膜的技術相當多，而且大多適合大規模生產。本節將介紹一些比較常用的技術。

■ 10.3.1 物理氣相沉積法

物理氣相沉積法(Physical vapour deposition, PVD)，顧名思義是以物理機制來進行薄膜沉積的製程技術，所謂物理機制是物質的相變化現象，例如進行蒸鍍 (Evaporation) 時，蒸鍍源 (source materials)由固態轉化為氣態再進行沉積。圖 10.3 為利用 PVD 法進行 CdTe 或 CdS 薄膜沉積的示意圖，沉積反應是發生在一真空爐內($\sim 10^{-6}$ torr)，所使用的蒸鍍源可為直接的 CdTe 或 CdS 化合物，或各別的元素物質($Cd+Te_2$，或 $Cd+S$)。將蒸鍍源加熱到 800℃，使之揮發為氣相分子，而以約 1μm/min 的速率沉積在距離約 20 公分遠的基板上。通常基板的溫度要保持在相

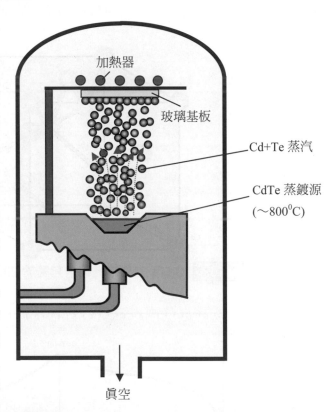

圖 10.3 利用 PVD 法進行 CdTe 或 CdS 薄膜的示意圖

加熱器
玻璃基板
Cd+Te 蒸汽
CdTe 蒸鍍源 ($\sim 800^0$C)
真空

對比較低的溫度(~ 100℃)，這樣 Cd 及 Te 的黏附係數才會接近於 1。越高的基板溫度，黏附係數越低，因此沉積速率也變慢。但是，越低的溫度會得到越小的多晶薄膜之晶粒。所以一般應用上，基板的溫度都不會超過 400℃。

沉積出來的薄膜層之化學計量(stoichiometry)比較難控制的很準確，這與每個元素的平衡蒸氣壓及蒸鍍源的化學計量有相當大的關係。

■ 10.3.2　密閉空間昇華法

密閉空間昇華法(Close-space sublimation, CSS)是目前被用來生產高效率 CdTe 薄膜最主要的方法。圖 10.4 顯示 CSS 方法的示意圖，在這方法中，蒸鍍源被置於一與基板同面積的容器內，基板與蒸鍍源之間的距離相當接近，而且兩者之間的溫度差異比較小，所以可以沉積出比較接近平衡狀態的 CdTe 薄膜。使用化學計量準確的蒸鍍源，也可得到化學計量準確的 CdTe 薄膜。因此，一般基板的溫度可以控制在 450～600℃之間，而高品質的薄膜可以在大於 1μm/min 的速率沉積下得到。

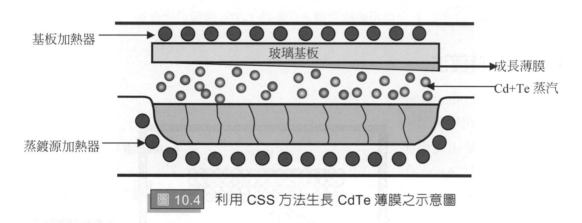

基板加熱器

玻璃基板

成長薄膜

Cd+Te 蒸汽

蒸鍍源加熱器

圖 10.4　利用 CSS 方法生長 CdTe 薄膜之示意圖

■ 10.3.3　氣相傳輸沉積法

圖 10.5 為利用氣相傳輸沉積法(Vapor transport deposition, VTD)來製造 CdTe 薄膜之示意圖。固態的 CdTe 原料放在容器內，因受熱而揮發出 Cd/Te 蒸汽，然後這些 Cd/Te 蒸汽會隨著傳輸氣體(N_2、Ar、He、O_2 等)而傳送到基板表面，過飽和的 Cd 與 Te 會凝縮而沉積在基板表面形成 CdTe 薄膜。利用 VTD 方法可以得到約與薄膜厚度相當的晶粒大小，而且沉積速率相當快。

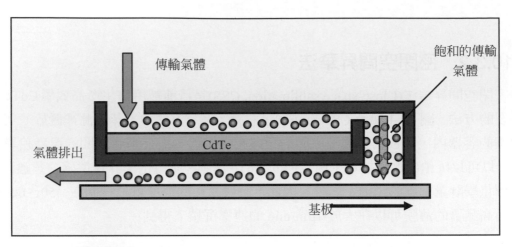

圖 10.5 利用氣相傳輸沉積法來製造 CdTe 薄膜之示意圖

■ 10.3.4 濺鍍法

所謂濺鍍法 (sputtering deposition)，乃是利用電漿中的高能離子(通常是由電場加速的正離子，例如：Ar^+)，在磁鐵產生的磁力線作用下，加速撞擊 CdTe 靶材表面。藉由動量轉換，將 CdTe 表面物質濺出，而後在基板上沉積而形成薄膜，如圖 10.6 所示。而電漿的產生方式有許多種，包括：DC 直流電漿、微波、射頻等。

通常沉積反應是發生在低於 300℃的基板上，而爐內壓力約在 10mtorr 左右。如果在 200℃沉積 2μm 的 CdTe 薄膜，所得到的晶粒大小約在 300nm 左右。

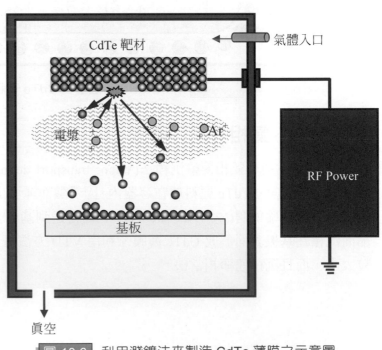

圖 10.6 利用濺鍍法來製造 CdTe 薄膜之示意圖

■ 10.3.5　電解沈積法

如圖 10.7 所示，電解沈積法(Electrodeposition)是將含有 Cd^{2+} 及 $HTeO_2^+$ 的電解液進行電化學還原反應，而得到 Cd 及 Te 並沉積而成 CdTe 薄膜。這樣的電解還原及沉積反應，可由以下三個化學反應式來表示。

$$HTeO_2^+ + 3H^+ + 4e^- \rightarrow Te^0 + 2H_2O, E_0 = +0.559 \text{ V}$$

$$Cd^{2+} + 2e^- \rightarrow Cd^0, E_0 = -0.403 \text{ V}$$

$$Te^0 + Cd^0 \rightarrow CdTe$$

利用控制電解液內部的 Cd 與 Te 含量，可以控制所生長出來的薄膜之化學計量組成。

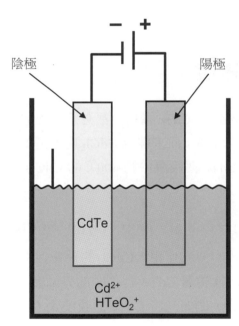

圖 10.7　利用電解沈積法來製造 CdTe 薄膜之示意圖

■ 10.3.6　噴塗沉積法

噴塗沉積法(Spray deposition)的做法，是先在室溫下將含有 CdTe、$CdCl_2$ 及丙二醇 (propylene glycol)的化學漿料噴塗在基板上，然後再經過幾道高溫熱處理及緻密化機械過程，而得到具有多孔性結構的 CdTe 薄膜。

■ 10.3.7　有機金屬化學氣相沉積法

有機金屬化學氣相沉積法(MOCVD)，是在低壓下使含有 Cd 及 Te 的有機金屬，例如：二甲基鎘(dimethylcadimum)及二異丙基碲(diisoprppyltellurium)，在反應爐中進行分解反應，並沉積在基板上得到 CdTe 薄膜。沉積速率與基板的溫度有關。

■ 10.3.8　網印沉積法

網印沉積法(Screen-print deposition)算是生產 CdTe 及 CdS 薄膜最簡單的方法，它是將含有 Cd、Te、$CdCl_2$ 及含有有機結合劑的金屬膏，通過一印刷板(screen)而印製到基板上，再經過乾燥過程去除有機溶劑後，接著加溫到 700℃ 左右做燒結反應，最後得到約 10～20μm 的再結晶化的 CdTe 薄膜。

10.4　$CdCl_2$ 處理

幾乎所有沉積技術所得到的 CdTe 薄膜，都必須再經過 $CdCl_2$ 的處理，才能得到結構比較完美、晶粒比較大的薄膜。而未經過 $CdCl_2$ 處理過的 CdTe 的太陽電池，僅能產生非常的小短路電流。將 CdTe 薄膜置於約 400℃ 的 $CdCl_2$ 環境之下，它會發生以下的反應：

$$CdTe(s) + CdCl_2(s) \rightarrow 2Cd(g) + Te(g) + Cl_2(g) \rightarrow CdTe(s) + CdCl_2(s)$$

因此，藉著區域性氣相的傳輸作用，$CdCl_2$ 的存在促進了 CdTe 的再結晶過程。不僅比較小的晶粒便消失了，連帶著 CdTe 與 CdS 的界面結構也變得比較有次序。$CdCl_2$ 的處理也有許多不同的方式，例如先將 CdTe 薄膜浸入 $CdCl_2$:CH_3OH 或 $CdCl_2$:H_2O 的溶液內，再乾燥得到 $CdCl_2$ 薄膜。

範例 10-1

請說明利用 $CdCl_2$ 對 CdTe 薄膜進行處理的目的何在？

解　CdTe 薄膜，都必須再經過 $CdCl_2$ 的處理，才能得到結構比較完美、晶粒比較大的薄膜。而未經過 $CdCl_2$ 處理過的 CdTe 的太陽電池，僅能產生非常的小短路電流。將 CdTe 薄膜置於約 400℃的 $CdCl_2$ 環境之下，它會發生以下的反應：

$$CdTe(s) + CdCl_2(s) \rightarrow 2Cd(g) + Te(g) + Cl_2(g) \rightarrow CdTe(s) + CdCl_2(s)$$

因此，藉著區域性氣相的傳輸作用，$CdCl_2$ 的存在促進了 CdTe 的再結晶過程。不僅比較小的晶粒便消失了，連帶著 CdTe 與 CdS 的界面結構也變得比較有次序。

10.5 CdTe 太陽電池之結構

幾乎所有的高效率 CdTe 太陽電池都是採用如圖 10.8 所示的表板型結構(superstrate) 結構。它是在玻璃基板上依序長上透明氧化層(TCO)、CdS、CdTe 薄膜，而太陽光是由玻璃基板上方照射進入，先透過 TCO 層，再進入 CdS/CdTe 接面。另外一種 substrate 型態的太陽電池，是先在適當的基板上長上 CdTe 薄膜，再接著長 CdS 及 TCO 薄膜。但是由於 substrate 型態的太陽電池的品質較差(例如：CdS/CdTe 的界面品質不佳、歐姆接觸性差等)，所以效率遠比不上 superstrate 結構的太陽電池。

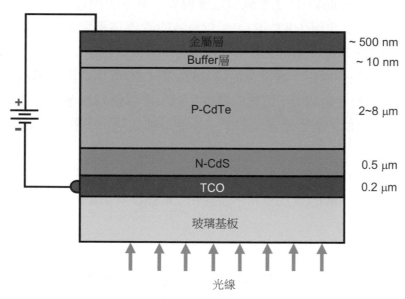

圖 10.8　基本的 CdTe 太陽電池結構(superstrate 型態)

1. 玻璃基板

在玻璃基板的選用上，使用耐高溫($\sim$600℃)的硼玻璃作為基板，轉換效率可達 16%，而使用不耐高溫但是成本較低的鈉玻璃做基板也可達到 12% 的轉換效率。一般玻璃基板的厚度約在 2-4mm 左右，它除了用來保護太陽電池的活化層(active layer)，使它不會受到外在環境的侵蝕外，也提供了整個太陽電池的機械強度。在玻璃基板的外層，有時也會鍍上一層抗反射層來增加對光線的吸收。

2. 透明氧化層

在 CdTe 太陽電池中所使用的透明導電氧化層(transparent conducting oxide, TCO)，通常是使用 SnO_2 或 In_2O_3:Sn (indium-tin oxide, ITO)，也有人採用 Cd_2SnO_4。它的作用是當成正面的電極接觸之用。

3. N-CdS 層

CdS 的能隙 E_g 在室溫約為 2.4eV，它不會吸收波長大於 515nm 的太陽光，所以在整個結構上它被視為「窗口層(window layer)」。為了讓整個太陽電池獲得最高的電流密度，CdS 必須相當薄(約 0.5μm)。然而因為 CdS 的多晶結構，容易造成過多的順向電流及區域分流(local shunting)。為了要減少這種現象，有人發現在 TCO 與 CdS 之間多加入一層高電阻的透明氧化層(HRT 層)，可以有效的改善這種問題。可以當成高電阻氧化層的材料為 SnO_2、In_2O_3、Ga_2O_3 及 Zn_2SnO_4 等。

CdTe 太陽電池的製作過程，通常會促進 CdTe 與 CdS 界面之間的擴散現象，而在界面處形成 $CdTe_{1-x}S_x$ 的合金成分。這樣的擴散反應，會導致 CdS 層的能隙的降低，使得其對光線的穿透性降低，而影響電池效率。不過這種效應，可利用 $CdCl_2$ 處理來降低。

另外一個可以降低 CdS 層的吸收的方式，是將 CdS 與 ZnS 混合，以增加能隙的大小。但這要配合使用 Cd_2SnO_4 的 TCO 層，及使用 Zn_2SnO 的 HRT 層，才能得到高效率的 CdTe 太陽電池。

4. P-CdTe 層

CdTe 層跟 CdS 一樣具有多晶的結構，但通常使用 P-型摻雜。它的能隙值為 1.45eV，正好位於理想太陽電池的能隙範圍之間。此外，CdTe 也具有很高的吸光係數，所以為吸收層(absorber layer)的最佳材料。由於 CdTe 的摻雜濃度比 CdS 層的摻雜濃度低，所以 P-N 接合的空乏區會位在 CdTe 層內。CdTe 層的厚度一般在 2-8μm 之間。

5. 背面電極接觸

背面電極通常是使用 Ag 或 Al，它提供 CdTe 電池的一個低電阻連結。但由於在 p-CdTe 上要形成好的歐姆接觸比較困難，所以在界面處無可避免的會出現 Schottky 二極體的整流效應。因為背面電極的高導電性，所以它的厚度通常要很薄才行。

大部份形成背面電極技術，都包括以下幾個步驟：

(a) 蝕刻 CdTe 表面，以產生 Te-riched 的表面狀態，因此在 CdTe 與金屬層之間產生 P^+ 的區域，這層 P^+ 區域可降低金屬與 CdTe 之間的能量障礙。

(b) 鍍上 Ag、Al 等金屬層。

(c) 在 150℃ 以上，做熱處理以促進歐姆接觸的形成。

10.6 CdTe 太陽電池模組

圖 10.9 為 CdTe 薄膜太陽電池之模組結構之示意圖，它是利用在同一基板上做電池與電池的串接，也就是所謂的「monolithic inerconnection」。因此 CdTe 薄膜太陽電池可以連續式的在一條生產線上製造出來，圖 10.10 顯示利用 monolithic inerconnection 的 CdTe 太陽電池模組之製造流程。

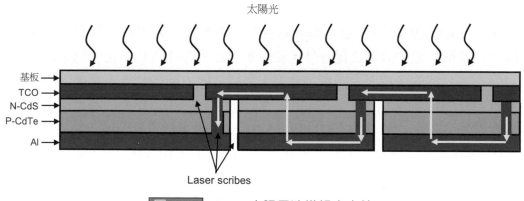

圖 10.9　CdTe 太陽電池模組之串接

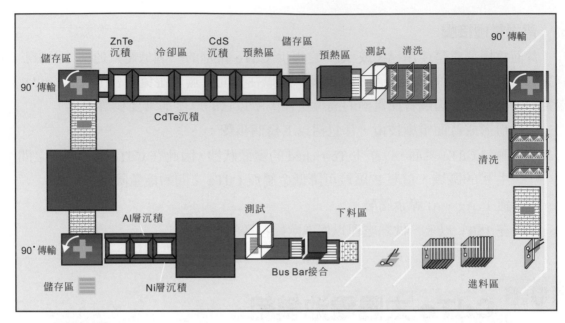

圖 10.10 利用 monolithic inerconnection 的 CdTe 太陽電池模組之製造流程

10.7 CdTe 太陽電池之未來發展

　　CdTe 太陽電池的推廣，必須仰賴電池效率的改善、成本的降低及模組的穩定性等。除了單接面電池的效率之提升外，使用多元合金的 II-VI 族化合物來改變能隙大小，以發展高效率的多接面太陽電池也是未來努力的方向。此外，發展連續式的模組生產製程及在同一基板上開發 monolithic 多接面模組，可以顯著的降低製造成本。使用三元化合物 $Cd_{1-x}Zn_xTe$，做成的 $CdS/Cd_{1-x}Zn_xTe$ 太陽電池也受到廣泛的研究。在 2015年，CdTe 太陽電池的量產轉換效率約在 16～18%左右，預計在 2017 年可超越 19%，並朝 23～25%的最終目標邁進。

　　由於 CdTe 太陽電池模組化生產容易，因此近年商業化的動作亦相當積極，CdTe/Glass 已應用於大面積屋頂建材。主要 CdTe 太陽電池廠商包括：First Solar、Antec Solar 等。近幾年來，CdTe 太陽電池的年產能增加非常的快速，目前已經達到年產 2.5GW 的規模，預計在 2023 年，可達年產 5.5GW 之規模。

習 題

10.1　請說明 CdTe 太陽電池的特性及優缺點。

10.2　請畫出 CdTe 的晶格結構，並說明其晶體特性。

10.3　請敘述如何利用物理氣相沉積法(PVD)，進行 CdTe 或 CdS 薄膜的沉積？

10.4　請敘述如何利用密閉空間昇華法(CSS)，進行 CdTe 薄膜的沉積？

10.5　請敘述如何利用氣相傳輸沉積法(VTD)，進行 CdTe 薄膜的沉積？

10.6　請敘述如何利用濺鍍法，進行 CdTe 薄膜的沉積？

10.7　請寫出利用電解沈積法來進行 CdTe 薄膜的沉積時，所包括的化學反應式。

10.8　請畫出 CdTe 太陽電池的基本結構，並說明每一層的成份與作用。

10.9　請藉由查尋網路資料，敘述你對 CdTe 太陽電池未來發展的看法。

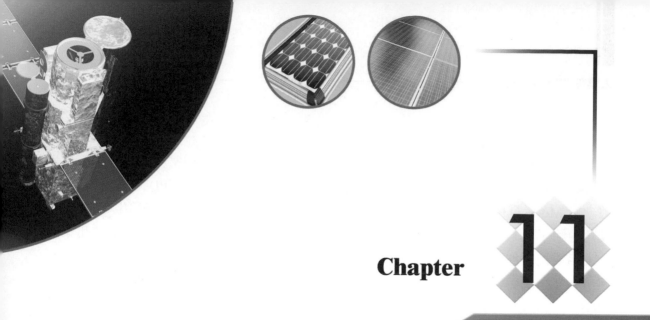

Chapter

11

銅銦鎵二硒太陽電池

11.1 前言

　　銅銦鎵二硒系列的太陽電池可分為兩類，一種是含銅銦硒的三元化合物(Copper Indium Diselenide，簡稱 CIS)，一種是含銅銦鎵硒的四元化合物(Copper Indium Gallium Diselenide，簡稱 CIGS)。這兩種材料的吸光範圍非常廣，而且在戶外環境下的穩定性也相當好。由於其具有高轉換效率及低材料製造成本，因此被視為未來最有發展潛力的薄膜太陽電池種類之一。在轉換效率方面，若利用聚光裝置的輔助，目前轉換效率已可達 30% 左右，而在標準環境測試下最高也已經可達到 21.7%的水準，足以媲美單晶矽太陽電池的最佳轉換效率。在大面積製程上，採用軟性塑膠基板的最佳轉換效率也已經達到 14.1%。除了適合用在大面積的地表用途外，$Cu(InGa)Se_2$ 太陽電池也具有抗輻射損傷之優點，可以在可撓式軟性基板上生產，所以也具有應用在太空領域之潛力。

　　CIS($CuInSe_2$)太陽電池的發展起源於 1970 年初期的貝爾實驗室，他們利用在 p^- 型的 $CuInSe_2$ 單晶片上沉積出 N-CdS，可達到 12%的轉換效率。而薄膜型的 CIS 太陽電池則在 Boeing 發展出 9.4%的效率之後才受到矚目。圖 11.1 顯示 CIS 及 CIGS 太陽電池結構之演進，雖然 CIS 及 CIGS 太陽電池的製造技術有許多不同的方式，但其結構是類似的。在現代的 CIGS 結構中，最底層爲基板(Substrate)，通常使用的材質有玻璃(Glass)、可撓性的金屬(如鋁合金箔、銅箔、不鏽鋼等)及 Polyimide (PI)等。基板上會濺鍍一層 Mo 背電極來幫助電傳導，往上一層爲 CIGS 光吸收層，再上一層爲半導體 CdS，其角色除了具有緩衝作用之外，也能幫助電子有效的傳導。而 I-ZnO 層主要是用來防止太陽電池在進行發電過程中，受到 Shunting 的因素使得元件的效能減少，再上一層爲 TCO(ZnO)爲透明導電層，此層除了作爲上電極之外，還須能讓光線順利通過到達 CIGS 光吸收層，最後會鍍上金屬鋁導線。

目前商業化的製程，主要是採用由 Shell solar(SSI)所開發出的一系列眞空程序，但這在硬體投資與製造成本上都比較昂貴。而實驗室研發上常用的同步蒸鍍製程(coevaporation process)，由於比較難大規模生產，所以商業化的可行性較低。最近，ISET 積極投入開發非眞空技術，嘗試利用奈米技術，以類似油墨製程(ink process)來製作 CIGS 太陽電池，據該公司報導，已獲初步成功，是否能發展成商業化製程，大家正拭目以待。另外，美國 NREL 亦成功開發一種三步驟製程(3-stage process)，在實驗室非常成功，獲得 19.2% 光電效率的太陽能電池。不過由於該製程相當複雜，成本也相當大，咸認放大不易。

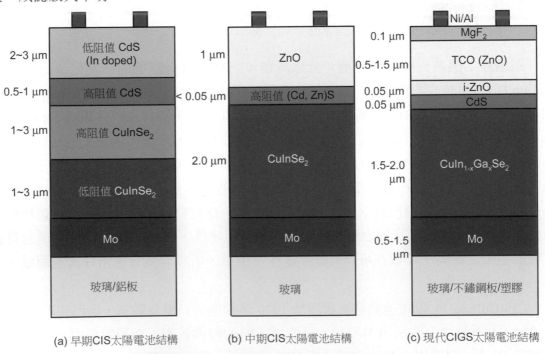

(a) 早期CIS太陽電池結構   (b) 中期CIS太陽電池結構   (c) 現代CIGS太陽電池結構

圖 11.1　CIS 及 CIGS 太陽電池結構之演進

綜合言之，CIGS 薄膜太陽能電池具有：高能量轉換效率、吸收範圍較廣及照射強度與角度彈性較大、可撓式、容易大面積化及低原料成本消耗等特點。但它也面臨三個主要的挑戰：(1)製程複雜，投資成本高；(2)關鍵原料的供應不足；(3)緩衝層 CdS 具潛在毒性。

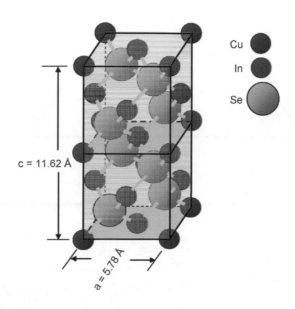

圖 11.2　$CuInSe_2$ 的正方晶系(tetragonal)單位晶格結構

11.2 材料特性

$CuInSe_2$(及 $CuGaSe_2$)在室溫下具有與黃銅礦(chacopyrite)一樣的正方晶系(tetragonal)結構，如圖 11.2 所示。它的晶格常數比 c/a 接近 2。但在 810℃ 以上則呈現立方的 Sphalerite 結構。圖 11.3(a)則顯示 Cu-In-Se 的三元相圖，$CuInSe_2$ 是位於 Cu_2Se 及 In_2Se_3 之間連接線上。圖 11.3(b)則是 Cu_2Se-In_2Se_3 連接線的詳細相圖，從圖中可看到 $CuInSe_2$ 是 Cu_2Se 及 In_2Se_3 的固溶體，它在相圖的位置相當狹窄，而因為薄膜的成長溫度都在 500℃ 以上，所以要有很精準的濃度組成的控制，才可得到單一的相。

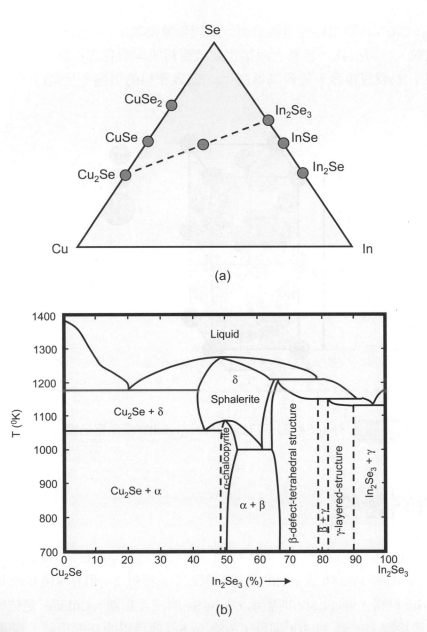

(a)

(b)

圖 11.3　(a)Cu-In-Se 的三元相圖，(b)Cu₂Se-In₂Se₃ 連接線的詳細相圖，圖中的α為 chacopyrite 結構的 CuInSe₂，γ為具有 sphalerite 的高溫相。

$CuInSe_2$ 則可以跟任何比例的 $CuGaSe_2$ 混合，形成 $CuIn_{1-x}Ga_xSe_2$ 的化合物。$CuIn_{1-x}Ga_xSe_2$ 的一個重要特點是它可以容許比較寬的組成變化，而不至於明顯的改變其光電特性，所以高效率CIGS太陽電池可以在 0.7～1.0 的 Cu/(In+Ga)比率下製造出來。

CuInSe$_2$ 的對光的吸收係數相當高(大於 10^5/cm)，所以僅 1μm 厚的材料就可吸收 99%以上的光子。CuInSe$_2$ 是個直接能隙的半導體材料，它在室溫的能隙值為 1.02eV，而對溫度變化的係數為-2×10^{-4}eV/K。至於 CuIn$_{1-x}$Ga$_x$Se$_2$ 的能隙大小可由下式計算出來，隨著銦鎵含量的不同，其能隙大小可以從 1.02eV 變化到 1.68eV，此項特性可以被利用在多接面模組上。

$$E_g = 1.02 + 0.626x - 0.167(1-x)$$

在電性上，富銅(Cu-rich)的 CuInSe$_2$ 總是具有 P-型特性，但富銦(In-rich)的 CuInSe$_2$ 薄膜可以是 P-型也可以是 N-型。如果在高壓的硒環境下做熱處理，N-型的薄膜可以轉為 P-型，如果在低壓的硒環境下做熱處理，P-型的薄膜則可以轉為 N-型。

圖 11.4 顯示在玻璃基板上依序長上 Mo、CIGS、CdS、ZnO 的 SEM 照片，通常 CIGS 的晶粒大小、形貌，與製造的技術及條件有很大的關係，但一般的大小都在 1μm 附近。可能出現在 CIGS 薄膜內的缺陷包括：差排(dislocations)、疊差(stacking faults)、及雙晶(twins)等。

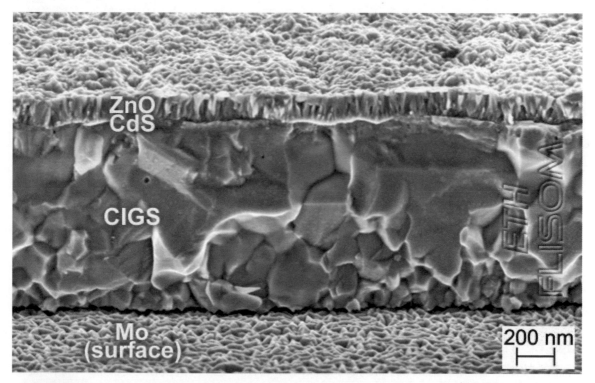

圖 11.4 　— CIGS 太陽電池結構之剖面 SEM 照片(本照片由 ETH Zurich 及 LISOM 提供)

範例 11-1

如果要將 $CuIn_{1-x}Ga_xSe_2$ 的能隙大小控制在 1.6eV，請問 $CuIn_{1-x}Ga_xSe_2$ 的實際化學組成應為何呢？

解

$$E_g = 1.02 + 0.626x - 0.167(1 - x)$$
$$1.6 = 1.02 + 0.626x - 0.165(1 - x)$$

所以，$x = 0.942$

實際的化學組成為 $CuIn_{0.58}Ga_{0.9426}Se_2$

11.3 CIGS 薄膜製造技術

可以用來製造 $Cu(InGa)Se_2$ 薄膜的技術有許多種類，但適合在商業化模組生產的技術，必須具有高沉積速率及低製造成本等優勢才行。而能夠在大面積的基板上，沉積出組成均勻的 $Cu(InGa)Se_2$ 薄膜才能確保較高的生產良率。一般 $Cu(InGa)Se_2$ 薄膜是在鍍有鉬的玻璃基板上成長出來的。在玻璃基板種類的選擇上，必須考慮到它的熱膨脹係數是否與 $Cu(InGa)Se_2$ 相似，這樣才不會導致薄膜內產生過大的應力。如果選用熱膨脹係數比較小的材料，例如硼矽酸鹽玻璃(borosilicate glass)，會導致 $Cu(InGa)Se_2$ 薄膜內因具有拉應力而產生孔洞或裂縫。如果選用熱膨脹係數比較大的材料，例如聚亞醯胺(polyimide)，會導致 $Cu(InGa)Se_2$ 薄膜內因具有壓應力而導致不佳的薄膜附著性。由於鈉基的玻璃(soda lime glass)具有與 $Cu(InGa)Se_2$ 相似的熱膨脹係數(9×10^{-6}/K)，所以是非常合適的材料。

鈉基的玻璃其最主要的一個效應是，鈉會擴散進入 $Cu(InGa)Se_2$ 薄膜內，而有助於產生較大的晶粒及較適合的結晶方向，亦即(112)方向。但是商業化的生產，比較傾向於採用可以控制鈉含量的製程，所以可以藉由引入能防止鈉擴散的氧化物層(SiO_x 或 Al_2O_3)來避免鈉的擴散，然後利用在 Mo 層上長一層含鈉的 precursor 層，便可以達到所需的效果。使用不鏽鋼或塑膠膜當基板的好處在於它具有輕盈及可塑性，可做成可撓性的太陽電池。

■ 11.3.1　同步蒸鍍法(Coevaporation)

　　目前最高效率的 CIGS 太陽電池是利用實驗室規模的同步蒸鍍法(Coevaporation)製造出來的。圖 11.5 為利用同步蒸鍍法生長 CIGS 薄膜之示意圖，在這樣的技術中使用到 4 個各別元素(Cu、In、Ga、Se)的蒸鍍源，所揮發出來的元素會沉積在一加熱的基板上，而反應形成 $CuIn_{1-x}Ga_xSe_2$ 薄膜。一般化合物的形成溫度在 400～500℃左右，而薄膜的沉積溫度約在 550℃左右為宜。每個蒸鍍源的溫度必須各別調整，以控制元素揮發出來的數量，進而控制所沉積出 $CuIn_{1-x}Ga_xSe_2$ 薄膜的化學計量組成。通常 Cu 靶的溫度在 1300～1400℃之間，In 靶的溫度在 1000～1100℃之間，Ga 靶的溫度在 1150～1250℃之間，Se 靶的溫度在 300～350℃之間。

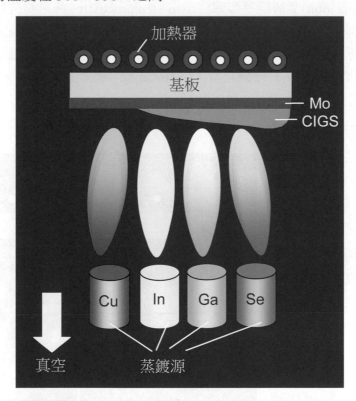

圖 11.5　利用同步蒸鍍法生長 CIGS 薄膜之示意圖

　　Cu、In、及 Ga 在基板上的黏附係數(sticking coefficient)相當高，所以利用 Cu、In、及 Ga 的原子流通量(atomic fluxes)，就可以控制薄膜之組成及成長速率。In 與 Ga 的相對組成比例決定了能隙的大小。Se 則具有相當高的蒸氣壓及較低的黏附係數，所以揮發出來的 Se 其原子流通量必須大於 Cu、In、及 Ga 的總量，過量的硒會從薄膜之表面脫附。如果 Se 的數量不足的話，便會導致 In 及 Ga 以 In_2Se 及 Ga_2Se 的型態損失掉。

利用雙層製程(Bilayer process)，可以產生更高品質結構的 CIGS 薄膜，這種作法是先蒸鍍 $2\mu m$ 的 Cu-rich CuIn$_{1-x}$Ga$_x$Se$_2$ 薄膜層，再蒸鍍 $1\mu m$ 的 In-rich CuIn$_{1-x}$Ga$_x$Se$_2$ 薄膜在其上，這樣的結構已成功的應用在太陽電池元件上。

利用同步蒸鍍法生長 CIGS 薄膜的主要優點，是它可以自由的控制薄膜的組成及能隙大小，所以可以製造出高效率的太陽電池。它的主要缺點是操作上的控制比較困難，因為 Cu 蒸鍍源的揮發量較不易控制。另一缺點則是缺乏可以大面積商業化生產的設備。

■ 11.3.2 硒化法(Selenization)

硒化法(Selenization)又稱為雙步驟法(two-step processing)，它是先將 Cu/In/Ga 濺鍍在基板上形成所謂的 precursor 薄膜，再使之於常壓下與氫化硒(H$_2$Se)發生反應，而產生 Cu(InGa)Se$_2$ 薄膜，如圖 11.6 所示。一般與氫化硒(H$_2$Se)的反應溫度約在 400～500 ℃之間，反應時間為 30～60 分鐘左右。Cu(InGa)Se$_2$ 薄膜生成的化學反應式可由下式表示：

$$2(InGa)Se + Cu_2Se + Se \rightarrow 2Cu(InGa)Se_2$$

利用硒化法生長 CIGS 薄膜的主要優點，在於它可以結合一些標準而成熟的技術先沉積出金屬薄膜，再利用高溫反應來縮短反應時間，因此是種具有較低生產成本的製程。它的主要缺點為，控制組成的自由度不高，所以難以變化能隙的大小。此外，它的薄膜黏著性較差，這是必須努力克服的一大課題，而氫化硒(H$_2$Se)有很高的毒性，在操作上必須格外小心。目前利用硒化法製造出來的 CIGS 太陽電池其效率已超過 16%。

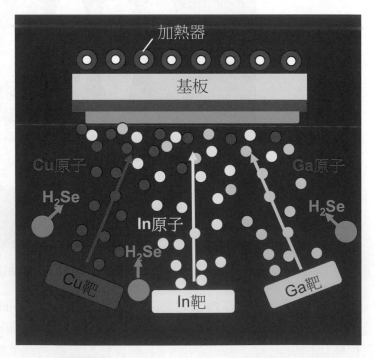

圖 11.6 利用硒化法生長 CIGS 薄膜之示意圖

11.4 CIGS 太陽電池之結構

圖 11.1(c)顯示現代化的 CIGS 太陽電池結構，本節將分別對結構上每一層薄膜之特性及作用，做簡單的介紹：

■ 11.4.1 背面電極(Back Contact)

CIGS 太陽電池的背面電極一般是採用金屬鉬(Mo)，這是因為 Mo 可以與 CIGS 薄膜之間形成良好的歐姆接觸，使得電流的傳遞損耗程度較小。此外，Mo 具有高度的光反射率，使得太陽光可以反覆的被主吸收層所吸收。Mo 薄膜通常是利用直流濺鍍法(DC sputtering)在基板上沉積出來。在沉積過程，必須小心控制壓力以控制薄膜內部的應力及避免出現不佳的附著情形。它的厚度是由模組設計上所需的電阻而決定的，1μm 厚的 Mo 薄膜大概具有 $0.1\sim0.2\Omega/\square$ 的片電阻(sheet resistance, Rs)。

在沉積 CIGS 薄膜的過程中，常常會有 $MoSe_2$ 在界面處形成。如果要降低 $MoSe_2$ 的形成，可以利用在低壓下先沉積出結構較緻密的 Mo 薄膜，以減低不必要的反應。

■ 11.4.2 吸收層(Absorber Layer)

P-型的 CIGS 或 CIS 薄膜作為吸收層。在吸收層的設計上，要考慮到以下幾點：

(1) CIGS 薄膜的製造，要容易得到單一相，且結晶品質要好。

(2) 必須可以與金屬層間具有良好的歐姆接觸及容易製造。

(3) 為了能有效的吸收太陽光，CIGS 層應具足夠的厚度，但厚度又必須小於載子的擴散長度，使被激發的載子可以被收集。

(4) CIGS 層具有多晶結構，因此晶界處的缺陷要少，以降低載子發生再結合的機率。

(5) CIGS 薄膜表面的平坦性要好，以促進良好的接面狀態，才不會影響到太陽電池的光電特性。

隨著銦鎵含量的不同，CIGS 的能隙大小可以從 1.02eV 變化到 1.68eV。製造富銦的薄膜(In-rich CIGS)，由於表面被空孔規則排列的 Chalcopyrite 化合物所覆蓋，因而可以改善太陽電池之效率，而在富銅(Cu-rich)的區域，因為有 $Cu_{2-x}Se$ 相的析出，而損壞了太陽電池的功能。有人使用 NaCN 或 KCN 溶液把 $Cu_{2-x}Se$ 從薄膜之表面或晶界移出，証明可以改良 Cu-rich CIGS 太陽電池之效率。CIGS 或 CIS 吸收層的厚度一般在 $1.5\sim2.0\mu m$ 左右。

■ 11.4.3 緩衝層(Buffer Layer)

在 CIGS 太陽電池中，最常用的緩衝層(Buffer Layer)材料為 N-CdS，它的主要目的在形成與 P-CIGS 薄膜之間的 P-N 接合。CdS 也是直接能隙的材料，在室溫的能隙大小為 2.42eV。CdS 與 CIGS 薄膜之間的晶格匹配性非常好，但隨著 CIGS 薄膜裡頭 Ga 含量的增加，晶格匹配性會降低。

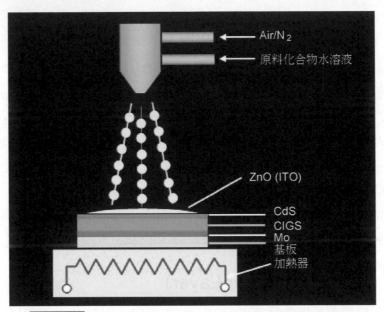

図 11.7 利用濺鍍法生長 ZnO 或 ITO 薄膜之示意圖

在 CIGS 薄膜上面長 CdS 薄膜，通常是採用化學槽水域法(Chemical bath Deposition，簡稱 CBD)。在作法上，是將覆蓋有 CIGS 薄膜的基板，浸入置有裝著 60-80 ℃之氯化鹽(例如：$CdCl_2$、$CdSO_4$、CdI_2、$Cd(CH_3COO)_2$ 等)、氨水(NH_3)及硫尿($SC(NH_2)_2$) 的水溶液中數分鐘，即可得到 CdS 薄膜，如圖 11.7 所示。它的化學反應式可表示為：

$$Cd(NH_3)_4^{2+} + SC(NH_2)_2 + 2OH^- \rightarrow CdS + H_2HCN + 4NH_3 + 2H_2O$$

CIGS 薄膜浸入化學槽中，它的表面會受到這些水溶液的蝕刻清洗作用，尤其是水溶液中的氨水(NH_3)可以去除 CIGS 薄膜表面的自然氧化層，因而促進 CdS 薄膜的生長狀態。

研究上也發現，如果採用 CdS-ZnS 的合金薄膜，會因為能隙的增加而提升 CIGS 太陽電池的效率，這是因為更多的光線可穿透緩衝層，而被 CIGS 吸收層所吸收之緣故。

　　然而，因爲鎘具有毒性，有對環境造成污染之虞，要避免使用到鎘的作法有二：(1)使用可以替代 CdS 的材料；(2)省略 CdS 層，而直接將 ZnO 層長在 CIGS 薄膜上。在替代材料的選擇上，有 ZnS、ZnSe、Zn(Se,OH)、In_xSe_y、In_2S_3、$ZnIn_xSe_y$ 等。

■ 11.4.4　透明導電氧化層(Transparent Conducting Oxide)

　　可以用來當成透明導電氧化層的材料有三種，包括 SnO_2、In_2O_3：Sn(簡稱爲 ITO)及 ZnO。其中 SnO_2 必須在比較高的溫度下沉積產生，這點限制了它應用在 CIGS 太陽電池上的可能性，這是因爲已覆蓋 CdS 的 CIGS 薄膜，無法承受 250℃ 以上的高溫。而 ITO 及 ZnO 兩者都可被應用在 CIGS 太陽電池上，其中 ZnO 最爲普遍被採用，這是因爲它的材料成本較低的原因。在 ZnO 中添加適當的 Al，也是頗爲常見的透明導電氧化層材料。

　　最常用的低溫 TCO 沉積技術爲濺鍍法(sputtering)，如圖 11.7 所示。在工業上，直流濺鍍法(DC sputtering)已很普遍的用在生長 ITO 薄膜，但應用在生長 ZnO 薄膜上還有待進一步開發與改良。通常 ZnO:Al 的薄膜可以利用射頻磁控濺鍍法(RF magnetron Sputtering)及反應式直流濺鍍法(Reactive DC sputtering)來製造。此外，也有人採用 CVD 或 ALCVD (Atomic Layer Chemical Vapor Deposition)來沉積 ZnO 薄膜。

　　TCO 層的片電阻(R_s)之大小，與太陽電池及模組的設計有關。一般小面積的太陽電池大概需要 20～30Ω/口的片電阻，而模組大概需要 5～10Ω/口的片電阻。然而，如前面提到的，片電阻也與 TCO 層的厚度有關。

　　如圖 11.1(b)、(c)所示，一般在長 TCO 層之前，都會先長一層高阻值的 ZnO 來當成緩衝層。這層高阻值的 ZnO 緩衝層其電阻值約在 1～100Ω-cm 之間，它的厚度約爲 0.05μm 左右，而 TCO 層的電阻值約在 10^{-4}～10^{-3}Ω-cm 之間。ZnO 緩衝層的存在有助於提高太陽電池的效率。

■ 11.4.5　正面金屬電極

如圖 11.1 所示，在 TCO 層的上方還有金屬電極，它的形狀通常是網格狀的(grid)，而且金屬電極所佔的面積要越小越好，這樣才可允許較多的光線進入太陽電池內。金屬電極的材料通常為 Ni 及 Al，在作法上，是先在 TCO 層上方鍍數十奈米寬的 Ni，以避免形成高電阻的金屬氧化物，接著再鍍上數微米寬的 Al。

範例 11-2

請問為何 CIGS 太陽電池的背面電極大多是採用鉬呢？

解　因為 Mo 可以與 CIGS 薄膜之間形成良好的歐姆接觸，使得電流的傳遞損耗程度比較小。此外，Mo 具有高度的光反射率，使得太陽光可以反覆的被主吸收層所吸收。

11.5　CIGS 太陽電池模組

薄膜太陽電池之所以在製造成本可以比結晶矽太陽電池更低廉的原因之一，是由於薄膜太陽電池可以在同一基板上做電池與電池的串接，也就是所謂的「monolithic inerconnection」。這使得薄膜太陽電池可以連續式的在一條生產線上製造出來，圖 11.8 顯示利用 monolithic inerconnection 的 CIGS 太陽電池模組之製造流程。

使用可撓性(flexible)的基板具有相當高的吸引力，因為它可以製造出重量輕盈的可撓性 CIGS 或 CIS 太陽電池，如圖 11.9 所示。它的另一優勢是可以利用 roll-to-roll 的製程來生產，如圖 11.10 所示。所使用的基板材料，可為不鏽鋼箔、軟性塑膠等。

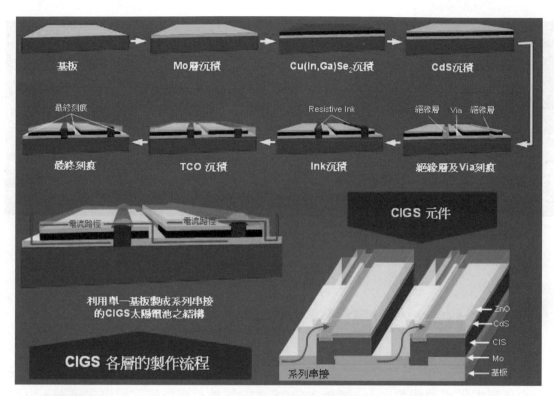

基板 → Mo層沉積 → Cu(In,Ga)Se$_2$沉積 → CdS沉積

最終刻痕 · TCO 沉積 · Ink沉積 (Resistive Ink) · 絕緣層及Via刻痕 (絕緣層 Via 絕緣層)

電流路徑　電流路徑

利用單一基板製成系列串接
的CIGS太陽電池之結構

CIGS 各層的製作流程

CIGS 元件

系列串接 — ZnO, CdS, CIS, Mo, 基板

圖 11.8 利用 monolithic inerconnection 的 CIGS 太陽電池模組之製造流程

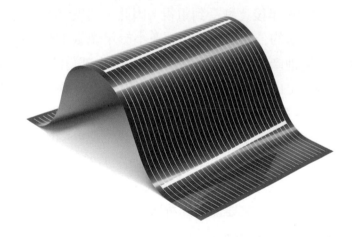

圖 11.9 一可撓式 CIGS 薄膜太陽電池
(本照片取自 http://www.r-expo.jp/wsew2015/exhiSearch/FC/jp
/search_detail.php?id=21470)

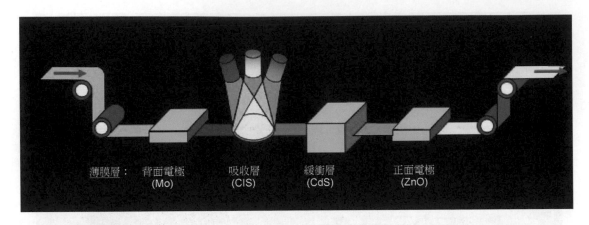

| 薄膜層： | 背面電極
(Mo) | 吸收層
(CIS) | 緩衝層
(CdS) | 正面電極
(ZnO) |

圖 11.10 利用 roll-to-roll 製程製造可撓式 CIS 薄膜太陽電池之示意圖

11.6 CIGS 太陽電池的未來發展

CIGS 太陽電池因為具有高轉換效率及低材料製造成本，因此被視為未來最有發展潛力的薄膜太陽電池種類之一。此外，CIGS 太陽電池具有抗輻射損傷之優點，也可以在可撓式的軟性基板上生產，所以也具有應用在太空領域之潛力。CIGS 太陽電池在經過了 30 年的發展，在 2008 年後逐漸受到重視。因此，前幾年全球約有 40 多家公司投入在 CIGS 產業，但大部份的公司的規模都還在小於年產量 100MW 的階段。

近年來 CIGS 太陽電池產業卻面臨很嚴峻的考驗，大部份的公司面臨關廠及被併購的命運，其中原因主要是 CIGS 太陽電池遲遲未達到經濟規模、成本也無法大幅壓低，即遭逢矽晶太陽能電池業者急速擴產，導致市場陷入供過於求的窘境，不僅矽晶太陽能電池價格慘跌，連帶牽累 CIGS 薄膜太陽電池市場之成長。但這不代表是 CIGS 薄膜太陽電池的末日，例如，全球薄膜太陽電池領域僅次於第一太陽能(First Solar)的日廠太陽先鋒(Solar Frontier)，仍然計劃積極擴充 CIGS 太陽電池的產能及市場規模。

在 CIGS 的技術發展上，未來要面對的挑戰包括：

1. **如何提高電池使用上的穩定性**

由於 CIGS 太陽電池模組容易因受潮而受損，所以有很多研發重點放在開發可以保護 ZnO 的材料，或者開發可以直接取代 ZnO 來當 TCO 層的材料。由於擔心防水問題，這是過去很多廠商選擇使用玻璃當基板的主因。也因此當使用高分子(polymer)作為基板所製成的可撓式 CIGS 太陽電池，使用者要顧慮的可能就在於它的使用壽命上。目前 3M 及 DuPont 也在研發更具防水性的高分子基板。

2.　如何改善 CIGS 薄膜的沉積

跟 Si 或 CdTe 太陽電池模組相比，CIGS 薄膜太陽電池模組使用到更多的材料。要將這些不同材料的薄膜沉積在基板上達到一定的厚度，並非一件容易的事。如何在薄膜沉積過程中控制及減少可能出現的缺陷，是品質控管上的一大挑戰。有些公司目前正在研發可以於薄膜沉積過程中，快速偵測出問題的設備。

3.　如何改良轉換效率

在 2010 年已經有德國的研究單位生產出高達 20.3% 轉換效率的太陽電池，而有公司(例如：MiaSole)已經證明了在模組上達到 16% 的轉換效率的能力。但大部份的廠商在量產上，都還未能達到這樣的轉換效率(亦即低於 16%)，因此持續研發改善轉換效率仍是未來 CIGS 太陽電池產業的一大課題。

習題

11.1　請說明 CIGS 太陽電池的特性及優缺點。

11.2　如果要將 $CuIn_{1-x}Ga_xSe_2$ 的能隙大小控制在 1.5eV，請問 $CuIn_{1-x}Ga_xSe_2$ 的實際化學組成應為何呢？

11.3　在沉積 CIGS 薄膜時，使用鈉基的玻璃當基板有何優點？

11.4　請說明如何利用同步蒸鍍法生長 CIGS 薄膜及其優缺點。

11.5　請說明如何利用硒化法(Selenization)法生長 CIGS 薄膜，及其優缺點？

11.6　請說明 CIGS 太陽電池的結構與發電原理。

11.7　請說明 CIGS 太陽電池的吸收層在設計上，有哪些需要考慮的地方？

11.8　請說明化學槽水域法在 CIGS 太陽電池長 CdS 薄膜的作法。

11.9　請說明可以用來當成透明導電氧化層的材料有哪？

11.10　藉由查尋網路資料，敘述你對 CIGS 太陽電池未來發展的看法。

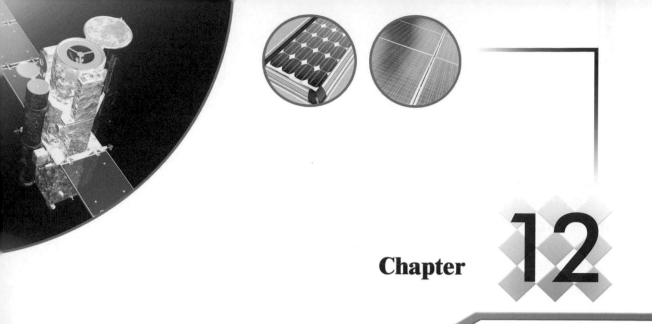

Chapter

12

染料敏化太陽電池

　　除了矽、III-V族、CdTe及CIGS這類的半導體太陽電池之外,利用光電化學反應所製造的太陽電池在過去幾十年內也受到廣大的研究。這類太陽電池的組成包括有光導電極(photoelectrode)、氧化還原電解質(redox electrolyte)及催化用之輔助電極(counter electrode)等。而Si、GaAs、InP、CdS之類的半導體都可被用來當成光導電極的材料,在使用適當的電解質之下,甚至可達到10%左右的轉換效率。但是,在光線照射之下,這些材料的光導電極在電解質溶液內常發生腐蝕現象,而導致不佳的電池穩定性。因此,發展更穩定的光電化學太陽電池,一直是全球努力的目標。

　　許多氧化物(例如:TiO_2、ZnO、SnO_2等),在電解質溶液內都具有非常好的穩定性。但是這些氧化物的能隙都很寬,所以僅能吸收紫外線,而無法吸收可見光。直到1991年,瑞士科學家Gratzel採用多孔奈米結構的TiO_2電極材料,並在其上塗適當的有機染料光敏化劑(photosenitizer),而達到可以有效吸收可見光的效果,也成功製作出7.1%的太陽電池。這樣的太陽電池被稱為「染料敏化太陽電池(Dye-sensitized Solar Cell,DSSC)」。由於它的製程簡單,可以在一般的環境之下以低成本製造出來,使得這項技術廣受世人的關注。此項結合奈米結構電極與染料,而成功地創造出高效率電子轉移接面的技術,跳脫了傳統的固態材料接面設計,可說是第三代的太陽電池。目前全世界有多家公司已得到 Gratzel 的授權，其中包括：Toyota/IMRA、 Sustainable Technology International (STI)等著名公司。

　　染料敏化太陽電池的基本架構，是由透明導電基板、多孔奈米晶體二氧化鈦薄膜、染料光敏化劑、電解質溶液和透明輔助電極所組成。其工作原理是以染料分子做爲吸光的主要材料，它在吸收到太陽光時，電子被激發到高能階層。但激發態是一個不穩定狀態，所以電子必須以最快的速度傳輸到緊鄰的 TiO_2 導電層內，同時染料分子所失去的電子，也能在第一時間從電解質中得到回饋。在 TiO_2 導帶中的電子，最終經由電極而傳送到外部迴路而產生光電流作用。

　　染料敏化太陽電池的結構一般有兩種，一種具有三明治結構，上下均爲玻璃，玻璃上鍍有一層 TCO。兩個玻璃的中間，包括含有染料的二氧化鈦，以及溶有電解質的有機溶液。另外一種是 Gratzel 於 1996 年所發展出的三層式 monolithic 結構，它採用碳電極取代一層 TCO 電極，而各層的製作可直接沉積在另一層 TCO 上。玻璃並非唯一的基板材料，其他具可撓性的透明材料亦可使用，因此 roll-to-roll 的製程亦可應用於此類型電池之製作上。

　　染料敏化太陽電池由於製程簡單，不用投入昂貴設備及無塵室廠房等設施，再加上材料成本便宜，同時具備可撓性、多彩性與可透光性等特性，應用範圍廣泛，因此這幾年染料敏化太陽電池的研究發展相當熱絡。它因爲具有半透明的特性，因此適合使用在建築方面，例如適用於玻璃帷幕大樓的建築窗材，可以同時提供遮陽、絕熱及發電的功能，而達到建築物節能效益。此外，染料敏化太陽電池在一般室內光線即可充電，因此可成爲 3C 產品電池的輔助商品，適用於可攜式電子產品，如：電子計算機、手錶、電子字典、手機等用電量較小的產品。它未來可能應用在手機上或做成可摺疊的外接式裝置或結合紡織品採用衣物塗佈方式作爲隨身發電使用，市場商機潛力不小。不過，若想要擴大在商業競爭力的話，它尚需時間來觀察產品的耐久性問題，而且整體電池模組的基礎研究、產品規格及品質之確立，還需進一步加強才行。

　　其最近的技術突破，是採用鈣鈦礦材料（Perovskites）來製備的染料敏化太陽電池，它被「自然」期刊選爲 2013 年的十大科技突破之一。日本桐蔭橫濱大學宮坂力團隊，首先於 2009 年將 $CH_3NH_3PbI_3$ 鈣鈦礦(perovskite)材料用於染料敏化太陽電池的結構中，以 $CH_3NH_3PbI_3$ 取代染料分子，搭配二氧化鈦及液態電解質，使得轉換效率可達 3.8%，不過當時電解液與鈣鈦礦之反應速度過快，使得生命週期短無法有效且穩定的製作。洛杉磯大學楊陽(Yang Yang)教授團隊於 2014 年以眞空輔助製程(Vapor-Assisted Deposition)方式製作出比濕式製程更加均勻的鈣鈦礦結構層，其鈣鈦礦層表面粗糙度約 23.2 奈米，轉換效率可達 19.3%。不過鈣鈦礦太陽電池仍在實驗室階段，但已成爲現今學術界及業界所重視之新興材料。鈣鈦礦是一種陶瓷氧化物，其分子通式爲 ABX_3。此類氧化物結構最早被發現於鈣鈦礦石中，因其成分爲鈦酸鈣($CaTiO_3$)而得名。它具有很大的吸光係數（absorption coefficient）以及高度的電荷載子遷移率(charge carrier mobility)。所做出的太陽電池理論轉化效率高達 46%，為結晶矽太陽能電池的兩倍，故引起全世界的矚目。

12.2 染料敏化太陽電池的基本結構

圖 12.1 顯示染料敏化太陽電池的基本結構，它的結構如下：

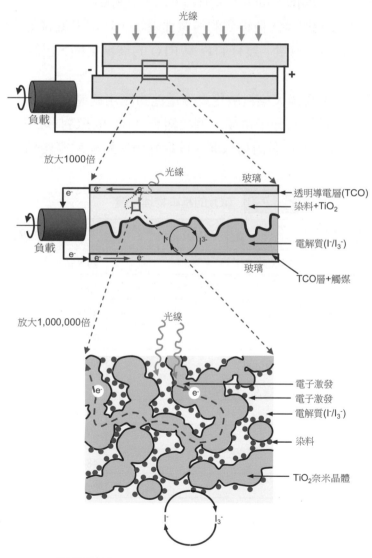

圖 12.1　染料敏化太陽電池基本結構之示意圖

■ 12.2.1 玻璃基板

　　一般的染料敏化太陽電池的基板都是使用玻璃，在玻璃上會鍍上一層透明導電層(Transparent conducting oxide, TCO)。爲了達到較高的效率，玻璃基板的透明度要好，而且片電阻要小。由於 TiO_2 的燒結溫度約在 450-500℃ 之間，所以玻璃基板的片電阻要能不隨溫度變化。氧化銦錫(indium tin oxide, ITO)是很常見的 TCO 材料，它在室溫的電阻很低，但電阻會明顯的隨著溫度而增加。所以，在染料敏化太陽電池的應用上，反而是摻雜氟的氧化錫(F-doped SnO_2，又稱爲 FTO)比較適合。

　　當 TCO 薄膜的厚度越厚時，所得到的導電性越好，片電阻就越低。但相對的，越厚的導電膜會減少光線的入射量。鍍有 ITO 或 FTO 的玻璃電極，已經是商品化而取得容易了。

　　近來，爲了降低成本及擴大染料敏化太陽電池的應用範圍，許多人在研發使用可撓性的高分子電極。這類的高分子電極，例如鍍有 ITO 的聚對苯二甲酸乙烯酯(poly ethylene terephthalate, PET)，具有價格低廉、重量輕巧、耐衝擊等優點，所以具有很大的吸引力。

表 12.1　TiO_2 的基本物理性質

TiO_2 物理性質	金紅石(rutile)	銳鈦礦(anatase)
分子量(g/mol)	79.866	79.866
密度(cm^3/g)	4.25	3.89
晶格常數,a (Å)	4.594	3.785
晶格常數,a (Å)	2.962	9.514
晶體結構	tetragonal	tetragonal
能隙(對應 UV 光波長)	3.0eV (～410nm)	3.2eV (～385nm)
硬度(Mohs)	6-7	5.5-6
折射率–空氣	2.7	2.55
介電常數(粉末態)	114	48
比熱(kl/℃ kg)	0.7	0.7
熔點(℃)	1855	converts to rutile

■ 12.2.2 TiO₂ 光導電極

如果使用 Si、GaAs、InP、CdS 之類的半導體來當成光導電極的材料，在光線照射之下，這些材料的光導電極在電解質溶液內常發生腐蝕現象。而許多氧化物(例如：TiO_2、ZnO、SnO_2 等)，在電解質溶液內都具有非常好的穩定性，其中以 TiO_2 的效果最好。

TiO_2 為具有寬能隙的半導體材料($E_g\sim3.2eV$)，它也不具毒性，而且價格低廉、製作取得容易。鈦(Ti)是地殼中含量第 4 多的元素，在自然界中多以 TiO_2 的型態存在，而其結晶型態又分為金紅石(rutile)、銳鈦礦(anatase)及板鈦礦(brookite)三種。其中，前二者最常見。表 12.1 顯示 TiO_2 的一些基本物理性質。長在 TCO-玻璃基板上的 TiO_2 薄膜，以銳鈦礦(anatase)的晶體結構最合適，因為它的粒徑較小，可以產生高表面積比率的 TiO_2 粉末，較有利於製造多孔性薄膜電極時，表現出高光電轉換效率的特性。TiO_2 薄膜的多孔性的結構，是由許多奈米等級的 TiO_2 晶體及孔洞所構成。這些多孔性的薄膜，提供了相當大的表面積來支撐光敏化劑(sensitizer)，而且提供了電流的傳導路徑。

多孔性 TiO_2 薄膜塗佈在導電玻璃表面時，薄膜的厚度通常是數微米到數十微米。在商業應用上，TiO_2 薄膜必須具有以下五種特性：(1)多孔性、(2)高表面積比率、(3)高導電性、(4)透明化、(5)高穩定性等。

TiO_2 薄膜塗佈的技術有許多種，包括：旋轉塗佈(spin coating)、浸漬法(dip coating)、電鍍法(electrophoresis)、網印法(screen printing)等。其中，以網印法最普遍被應用在商業化的生產上。TiO_2 薄膜塗佈的基本作法是將含有 TiO_2 的膠狀或膏狀溶液，塗在 TCO 導電玻璃基板上，然後在 450-500°C 的溫度下進行燒結反應，產生十微米左右的 TiO_2 薄膜。由於薄膜是由 TiO_2 奈米級(10-30nm)的微粒構成的，所以產生了多孔性的結構(如圖 12.2 所示)。添加一些適當的高分子添加物到膠狀或膏狀溶液內，有助於控制孔洞比率到合適的範圍(50-70%)，這些高分子添加物包括：聚乙烯乙二醇(polyethylene glycol, 簡稱 PEG)、乙基纖維素(ethyl cellulose, 簡稱 EC)等。

除了塗佈的方式外，也有人利用濺鍍法(sputtering)發展出柱狀的 TiO_2 奈米結構。它的方式是先濺鍍一層鋁膜並對其做陽極處理，而蝕刻出陣列結構排列的孔洞，然後以多孔鋁膜作為填充的模板，再將 TiO_2 填入孔洞並移除模板，而得到垂直正交的奈米管、奈米柱。它具有高表面積比、高活性、高穿透率等優點，但較複雜的製備過程較不利於商業化的應用。

此外，如何進一步改進 TiO_2 薄膜的性質也廣被研究，例如有人藉由添加碳奈米管(carbon nanotube, CNT)到 TiO_2 薄膜上以增加光電流的獲得。也有人在 TiO_2 的表面先鍍上具有較小導帶的氧化物(例如：Nb_2O_5 或 $SrTiO_3$)，以降低載子再結合的機率，因此有效的降低暗電流(dark current)，並提升染料敏化太陽電池的效率。

除了選用 TiO_2 電極外，許多的氧化物電極也受到廣泛的研究，其中包括：ZnO、SnO_2、Nb_2O_5、In_2O_3、$SrTiO_3$ 及 NiO 等。但到目前為止，尚未發現效率比 TiO_2 好的氧化物。

圖 12.2 TiO_2 薄膜之奈米多孔性結構之 SEM 相片

■ 12.2.3 染料光敏化劑(Dye-Photosenitizer)

前面提過 TiO_2 是個高能隙的半導體材料，只有波長低於 388nm 的紫外光才足以將電子由 TiO_2 的價帶激發到導電，但紫外光僅佔太陽光能的 6%而已。而染料(dye)能夠幫助 TiO_2 的吸收波長擴大到可見光區，因此它是扮演著光敏化劑(photosenitizer)的角色。染料可以藉由吸收可見光，而激發電子並傳送到 TiO_2 電極，同時它會接受來自電解質的電子，而達到一種回饋平衡作用。

適合用在染料敏化太陽電池的染料，必須具備以下的特性：

1. 對可見光有良好的吸收率。

2. 可以緊密附著在 TiO_2 的表面，而不易脫落，所以色素的分子母體上，必須要含有易與奈米半導體表面結合的基團(例如：$-COOH$、$-SO_3H$、$-PO_3H_2$ 等)。例如羧基($-COOH$)，會增加 TiO_2 導電 3d 軌道與色素染料π軌道電子之耦合，使電子移轉更容易。

3. 染料的氧化態(S^+)及激發態($S*$)要具有高穩定性與活性。

4. 激發態的壽命要足夠長，而且必須具有很高的電子、電洞傳輸速率。

5. 具有足夠的激發態之氧化還原電位，以確保激發態的電子可以順利傳輸到 TiO_2 電極內。

6. 在氧化還原過程中，要有相對低的勢位，以便在減少電子移轉過程中的自由能損失。

應用在染料敏化太陽電池的染料中，以 Gratzel 研究團隊所發展出來的釕-配基錯合物(Ru-bipyridine complex)最普遍被採用，也是目前最有效的染料。這是因為它可以吸收很寬的太陽光譜、優良的光電化學性質及穩定性高的氧化態等優點。使用 Ru 錯合物的染料敏化太陽電池，可以接受 10^8 次以上的氧化還原反應，所以耐久性佳，使得這類的太陽電池效率可以提昇到 10%以上。圖 12.3 為三種 Ru-bipyridine 錯合物的分子結構。圖 12.4 為各種 Ru 染料對不同太陽光波長的光電轉換效率之比較，N3 及 Black 兩種型態的 Ru 染料對光線的吸收範圍很廣且光電轉換效率也非常好。以 N3 染料而言，它的羧基(-COOH)可與 TiO_2 表面形成穩定的鍵結，而其 NCS 鍵可以促進對可見光的吸收。N3 染料對可見光最大的吸收峰是發生在波長 540nm，而吸收波長可延伸到 750cm 左右。而 Black 染料，甚至可將整個對太陽光的吸收範圍由可見光區延伸到近紅外線區(920nm)。

除了 N3 及 Black 染料之外，尚有許多使用其它配體(ligand)的 Ru-bipyridine 被發展及應用在染料敏化太陽電池的研究上，但整體的表現似乎都比不上 N3 及 Black 染料。圖 12.5 顯示一些可以用在 Ru 錯合物的配體。除了釕(Ru)被用來當錯合物之中心外，也有人研究使用其它金屬之錯合物，其中包括：Fe-錯合物、Os-錯合物、Re-錯合物、及 Pt-錯合物等，但目前尚未發現有比 Ru-錯合物更合適的。

　　一些有機染料(organic dyes)也被使用在染料敏化太陽電池的研究上，這些有機染料在可見光區具有比較陡峭的吸收光譜，雖然在 400-500nm 波長範圍光電轉換效率高，但所製成的有機 DSSC 太陽電池其效率還是偏低(<2.5%)。此外，一些自然的染料，例如葉綠素(chlorophyll)、紫質衍生物(porphyrin)、汞紅(merbromin)等也都是可當成光敏化劑的選擇之一。

　　綜觀來說，染料在 DSSC 太陽電池中所扮演的角色，就類似於樹葉上的葉綠素，它負責吸收入射的太陽光，並利用所吸收的光能來促進電子的移轉反應。圖 12.6 為植物行光合作用原理之示意圖，它是將外在環境的水及二氧化碳吸收，並轉化成碳水化合物(如 Glucose)及氧氣，所以與染料敏化太陽電池的工作原理極為類似。

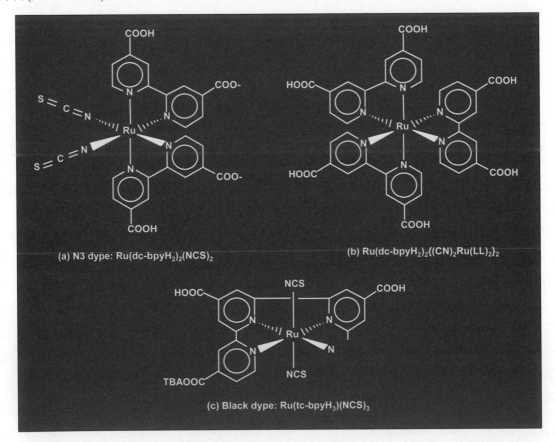

(a) N3 dype: Ru(dc-bpyH$_2$)$_2$(NCS)$_2$

(b) Ru(dc-bpyH$_2$)$_2${(CN)$_2$Ru(LL)$_2$}$_2$

(c) Black dype: Ru(tc-bpyH$_3$)(NCS)$_3$

圖 12.3　三種 Ru--bipyridine 錯合體的分子結構，圖中的 TBA 是 tetrabutylammonium cation，(C$_4$H$_9$)$_4$N$^+$

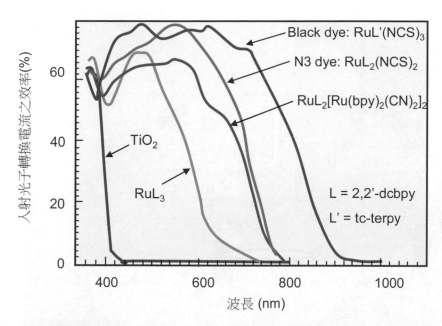

圖 12.4　各種 Ru 染料對不同太陽光波長的光電轉換效率之比較

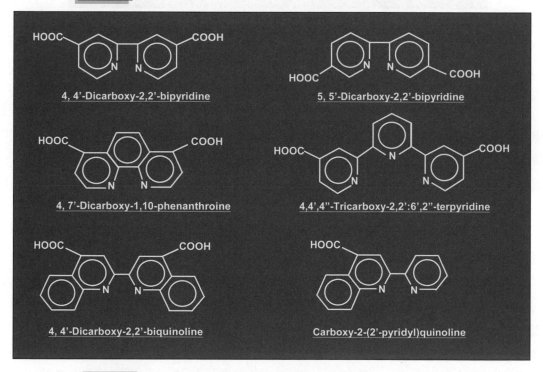

圖 12.5　一些可用來製成釕錯合體光敏化劑之配體之分子結構

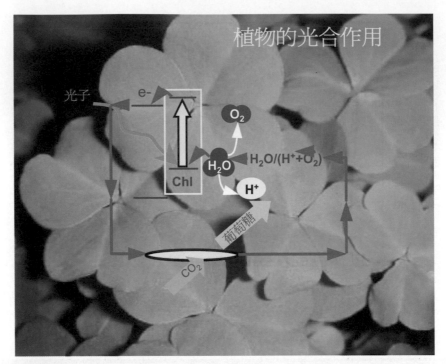

圖 12.6　綠色植物之光合作用原理非常類似染料敏化太陽電池之原理

■ 12.2.4　電解質(Electrolyte)

　　電解質的氧化還原反應(redox couple)，對整個染料敏化太陽電池的穩定操作有著很重要的影響，因為它必須在光電極與輔助電極之間提供電荷，以利中性染料狀態的重新產生。當染料在吸收光線而釋放電子至電極之後，電解質必須能儘速的提供電子，將處於氧化態的染料還原至中性態。因此，電解質的選擇，必須考慮到其氧化還原的位勢(potential)，它必須是適合重新產生染料狀態的。它的氧化還原反應必須是可逆性的，而且不能對可見光有明顯的吸收。此外，與電解質搭配的有機溶劑，必須要能允許電荷在其中快速的擴散，而且也不會使得染料由 TiO_2 表面脫落。

　　在染料敏化太陽電池中，最常被使用的是 I^-/I_3^- 之間的氧化還原反應，這是因為他們的電化學位勢非常適合重新還原處於氧化態的染料，而且提供最佳的 DSSC 動力學性質。但是碘錯離子(I_3^-)具有顏色，在可見光區有一定的吸收帶，因此高濃度的 I_3^- 可能會吸走一些入射光。此外，它可能會與激發態的電子發生反應，所以增加 I_3 離子濃度會導致暗電流(dark current)的增加及降低太陽電池的效率。所以，I^-/I_3^- 的濃度比率必須要最佳化，才能達到理想化的整體效率表現。

電解質的選擇有鋰化碘(LiI)、鈉化碘(NaI)、鉀化碘(KI)、teraalkylammonium iodide (R$_4$NI)、imidazolium-derivative iodides、tertabutylammonium iodide、I$_2$ 等。而一般的電解質都須要搭配著不含蛋白質的高極性有機溶劑一起使用，其中可選擇的有機溶劑包括：乙烯碳酸鹽(ethylenecarbonate)、乙腈(acetonitrile)、丙烯碳酸鹽(propylenecarbonate)、丙腈(propionitrile)、methoxyacetonitrile 等。溶劑的黏滯性(viscosity)會直接影響電解質中的離子導電度，也因此影響到太陽電池的表現。為了達到較好的太陽電池效率，必須使用低黏滯性的溶劑。也有人嘗試使用不同的氧化還原電解質，例如 Br$^-$/Br$_2$、(SeCN)$_2$/SeCN$^-$、(SCN)$_2$/SCN$^-$，但這些電解質的整體表現都沒有 I$^-$/I$_3^-$ 好。

當討論到染料敏化太陽電池中的電解質時，值得注意的一點是要如何將電解質密封在電池內，而不會有滲漏或揮發的情形。也由於使用液態電解質的密封不易，進而延遲了染料敏化太陽電池的商業化發展。為了避免面臨這些問題，也有人嘗試使用固態的電解質，譬如改用 p-型半導體或電洞傳輸材料，這包括：CuI、CuSCN、2,2',7,7'-tetrakis (N,N-di-p-methoxy-phenylamine)-9,9'-spirobifluorene (Spiro-MeOTAD) 等。但這些固態的電解質不僅製造成本高，且所形成的太陽電池穩定性不佳、效率低。研究發現，使用膠質的高分子電解質，例如環氧乙烷高分子(ethylene oxide)或丙烯高分子(acrylonitrile)，可以得到遠比固態電解質還要好的效果。

■ 12.2.5　輔助電極(Counter Electrode)

前面提過，染料敏化太陽電池中的電解質最常使用含有 I$^-$/I$_3^-$ 的氧化還原對。碘錯離子(I$_3^-$)是因碘離子(I$^-$)還原電解質中的陽離子而產生的，而碘錯離子(I$_3^-$)會在輔助電極處重新還原回碘離子(I$^-$)，所以輔助電極必須是扮演著催化劑的角色。因此，可以當成輔助電極的材料，必須具備以下的條件：

(1)　電荷移轉的阻力要小。

(2)　具有高的電子催化活性(electrocatalytic activity)以利於還原碘離子。

(3)　在電解質的環境之下，具有良好的電化學穩定性。

基於以上的考量，最適合的材料是採用鍍有鉑(Pt)的 TCO 玻璃。而鉑的薄膜通常是利用將鉑氯化物(hexachloroplatinate)熱氧化而沉積在 TCO 玻璃上形成的。利用濺鍍法也可得到很好的鉑薄膜，但是製造成本較高。

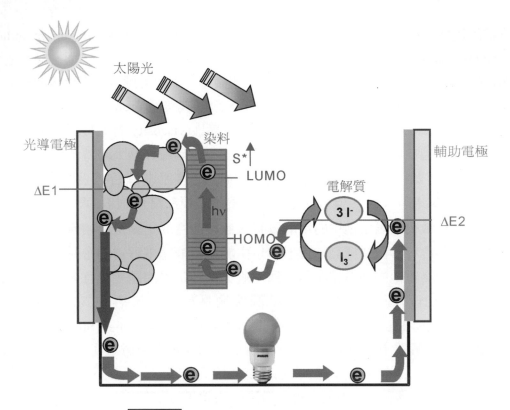

圖 12.7　染料敏化太陽電池發電原理之示意圖

12.3 染料敏化太陽電池的發電原理

　　圖 12.7 為染料敏化太陽電池發電原理之示意圖，它將光子轉換為電流的方式，可由以下幾個重要步驟說明之：

1.　吸附在 TiO_2 表面的染料分子，吸收光子能量之後，電子由基態(S)躍升到激發態(S*)。

　　　染料(S) +光子能量　→　染料*(S*)

2.　由於激發態不穩定，電子因此快速注入到緊鄰的 TiO_2 導帶之中，此時染料呈現氧化狀態(S^+)

　　　染料*(S*) + TiO_2 → e^- (TiO_2) + 氧化態染料(S^+)

3. 在 TiO_2 導帶中的電子會藉由擴散作用進入 TCO 光導電極，然後經過外部迴路產生光電流，最後抵達輔助電極。

4. 而氧化狀態的染料(S^+)，會接收來自碘離子(I^-)的電子，而重新回到基態(S)；至於碘離子(I^-)則被氧化形成碘錯離子(I_3^-)。

   氧化態染料(S^+) + 3/2 I^- → 染料(S) + 1/2 I_3^-

5. 接著碘錯離子(I_3^-)會接受輔助電極的電子而重新還原為碘離子(I^-)，而形成循環

   I_3^- + 2 e^- → 染料(S) + 3/2 I^-

　　一般傳統的半導體太陽電池，光的吸收與電荷的傳送幾乎是同時進行的，它還包括電子與電洞的再結合行為。但染料敏化太陽電池卻是分段式的，而且染料在激發電子的同時，並不會在價帶上產生電洞。整體而言，染料敏化太陽電池中不會有永久性的化學變化。

　　整個染料敏化太陽電池的效率表現，與其組成中的 4 個能階有關：(1)染料敏化劑的激發態能階(lowest unoccopied molecular orbit, LUMO)；(2)染料敏化劑的基態能階(highest occopied molecular orbit, HOMO)；(3)TiO_2 電極的費米能階(Fermi level)；(4)電解質(I^-/I_3^-)的位勢。染料敏化太陽電池所產生的光電流大小與染料敏化劑的激發態(LUMO)及基態(HOMO)之間的能量差有關，這點就類似無機半導體材料的能隙(E_g)一樣。所以 HOMO 與 LUMO 之間的差距越小，所產生的光電流就越大。此外，染料敏化劑的激發態能階(LUMO)與 TiO_2 的導帶能階之間的差異也很重要，TiO_2 的導帶能階($\Delta E1$)必須位於比較低的位置，這樣才能確保在染料激發態的電子可以順利的移轉到 TiO_2 電極上。而染料敏化劑的基態能階必須比電解質(I^-/I_3^-)的位勢($\Delta E2$)低，才能有效的接受來自電解質的電子進行還原反應。

範例 12-1

請說明染料敏化太陽電池的發電原理。

解　染料敏化太陽電池發電原理，可由以下幾個重要步驟說明之：

(1)吸附在 TiO_2 表面的染料分子，吸收光子能量之後，電子由基態(S)躍升到激發態(S^*)。

　　染料(S) + 光子能量 → *染料*(S^*)*

(2)由於激發態不穩定，電子乃快速注入到緊鄰的 TiO_2 導帶之中，此時染料呈現氧化狀態(S^+)

  染料$(S*)$ + TiO_2 → e^- (TiO_2) + 氧化態染料(S^+)*

(3)在 TiO_2 導帶中的電子會藉由擴散作用進入 TCO 光導電極，然後經過外部迴路產生光電流，最後抵達輔助電極。

(4)而氧化狀態的染料(S^+)，會接收來自碘離子(I^-)的電子，而重新回到基態(S)；至於碘離子(I^-)則被氧化形成碘錯離子(I_3^-)。

  氧化態染料(S^+) +3/2 I^- → 染料(S) + 1/2 I_3^-

(5)接著碘錯離子(I_3^-)會接受輔助電極的電子而重新還原為碘離子(I^-)，而形成循環

  I_3^- +2 e^- → 染料(S) + 3/2 I^-

12.4 染料敏化太陽電池的特性

前面提過，染料敏化太陽電池的發電原理是不同於傳統的 P-N 接合太陽電池的。除此之外，染料敏化太陽電池還具有以下的特性：

1. **高單位時間發電量**：雖然染料敏化太陽電池的轉換效率(5～11%)是所有太陽電池技術中最低者，但因為 DSSC 不受日照角度的影響，加上吸收光線時間長，在相同時間的發電量甚至優於矽晶太陽能電池。且矽晶圓太陽電池發電效率會受到溫度升高而遞減，適合安裝在較高緯度天氣較冷的地區，但染料敏化太陽能電池則不受溫度影響，在日照充足、氣溫炎熱地區，競爭力會優於矽晶圓太陽能電池。

2. **低製造成本**：製造染料敏化太陽電池的技術相當簡單，而且所使用的材料價格都不高。加上可運用印刷技術的簡單製程設備，預計未來可望降低發電成本至 US\$0.2/Wp 以下，為所有太陽電池中製造成本最低者，僅約傳統矽基材太陽電池成本的 5～10%左右。

3. **原料取得容易**：染料敏化太陽電池中的材料大多取得容易，雖然自然界金屬釕的含量不高，但整個 DSSC 中所使用的釕之比率很低，所以問題並不大。

4. **可製造富色彩的商業化產品**：使用不同種類的染料，可以製造出透明或有顏色的太陽電池。例如透明的 DSSC 可以用來取代建築物的窗戶玻璃。

5. **低的環境污染**：TiO_2、染料、碘等都是不具毒性，不會對環境造成污染。唯一的潛在污染可能是電解質中所使用的有機溶劑，所以發展固態或膠質的電解質，是未來的發展方向。

6. **回收性佳**：吸附在電極上的有機染料，可以利用鹼性溶液自電極上洗掉，這點提供了回收再利用的特性。

12.5 染料敏化太陽電池模組化之考量

　　由於 TCO 玻璃基板的片電阻比較高，所以當 DSSC 的面積增加時($>1cm^2$)，它的效率會開始受到電阻的限制。所以如果要擴大 DSSC 的規模，就必須使用模組的作法。DSSC 模組是由許多各別的電池串接而成的，上下各有一個 TCO 玻璃基板，其中之一鍍有 TiO_2 薄膜，而另一個則鍍有鉑。兩個基板之間為含有(I^-/I_3^-)的電解質及有機溶液。由於電解質可以溶化金屬材料，所以一般像銀這類的導體是不能使用的，或者必須用保護材料密封起來。也因為整個 DSSC 模組使用了有機溶液，所以整個系統必須仔細的密封，不能有滲漏的情形出現。在模組的密封上，通常使用玻璃原料。目前單一的 DSSC 之效率已可達 11%，而 DSSC 模組已可達 7%以上的效率。圖 12.8 為 Gratzel 研究團隊所提出的 DSSC 模組之連續式製程之示意圖。

　　近來，利用高分子基板來取代玻璃基板的可撓式技術，使得整個 DSSC 的商業應用範圍變得更廣。使用高分子基板，便可採用 roll-to-roll 的生產，因此可以增加 DSSC 生產的產出率(throughput)。當使用高分子基板時，TiO_2 就必須在比較低的的溫度進行燒結，通常 150℃就可生產出穩定的 TiO_2 薄膜。

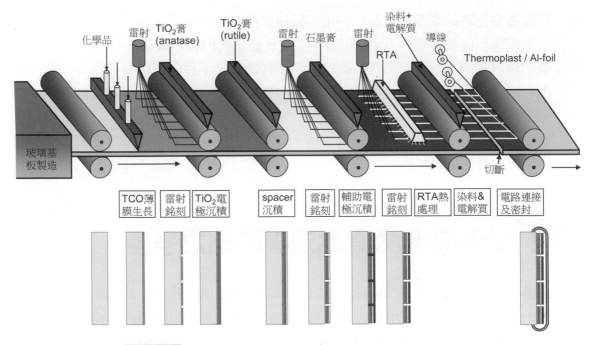

圖 12.8　染料敏化太陽電池模組之連續式製程之示意圖

12.6 染料敏化太陽電池的發展趨勢

　　自從 1991 年 Graatzel 發展出迄今，相當多的研究者相繼投入這領域的研究與開發，舉凡發電原理、新材料的研發、商業化等，都有長足的進步。目前 DSSC 在實驗室的技術水準，已可達 11%左右的效率，極可能成為下一世代廣泛應用的太陽能技術。從 2009 年開始，國外有許多公司開始積極佈局在染料敏化太陽電池上，包括有日本的寫真印刷、Sharp、Panasonic、Sony、Samsung、TDK、Fujikura、Peccell、Solaronix 等大廠。從 DSSC 的上游到下游，無論是在 TCO 導電鍍膜玻璃、TiO₂、印刷技術、染料與電解液，以及產品的封裝技術等領域，台灣已具有相關的製造技術，足以即時跨入DSSC 的領域。

　　染料敏化太陽電池的應用市場可說相當廣泛，舉凡在建築屋頂、外牆的發電用途，或是家電、可攜式電子產品(如電子計算機、手錶、電子字典、手機、NB 電腦)等，市場商機潛力龐大。但未來 DSSC 如要成為具商業競爭力，甚至達到高市佔率，仍必須往以下幾個方向發展：

(1) 效率的提升：

如果要提高染料敏化太陽電池在商業應用上之普及性，那麼能量轉換效率要能達到 10%的水準以上才行。提高染料光敏化劑對太陽光的吸收率，尤其是延伸其吸收範圍到近紅外光區是提高效率的首要課題。目前 Black-型的 Ru 染料的吸收範圍已可達到 920 nm 的波長，而發展一些可以吸收近紅外光區的新染料是有必要的。

TiO_2 的導帶能階($\Delta E1$)與電解質(I^-/I_3^-)的位勢($\Delta E2$)之間的能階差，雖是電子移轉的一個驅動力，但也會造成能量的損失。如果能藉由光敏化劑的分子設計，而建造一個可以在較小的 $\Delta E1$ 與 $\Delta E2$ 的環境下操作的 DSSC，那麼效率自然可以提升。

此外，發展導帶能階比 TiO_2 更負的氧化物、發展位勢比 I^-/I_3^- 更正的電解質都可以增加 DSSC 的開路電壓 V_{oc}，這些也是提升效率的方法。但是迄今，尚未發現比 TiO_2 及 I^-/I_3^- 更佳的材料。

(2) 戶外應用的長期穩定性

在溫和的測試條件(低溫及無紫外線曝照)之下，染料敏化太陽電池已有令人滿意的長久穩定性。但在戶外的應用上，它的耐久性還有待進一步觀察，更嚴謹的測試條件(例如：高溫、高濕度、紫外線曝照等)下的穩定性還有待改善。

(3) 固態電解質的發展：鈣鈦礦太陽電池

發展適當的固態電解質，對於開發耐久性的 DSSC 與促進商品化，是很重要的。一些固態的電解質，例如 CuI、CuSCN、2,2',7,7'-tetrakis (N,N-di-p-methoxy-phenylamine)-9,9'-spirobifluorene (Spiro-MeOTAD)、polypyrrole 等，都被研究過，但效果還是沒有液態的電解質好。

在 2009 年，日本 Miyasaka 團隊首先將 $CH_3NH_3PbI_3$ 鈣鈦礦材料(其原子結構如圖 12.9 所示)，用於染敏化太陽能電池的元件結構中，他們將原先用於光電轉換的小分子染料，替換成鈣鈦礦材料並搭配二氧化鈦及液態電解質，能量轉換效率可達 3.8%，這也開啓了鈣鈦礦太陽能電池的研究。2011 年，韓國的 Park 團隊利用類似的元件結構，將 $CH_3NH_3PbI_3$ 鈣鈦礦太陽電池效率提升到 6.54% 。隔年，瑞士的 Gratzel 與韓國的 Park 教授共同合作，將 $CH_3NH_3PbI_3$ 鈣鈦礦材料導入全固態的太陽電池元件中，亦即利用固態材料取代先前的液電解質效率，使得轉換效率提升到 9.7%。同年，Snaith 利用另外一種 $CH_3NH_3PbI_2Cl$ 的鈣鈦礦材料，將能量轉換效率提升至 10.9%。2013 年，Gratzel 團隊利用特殊的二階段製程法，將能量轉換效率提升至 15%。同年，Snaith 團隊發表了平面型鈣鈦礦太陽電池，在平面的二氧化鈦薄膜上以蒸鍍或是溶液製程鈣鈦礦材料，效率亦可以達到 15.4%。接著，加拿大的 Kelly 團隊，結合二階段製程以及平面型結構，以全低溫溶液製程方法，達到能量轉換效率 15.7%。2014 年，美國加州大學 Yang 團隊，發表將鈣鈦礦太陽電池效率推向 19.3%的表現。短短 5 年間，這個新興的太陽電池系統能量轉換效率翻升 5 倍，使得鈣鈦礦太陽電池的相關研究，受到舉世矚目。

　　鈣鈦礦太陽電池系統具有新興太陽電池的各項優點，可溶液製程、輕、可撓曲及可調色(能階可調)等，且重點在於其能量轉換效率高。但欲達到商業化及產業化目標，鈣鈦礦太陽能電池還有一段研發路程要走，其中數點問題急需解決，包括：(1)如何在大面積模組上維持穩定的轉換效率；(2)如何提高電池的耐久性；(3)如何降低電池內鉛的含量。

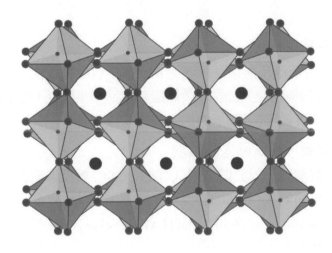

ABX$_3$　● A：有機陽離子　　● B：金屬陽離子　　● X：鹵素陰離子

圖 12.9　鈣鈦礦的結構是 ABX$_3$ 的形式。這種結構在每個角共享一個 BX$_6$ 正八面体，其中 B 是金屬陽離子 Sn^{2+}或 Pb^{2+}），X 是一個陰離子(Cl$^-$，Br$^-$或 I$^-$)。鈣鈦礦中的陽離子 A 被用來抵消電荷使材料達到電中性。

12.1 請畫出染料敏化太陽電池的基本結構，並說明其工作原理。

12.2 請說明染料敏化太陽電池的特性。

12.3 染料敏化太陽電池中所使用的 TiO_2 薄膜是做為光導電極之用，請問它必須具備哪些特性要求呢？

12.4 請說明 TiO_2 薄膜塗佈的技術有哪些？

12.5 適合用在染料敏化太陽電池的染料，必須具備哪些特性？

12.6 請說明常用的染料的種類及特性。

12.7 請說明輔助電極在染料敏化太陽電池內的角色及其特性要求。

12.8 請說明染料敏化太陽電池的發電原理。

12.9 藉由查尋網路資料，敘述你對染料敏化太陽電池其未來發展的看法。

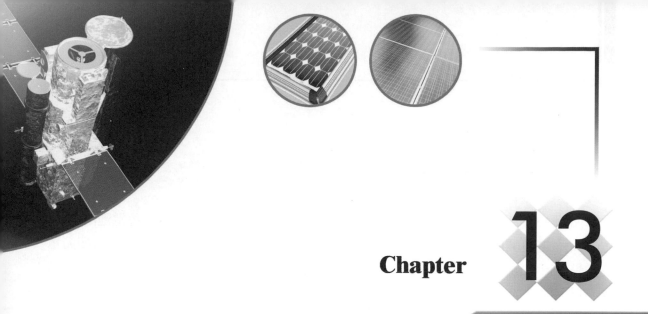

Chapter

13

太陽光電系統與應用

太陽電池可藉著模組之串接，而形成應用範圍很廣泛的太陽光電系統。它的應用範圍可從消耗功率僅數毫瓦(milliwatt)的手錶或計算機，到數千瓦的發電系統。太陽光電系統算是種比較昂貴的發電方式，但在一些偏遠地區的地方，它反而可能是種最具經濟性的發電方式。

太陽光電系統，除了需用到太陽電池陣列外，還需搭配一些輔助元件。其中包括：蓄電池(Battery storage)、充電控制器(charge controller)、直/交流轉換器(Inverter)、配線箱、併聯保護裝置等。而太陽光電系統依據儲能型態，分為獨立型系統(off-grid 或 stand-alone)、市電併聯型系統(grid-connected)與混合型系統(hybrid)。

由於太陽光電系統可以設計成前述的三種電路連接方式，所以在應用上可依其特性發揮。太陽光電系統的應用，除了人造衛星用電之外，最常見的就是搭建在建物屋頂或空地上，以提供電力給住宅使用。它在消費性產品上的應用更是包羅萬象。

本章將分別介紹太陽光電系統之構造及系統分類與應用領域。

13.2 太陽光電系統之組成

　　如圖 13.1 所示，太陽光電系統(PV system)主要是由太陽電池陣列、蓄電池(Battery storage)、電力調節單位(Power Conditioner)、配線箱等主要零件所構成。而電力調節單位又是由直/交流轉換器(Inverter)、充電控制器(charge controller)及併聯保護裝置等所組成。以下將就太陽光電系統的主要組成元件做簡單的說明：

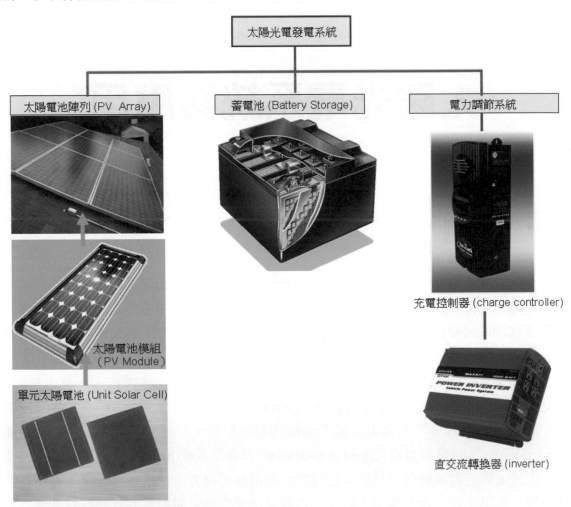

太陽光電發電系統

太陽電池陣列 (PV Array)　　蓄電池 (Battery Storage)　　電力調節系統

太陽電池模組（PV Module）

單元太陽電池 (Unit Solar Cell)

充電控制器 (charge controller)

直交流轉換器 (inverter)

圖 13.1　太陽光電系統的主要組成元件

■ 13.2.1　蓄電池(Battery storage)

　　在一個獨立型(stand-alone)或混合型(hybid)的系統中，它需要將能量做適當的儲存，以提供在日照不足(例如陰雨天)或完全沒日照(例如：夜晚)的條件下其電能的來源。因此，蓄電池在整個太陽光電系統中扮演著電力儲存的角色，電力可以儲存到其中，也可以被自由取出。它不僅要具備可以供應長時間電力需求的能力，也要具備在短時間內提供大量電力的能力。

　　太陽光電系統所使用的蓄電池，一般以傳統的電化學類蓄電池(Electrochemical accumulators)最為方便，原因之一是它的直流電特性，使得太陽光電發電器(PV generator)可以簡單的與其接合，不需再使用其它的轉換器或變電器。但是根據過去在獨立型或離線型(off-grid)系統的使用經驗發現，蓄電池在整個光電系統中是最弱的一環，因為它的壽命遠比其它組成元件短得多。所以整個獨立型太陽光電系統在它的壽命週期內的所有成本支出，光蓄電池一項就佔了 30%左右。

　　所謂的電化學類蓄電池，是將先電能轉換為化學能，轉換後的化學能儲存在化學化合物內。這個能量轉換過程是可逆性的，在放電過程(discharging process)中，化學能又重新被轉換為電能，以提供電路負載的所需電力。

　　依據所使用的電極與電解質溶液的不同，電化學類蓄電池的種類非常多，包括：鉛酸電池(lead-acid battery)、溴化鋅電池(zinc-bromide battery, $ZnBr_2$)、鎳鎘電池(nickel-cadmium battery, NiCd)、鎳鐵電池(nickel-iron battery, NiFe)、鎳鋅電池(nickel-zinc battery, NiZn)、鎳氫電池(nickel-metal hybride battery, NiMH)、鋅空氣電池(zinc-air battery)、鋰電池(lithium—Ion battery)、鋰聚合物電池(lithium-polymer battery)、固態鋰金屬電池(solid-state Li-Metal battery)、RAM 電池(rechargable alkali mangan battery)、Zebra 電池($NaNiCl_2$)等。每種電池的特性各有不同，選用上要考慮的因素包括：功率密度、效率、壽命週期、操作溫度、內部阻抗、漏電率、製造及維修成本等。表 13.1 為一些主要的蓄電池之特性比較表。

　　在太陽光電系統中最常使用的蓄電池為鉛酸電池，它是價格最低廉的一種商業化電池，它的發展歷史已經超過 100 年了，而且在太陽光電系統的應用上也已有數十年的歷史，預計在未來 10 年內它仍是太陽光電系統中的主流蓄電池。圖 13.2 為鉛酸電池構造的示意圖，一個蓄電池的本身是由許多各別的電池串聯而成的。在鉛酸電池中的陽極為二氧化鉛(PbO_2)，陰極為鉛(Pb)，而電解質為稀釋的硫酸(H_2SO_4)。整個蓄電池的反應可由以下的方程式表示：

陽極反應：$PbO_2 + 3H^+ + HSO_4^- + 2e^- \rightarrow PbSO_4 + 2H_2O$

陰極反應：$Pb + HSO_4^- \rightarrow PbSO_4 + H^+ + 2e^-$

依據應用領域的不同，鉛酸電池又可為以下 3 大類：

1. **SLI (啓動、燈光、點火)用鉛酸電池**：主要用在汽車的引擎之起動上，並不適合用在太陽光電產業上。

2. **深循環(Deep Cycle)鉛酸電池**：這種鉛酸電池主要的應用領域，在於它儲存的電能需要被定期的放電利用。它可以將儲存的大部份電力放掉，同時維持長久的壽命。它的應用實例包括：高爾夫球車及堆高機的蓄電池等。它是唯一適合用在太陽光電產業的鉛酸電池，在白天時充份的充電，但在夜晚時可以維持長時間的供電。

3. **淺循環(Shallow Cycle)鉛酸電池**：這種鉛酸電池主要的應用領域，在於作為不定期使用的備用電源上，所以平均它所儲存的電力之利用率只有 15-20%左右。它的應用實例包括：醫院及電話系統的備用電池等。

表 13.1 一些主要的蓄電池特性之比較

電池種類	電解質	能量密度 [wh/kg]	效率 η_{wh}[%]	壽命[a]	使用週期 [cycles]	操作溫度範圍	
						充電[°C]	放電[°C]
鉛酸電池	H_2SO_4	20-40	80-90	3-20	250-500	$-40\sim+40$	$-15\sim+50$
鎳鎘電池	KOH	30-50	60-70	3-25	300-700	$-20\sim+50$	$-45\sim+50$
鎳氫電池	KOH	40-90	80-90	2-5	300-600	$0\sim+45$	$-20\sim+60$
鋰電池	有機	90-150	90-95	-	500-1000	$0\sim+40$	$-20\sim+60$
RAM 電池	-	70-100	75-90	-	20-50	$-10\sim+60$	$-20\sim+50$
Zebra 電池	β-AlO_2	~100	80-90	-	~1000	$+270\sim+300$	$+270\sim+300$

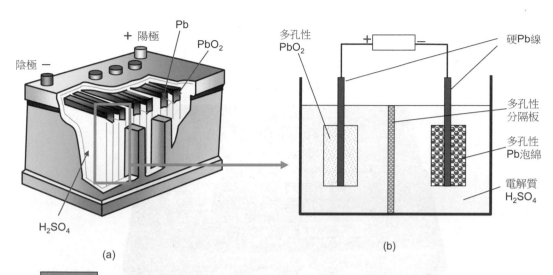

圖 13.2 (a)鉛酸電池構造的示意圖，(b)鉛酸電池的操作原理是種電化學反應

■ 13.2.2　充電控制器(Charge Controller)

在太陽光電系統中，充電控制器的角色就像一部汽車裡頭的電壓調節器(voltage regulator)，它可以調節控制由太陽電池面板進入蓄電池內的電壓及電流。當蓄電池已完全充電之後，充電控制器就不再允許電流繼續流入蓄電池內。相似的，當蓄電池的電力被使用到剩下一定的程度，大部份的控制器就不再允許更多的電流由蓄電池輸出，直到它再被充電為止。

以一個規格「12 伏特」的面板為例，它的輸出電壓會在 16～20 伏特之間，如果沒有使用充電控制器的話，蓄電池可能會被過度充電而造成損壞，甚至導致使用上產生危險性。大部份的蓄電池僅需 14～14.5 伏特就可完全充電。對於一個小型或滴流充電型面板(trickle charge panels)，例如小於 5 伏特的面板，則可以不需要使用到充電控制器。

充電控制器主要由專用處理器 CPU、電子元器件、顯示器、開關功率管等組成。它的種類可分為以下幾類：

1. 線性充電控制器(Linear charge controller)：這種控制器可與太陽電池發電器串聯或並聯接在一起，它可調整充電電流，使得蓄電池的電壓不會超過一定的極限。它的缺點是會產生過多的熱損耗。

2. 開關式充電控制器(switching controller)：它是種 MOS-FET 的半導體開關元件，這種控制器在整個光電發電系統中不是全開就是全關，所以在理想狀態之下，它不會有功率上的損失，因為控制器的電壓或電流為 0。所以這類的充電控制器比較適合用在太陽光電系統上。圖 13.3 為一開關式充電控制器之實例。

圖 13.3　一開關式充電控制器之實例

■ 13.2.3　直/交流轉換器(Inverter)

直/交流轉換器(Inverter)的作用在於將太陽電池所輸出的直接電轉換為交流電。根據輸出的電源型式可分為單相光伏轉換器與三相光伏轉換器，若根據輸出的波形，則可分為方波式或弦波式。由於太陽電池的輸出可串聯成一高壓輸出，若此直流電壓高於輸出電壓之峰值，則為降壓型轉換器，反之則為升壓型轉換器。為了提高效率，太陽光轉換器一般並不提供輸入與輸出的隔離，同時為了降低因功率元件所造成的損失，通常採用降壓型反流器的電路架構。

它在不同的應用領域，所要求的特性也會有所差異。以下就二種不同的應用領域做簡單的說明：

1.　直/交流轉換器在線型(grid-connected)系統上的應用：

線型(grid-connected)光電發電系統上的規劃，首先必須考慮到的就是如何選用一個適當的直/交流轉換器。這決定了直流電的系統電壓，而太陽光電系統的設計必須依據直/交流轉換器的輸入電性特徵而定。直/交流轉換器的主要作用在於將太陽電池所產生的直流電，轉換成 50HZ 的交流電，並可與市電並聯，同時提供用戶的一般用電，如圖 13.4 所示。

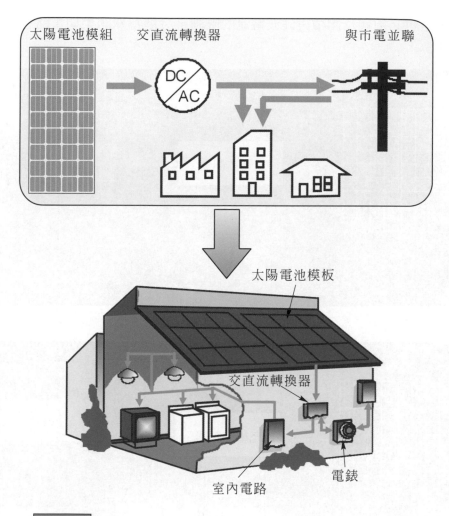

太陽電池模組　　交直流轉換器　　　　　　　與市電並聯

DC/AC

太陽電池模板

交直流轉換器

電錶

室內電路

圖 13.4　交直流轉換器在線型(grid-connected)系統上的應用

2.　直/交流轉換器在離線型(off-grid)系統上的應用：

在離線型(off-grid)或稱之為獨立型(stand-alone inverters)的光電發電系統中，此種轉換器是由蓄電池供電，將直流電轉換成方波型式的交流電輸出，它必須能夠提供固定的電壓與頻率到電路負載上。它僅提供獨立系統的用電，不可與市電並聯。在一個混合型(hybrid)的 PV 系統中，直/交流轉換器是可以雙方向運作的，也就是說它也能對蓄電池進行充電。

直/交流轉換器的效率一般必須高於 90%，近年來其效率需求規格日益嚴苛，預估未來新型直/交流轉換器的效率必須介於 95-97%之間。提升直/交流轉換器效率的主要關鍵，在於降低主動與被動功率元件的損失，採用快速功率元件與降低開關頻率是設計的前提，但也必須顧及體積與漣波電流的限制，發展特殊的柔切電路也是必須考慮的設計方法。

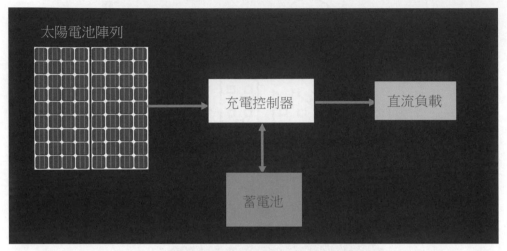

(a) 供應直流負載之獨立型系統

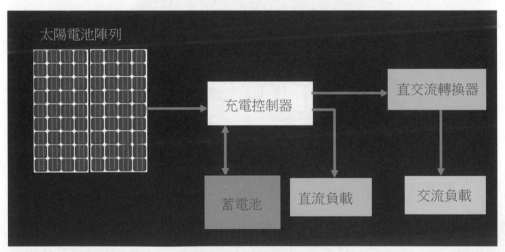

(b) 供應直/交流負載之獨立型系統

圖 13.5 獨立型太陽光電系統

範例 13-1

在台灣中部(全年日照總時數是 1840 小時)安裝市電併聯型的太陽光電系統時，假設屋頂型小於 10 千瓦太陽電池發電系統發電賣給台電的價格是每度電 9.251 元。

1. 為了方便計算太陽能電池的發電量，用峰值來代表系統的最大功率。假設以 8 千瓦峰值多晶矽太陽能電池系統而言，請問它的可以賣給台電年發電量收入為何？

2. 若多晶矽太陽能電池系統發電效率每年衰減 1%，那麼安裝 20 年的累積的發電量為何？

3. 若和台電簽訂賣電 20 年的合約，變流器每 6 年更換一次。8 千瓦變流器每具約 8 萬元，第 6 年、第 12 年各更換一次，20 年內整個太陽能電池系統的建置成本為 76 萬元。若不考慮通貨膨脹率，安裝 20 年的年獲利率為何？

解　1. 平均每日的日照時數是

　　　 $1,840 / 365 = 5.04$ 小時

　　它可以換算成峰值相對的中午日照時數是 3.6 小時

　　　每日發電量 $= 8\ KW \times 3.6 = 28.8\ KW.hr$

　　　每年的發電量 $= 28.8 \times 365 = 10512$ 度電

　　所以系統每年平均賣電收入是 10,512 度電 $\times 9.251$ 元 $= 9,7246.5$ 元。

　2. 20 年累積的發電量 $= 10,512 \times (1 + 0.99 + 0.99^2 + \cdots\cdots + 0.99^{19}) = 191,416$ 度電

　3. 20 年累積的發電量 $= 191,416$ 度電

　　每度電賣 9.251 元，共賣 1,770,789 元 (～177 萬元)

　　總獲利 $177 - 76 = 101$ 萬元新台幣。

　　所以年獲利率 $= 101 / 20 / 76 = 6.645\%$

13.3 太陽光電系統之種類與應用

太陽光電系統依據儲能型態分為獨立型系統(off-grid 或 stand-alone)、市電併聯型系統(grid-connected)與混合型系統(hybrid)。

■ 13.3.1 獨立型(off-grid 或 stand-alone)太陽光電系統

獨立型太陽光電系統，採取與市電供電線路完全獨立的設計，以蓄電池作為儲能的元件，於白天太陽光充足時，可以將轉換剩餘之電力儲存起來，而在夜間或太陽光不足的時候，蓄電池必須提供電力以維持負載的正常運轉。蓄電池之容量大小與太陽日照時數、負載運轉週期有很大的關係。蓄電池的充、放電需藉著充電控制器做適當的調節控制，以維持蓄電池之性能與壽命。如果獨立式太陽光電系統之負載為直流電設備的話，那麼就不需使用交/直流轉換器，見圖 13.5(a)。倘若獨立式太陽光電系統之負載為交流電設備的話，則尚需要使用交/直流轉換器，將直流電轉換成適當電的交流電，見圖 13.5(b)。

一般的獨立型太陽光電系統中的太陽電池之壽命約 20-30 年，充電控制器及直/交流轉換器壽命約 10 年，而蓄電池之壽命則僅有 2-3 年。所以它的缺點是必須定期維護及更換蓄電池。

獨立型太陽光電系統很適合使用在一些特殊的場合，例如在野外露營時可以裝在車上帶著走，隨時吸收戶外的太陽光，也可啟動小冰箱或者是太陽能小汽車，只要照了光就能跑動。在一些偏遠地區，當電力公司的供電網無法到達時，當地居民便可以使用獨立型系統，在自己家裡產生電力使用。獨立型太陽光電系統的應用範圍包括有：

13.3.1.1 消費性應用

對於一些小型的消費性太陽電池產品而言，由於電能的提供與需求是同時發生的，所以它有時並不需要使用到能量儲存的元件，但對於一些應用在夜晚的消費性太陽電池產品，就可能需要用到蓄電池了。在戶內使用的消費性產品包括：計算機、收音機、手錶、電子玩具、手機充電器等，如圖 13.6 所示。在一些戶外的應用之實例，則包括：庭園燈、噴水池、太陽電池動力船、太陽電池動力車、家庭門牌號碼、手電筒等，如圖 13.7 所示。當然這些只是應用上的一些例子而已，其它的應用實例更是不勝枚舉。

(a) 手錶

(b) 計算機

(c) 收音機

(d) 兒童玩具車

(e) 手機充電器

圖 13.6　太陽電池在小型消費性戶內產品上的應用實例

(a) 庭園燈

(b) 噴水池

(c) 太陽電池動力船

(d) 太陽電池動力車

(e) 家庭門牌號碼

(f) 手電筒

圖 13.7　太陽電池在消費性戶外產品上的應用實例

13.3.1.2 工業上應用

獨立型太陽光電系統在工業上的應用，包括：電信通訊系統之電力來源、戶外廣告看板之電力來源、陰極保護系統、環境監控系統、交通號誌燈、警示燈，如圖 13.8 所示。

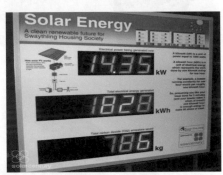

(a) 電信通訊系統之電力來源　　　　　　(b) 戶外廣告看板之電力來源

(c) 陰極保護系統　　　　　(d) 交通號誌　　　　　(e) 警示燈

圖 13.8 獨立型太陽光電系統在工業上應用之實例

13.3.1.3 離島或偏遠地區之應用

在一些市電無法到達的離島或偏遠地區，獨立型太陽光電系統可以提供有效的電力來源。在這樣的系統中，必須使用蓄電池，在白天時藉由太陽光電系統發電，並供負載電力及充電之用，而在夜間則由蓄電池供電，可以自給自足。在使用設計上必須考慮到負載的大小。圖 13.9 顯示獨立型太陽光電系統在島或偏遠地區應用上的實例，其中包括：家庭用電系統(Solar Home System, SHS)、路燈、灌溉系統、手提照明燈、水源純化系統等。

(a) 偏遠地區的家庭用電

(b) 偏遠地區的路燈

(c) 灌溉系統

(d) 手提照明燈

(e) 水源純化系統

圖 13.9　獨立型太陽光電系統在離島或偏遠地區上應用之實例

■ 13.3.2　市電併聯型(Grid-Connected)太陽光電系統

　　併聯型的太陽光電系統，是將市電網路當成儲能的元件。在應用上，太陽光電系統與市電網路系統之間必須互相搭配使用。也就是說，利用太陽光電系統所產生的電力，會優先供應負載的使用，但當負載用量無法完全消耗太陽電力時，這些多餘的電力將會傳輸到市電網路系統上。而當太陽光電系統所產生的電力，無法供應負載正常運轉之電力需求時，市電網路系統會即時供應不足之電力，如圖 13.10 所示。

　　由於此系統之應用，可以緩和市電網路尖峰與離峰差異過大之問題，進而降低市電發電成本與輸配電容量之需求，所以一般多應用於人口密集，或用電需求在特定時段較大之城市。這種系統的優點包括：系統簡單、不需安全係數設計、維護容易、具最大功率追蹤(MPPT)、發電效率高等。一般併聯型的太陽光電系統之太陽電池陣列都是安裝在屋頂或是庭院，圖 13.11 為一安裝在屋頂的併聯型太陽光電系統之實例。

　　一般典型的併聯型太陽光電系統本身不含蓄電池，所以系統在太陽日照強度不足及市電網路斷電之情形下，會有負載無法維持正常運轉的缺點。但若於典型併聯式太陽光電能系統加上蓄電池以儲存適當電能。平時由太陽能板陣列充電，在太陽日照強度不足與市電網路斷電的情形之下，蓄電池即可供應負載短時期運轉之電力。這樣的功能與不斷電系統極為類似，同時也擴大太陽光電能系統應用之功能。此系統之設計可從小型之不斷電系統到區域性災難緊急供電系統應用。

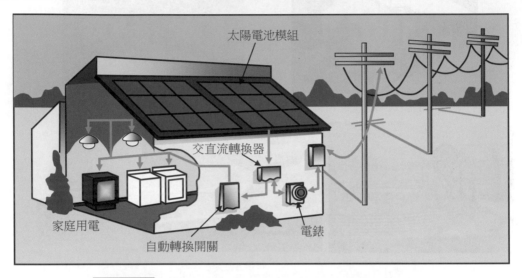

太陽電池模組

交直流轉換器

家庭用電

自動轉換開關

電錶

圖 13.10　市電併聯型(Grid-Connected)太陽光電系統

圖 13.11　市電併聯型(Grid-Connected)太陽光電系統的安裝實例
(相片取自 http:// www.estif.org/236.0.html)

■ 13.3.3　混合型(Hybrid)太陽光電系統

　　有鑑於前述兩種系統設置的優缺點考量，太陽光電系統發展出第三種形式，稱為混合型系統，又稱為緊急防災型系統。所謂的混合型系統，是將電路和直交流轉換器設計成，可以和市電系統相互併接的形式，同時也配備了蓄電池和充、放電控制器，以及輔助發電機系統。這種系統在平時由太陽光電系統發電來提供負載使用，並進行蓄電池的充電動作，而夜間的電源則由市電併聯系統來提供；一旦發生災難或任何事故，而日照又不夠的時候，可以自動切換使用蓄電池中的電力。圖 13.12 顯示混合型的系統配置情形。

　　這樣的混合型系統，比較適合安裝在有防災需求之公共設施上，例如：醫療院所、防災中心等，在重大危難發生時可以產生即時的功效。它的缺點是系統設計比較複雜，所以系統建置成本較高，此外，這種系統也有蓄電池必須定期汰換的缺點。

　　混合型太陽光電系統之設計重點，主要在於發電燃料供應、太陽模板裝置之發電容量、蓄電池容量、發電成本與供電可靠度等。此外，混合型太陽光電系統之發電機亦可採用風力發電方式。但設計上，要考慮到當地的氣候條件之特性(例如：風速)是否可以與太陽光電系統互相配合。

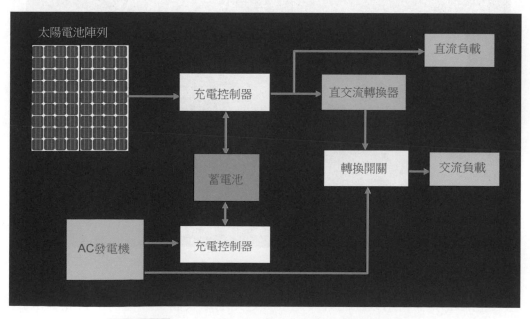

圖 13.12　混合型太陽光電系統的系統配置示意圖

13.4 太陽光電系統在太空上的應用

　　太陽電池在太空領域上的應用，早在 1958 年人類發射第一顆人造衛星就開始了。太陽光電系統可以提供足夠的電力來維持人造衛星的運轉，所以它對整個太空業的發展扮演著非常重要的角色。早期的人造衛星僅需消耗數十或數百瓦的電力，而今日最先進的人造衛星或太空站(International Space Station, ISS)可能要消耗 100kW 以上的電力。所以太陽電池模組的安排與太陽電池種類的選定是很重要的考量因素之一。由於多接面 GaAs 太陽電池的轉換效率最高，所以是目前最熱門的太空用太陽電池的種類，但高效率的結晶矽仍然被使用在不少的太空用途上。圖 13.13 為一人造衛星之相片。

圖 13.13 人造衛星係利用太陽電池來提供電力

　　在太空的環境中利用太陽能來發電其實是比地球表面更具優勢，首先，由於地球自轉的原因，地球表面的一天中有一半的時間是無法利用太陽能的，而在太空中則基本上沒有白天與黑夜之分。其次是太陽光在穿過大氣層到達地球表面時，其輻射強度已大大減弱，而到達地面的陽光又有一部份被反射回去。根據估計，在太空中接受的太陽能要比地球上至少多 4 倍以上。此外，在太空中所使用的太陽光電系統不像地球那樣受到緯度、地理環境、雲層等之客觀因素影響，這也是太空中使用太陽光電系統的優勢之一。另外，太空環境接近眞空狀態，溫度非常的低，這樣可以大大延長太陽電池及輔助設備之工作壽命。

習 題

13.1　請說明太陽光電系統是有哪些元件所組成的。

13.2　請說明太陽光電系統所使用的蓄電池，爲何都是採用傳統的電化學類蓄電池。

13.3　請說明鉛酸電池的構造及相關的化學反應式。

13.4　請說明充電控制器在太陽光電系統中所扮演的角色。

13.5　請說明充電控制器可分爲那幾類。

13.6　請說明直/交流轉換器使用在不同應用領域(線型與離線型)的特性。

13.7　請說明何謂獨立型(off-grid 或 stand-alone)太陽光電系統。

13.8　請說明何謂市電併聯型(Grid-Connected)太陽光電系統。

13.9　請說明何謂混合型(Hybrid)太陽光電系統。

13.10　請說明太陽電池在太空領域上的應用上的注意事項。

附錄　本書編寫時之參考資料

I. 中文參考資料

1. 蔡進譯，物理雙月刊，25 卷 5 期，p. 701-719 (2005/10)
2. 莊嘉琛，"太陽能工程-太陽電池篇"，全華出版社
3. 林明獻，"矽晶圓半導體材料技術"，全華出版社
4. 林坤立，"單晶矽太陽電池製程及其頻譜響應之研究"，碩士論文，雲林科技大學，2004
5. K.C. Sahoo，董福慶、楊宗熹、張翼，"三五族太陽電池的回顧"，機械工業期刊 278 期，2006
6. 洪永杰，"III-V 族半導體太陽能電池專利檢索與分析報告"，2005
7. 熊谷秀，"太陽光電知多少"，科學發展，2004 年 11 月，383 期，p. 34～41
8. 尤如瑾，"世界太陽光電產業現況與展望"，機械工業期刊 263 期，2005
9. 郭正鏞，"應用於染料敏化太陽能電池之二氧化鈦薄膜與粉末製程及其特性之研究"，碩士論文，南台科技大學，2004
10. 廖學中，"太陽光電產業的新－鈣鈦礦太陽能電池"，台灣奈米資訊電子報，2014 年 09 月

II. 外文參考資料

1. Lasnier, F., and T. Ang. "*Photovoltaic Engineering Handbook*", New York: American Institute of Physics, 1990.
2. "Annual Technical Status Report For February 2003 – January 2004", AstroPower, Inc.
3. O.Breitenstein, M.Langenkamp, J.P. Rakotiaina, and J.Zettner "The *imaging of shunts in solar cells by infrared lock-in thermography*", in. Proc. of 17th European Photovoltaic Solar Energy Conference, Munich, Germany, 2001, pp. 1499-1502.

4. Michelle J. McCann, Kylie R. Catchpole, Klaus J. Weber and Andrew W. Blakers, "*A Review of Thin Film Crystalline Silicon for Solar Cell Applications.*", The Australian National University.

5. Jose Maria Roman, "State-of-the-art of III-V Solar Cell Fabrication Technologies, Device Designs and Application", April 27, 2004

6. Steve Lansel, "Technology and Future of III-V Multijunction Solar Cells", April 21, 2005

7. A.W. Bett, B. Burger, F. Dimroth, G. Siefer, H. Lerchenmuller, "*High-Concentration PV using III-V Solar Cells*", presented at the 2006 IEEE 4th Conference on Photovoltaic Energy Conversion, May 7-12, 2006, Hawaii

8. T.V. Torchynska, G.P. Polupan, "*III-V Material Solar Cells for Space Application*", Semiconductor Physics, Quantum Electronics & Optoelectronics, 2002. V.5, N.I. p. 63-70

9. Edelson, E. "*Solar Cell Update.*" Popular Science 240 (June 1992) p. 95–99.

10. Lewis, N. S. "*More Efficient Solar Cells.*" Nature 345 (May 24, 1990) p. 293–94.

11. Spinks, P. "*Plug Into the Sun.*" New Scientist 127 (September 22, 1990) p. 48–51.

12. Thornton, J. Assuring America's Energy Infrastructure. Presented at Solar 2002, Sunrise on the Reliable Energy Economy, Reno, NV, June 15-20.

13. Solar Spectra: Standard Air Mass Zero

14. Silicon Shortage Stalls Solar John Gartner, Wired News, 28 March 2005.

15. 2005 Solar Year-end Review & 2006 Solar Industry Forecast, Jesse W. Pichel and Ming Yang, Research Analysts, Piper Jaffray, 11 January 2006.

16. "*Direct Use of the Sun's Energy*" by Farrington Daniels, Yale University Press, 1964.

17. "Solar Energy, Technology and Applications" by J. Richard Williams, Ann Arbor Science, 1974.

18. "*Solar Energy for Earth,*" an AIAA Assessment, April, 1975.

19. "*Solar Energy Thermal Process*" by John A. Duffie & Williams A. Beckman, Wileg, 1974.

20. "*Solar Energy: A View from an Electric Utility Standpoint*" by Dwain F. Spencer, Electric Power Research Institute, Palo Alto, California, 1975.

21. Collins, D.G., and W.G. Blattner, M.B. Wells, H.G. Horak, Applied Optics, Vol 11, Nov 1972 pp.2684-2696]

22. Bird, R.E. and R.L. Hulstrom, L.J. Lewis, Solar Energy, Vol 30, 1983, p 563.

23. Gueymard, C., Solar Energy, Volume 71, Issue 5, November 2001, p 325-346.

18. Gueymard, C.; Myers, D.; Emery, K., Solar Energy, Volume 73, Issue 6, December 2002, p. 443-467.

24. Gueymard, C., Solar Energy, Volume 76, Issue 4, April 2004, p. 423-453.

25. Green, M., "Crystalline Silicon Solar Cells", 2001

26. Schei A, Tuest J, Tveit H, "*Production of High Silicon Alloys*", Tapir forlag, Trondheim, 1998

27. Theodore F. Ciszek, "Method and Apparatus for Casting Conductive and Semiconductive Materials," U.S. Patent 4,572,812, 1986.

28. T.F. Ciszek, "Some Applications of Cold Crucible Technology for Silicon Photovoltaic Material Preparation," J. Electrochemical Soc. 132 (1985) 963.

29. Allen, T.B. (1913) U.S. Patent 1,073,560.

30. Ciszek, T.F. (1979) *J. Crystal Growth* 46, 527.

31. Ciszek, T.F. (1985) *J. Electrochemical Soc.* 132, 963.

32. Ciszek, T.F. (1986) U.S. Patent 4,572,812.

33. Fischer, H., and Pschunder, W. (1976) *IEEE 12th Photovoltaic Specialists Conf. Record*, IEEE, New York, 86.

34. Khattak, C.P., and Schmid, F. (1978) *IEEE 13th Photovoltaic Specialists Conf. Record*, IEEE, New York, 137.

35. Runyan, W.R. (1965) "Silicon Semiconductor Technology" McGraw-Hill Book Company, New York.

36. Gee, J.M., Ho, P., Van Den Avyle, J., and Stepanek, J. (1998) in: *Proceedings of the 8th NREL Workshop on Crystalline Silicon Solar Cell Materials and Processes,* Ed: B.L. Sopori (August 1998 NREL/CP-520-25232), 192.

37. Khattak, C.P., Joyce, D.B., and Schmid, F. (1999) in: *Proceedings of the 9th NREL Workshop on Crystalline Silicon Solar Cell Materials and Processes,* Ed: B.L. Sopori (August 1999 NREL/BK-520-26941), 2.

38. Mauk, M.G., Sims, P.E., and Hall, R.B. (1997) American Institute of Physics Conf. Proc. 404, 21.
Maurits, J. (1998) in: Proceedings of the 8th NREL Workshop on Crystalline Silicon Solar Cell Materials and Processes, Ed: B.L. Sopori (August 1998 NREL/CP-520-25232), 10.

39. Mitchell, K.M., (1998) American Institute of Physics Conf. Proc. 462, 362.

40. Menna, P., Tsuo, Y.S., Al-Jassim, M.M., Asher, S.E., Matson, R., and Ciszek, T.F. (1998) *Proc. 2nd World Conf. on PV Solar Energy Conversion*, 1232.

41. Nakamura, N., Abe, M., Hanazawa, K., Baba, H., Yuge, N., and Kato, Y. (1998) *Proc. 2nd World Conf. on PV Solar Energy Conversion*, 1193.

42. Tsuo, Y.S., Gee, J.M., Menna, P., Strebkov, D.S., Pinov, A., and V. Zadde (1998) *Proc. 2nd World Conf. on PV Solar Energy Conversion*, 1199.

43. Wang, T.H., and Ciszek, T.F. (1997) *J. Crystal Growth* 174, p. 176

44. Alivisatos, Paul. "Make and Use Solar Cells Efficiently." Inside R & D March 2002: 29. The Gale Group: InfoTrac OneFile. Internet. 19 April 2002.

45. Bond, Martin. "Solar Energy: Seeing the Light." Geographical November 2000. The Gale Group: InfoTrac OneFile. Internet. 19 April 2002.

45. Gorman, J. "New Method Lights a Path for Solar Cells." Science News August 2002: 11. The Gale Group: InfoTrac OneFile. Internet. 19 April 2002.

46. Green, Martin A. Solar Cells: Operating Principles, Technology, and System Applications. South Wales: University of South Wales Press, 1982.

47. Maycock, Paul D., and Edward N. Stirewalt. Photovoltaics: Sunlight to Electricity in One Step. Massachusetts: Brick House Publishing Co., 1981.

48. Merrigan, Joseph A. Sunlight to Electricity: Prospects for Solar Energy Conversion by Photovoltaics Massachusetts: MIT Press, 1975.

49. B.Von Roedern. "Status of Amorphous and Crystalline Think Film Silicon Solar Cell Activities." Conference Paper (May 2003) http://www.nerl.gov/docs/fy03osti/33568.pdf.

50. Blair Tuttle and James B.Adams. "Structure of a- Si:H from Harris-functional molecular dynamics." Physical Review B Volume 53, Number 24 (15 June 1996)

51. Bube, R.H.Photovoltaic materials, Imperial Collage Press, London (1998)

52. Carlson,D.E, IEEE Trans. Electron Devices ED-24,499(1977)

53. Carlson,D.E. and Wronski, C.R., Appl.Phys.Lett.28,671(1976)

54. Ebusiness Engineering Inc. "PV Cells and Arrays." Photovoltaic Information (Solar Electric Cells).

55. Fahrenbruch, A.L., and Bube, R.H. "Fundamentals of Solar Cells: Photovoltaic Solar Energy Conversion." Academic Press, NY (1983)

56. Hack, M., and Shur, M. "Physics of amorphous silicon p-i-n Solar Cells." J.Appl.Phys.58(2),997-1020(1985).

57. Kanicki, J. "Amorphous & Microcrystalline Semiconductor devices: Optoelectronic Devices, Artech House,Inc.,Norwood." (1991).

58. R.A. Street. "Doping and the Fermi Energy in Amorphous Silicon" Physical Review Letters Volume 49, Number 16 (18 October 1982).

59. R.A Street. "Hydrogenated amorphous silicon." Cambridge University Press

60. R.A Street. "Technology and Applications of Amorphous Silicon." New york, SpringerVerlag Berlin, 2000.

61. R.car and Parinello. "Structural, Dynamical, and Electronic Properties of Amorphous Silicon: An Ab Initio Molecular-Dynamics Study." Physical Review Letters Volume 60, number 3 (18 January 1988).

62. S.J. Jones, T. Liu, X. Deng, and M. Izu, "a-Si:H-Based Triple-Junction Cells Prepared at i-Layer Deposition Rates of 10 Å/Sec using a 70 MHz PECVD Technique," Proc. of the 28th IEEE Photovoltaic Specialists Conf. (2000) 845.

63. T. Surek, "Crystal Growth and Materials Research in Photovoltaics: Progress and Challenges," J. Crystal Growth 275, 292–304 (2005).

64. A EYER, F HAAS, A RÄUBER, A LÜDGE, H RIEMANN, H SCHILLING, W SCHRÖDER Advances in solar energy 12, 403-430, American Solar Energy Society, 1998.

65. Claudia Longo, Marco-A De Paoli, J. Braz. Chem. Soc., Vol. 14, No.6, 889-901, 2003

66. M.A. Green et al., Solar Energy 77 (2004) p. 857-863

67. Schwirtlich, I. A. Proceedings of 7th EC Photovoltaic Energy Conference. Seville, Spain. 1986.

68. Baba, H. et al. Proceedings of 16th EC Photovoltaic Solar Energy Conference. Glasgow, UK. 2000.

69. M. Graetzel. "A high molar extinction coefficient charge transfer sensitizer and its application in dye-sensitized solar cell". DOI:10.1016/j.jphotochem.2006.06.028.

70. Brian O'Regan & Michael Graetzel, Nature, 353 (24), 737 - 740 (24 October 1991).

71. A. Kay, M. Grätzel, J. Phys. Chem. 97, 6272 (1993).

72. G.P. Smestad, M. Grätzel, J. Chem. Educ. 75, 752 (1998).

73. Workshop 'Dependable and Economic Silicon Materials Supply for Solar Cell Production'. Organ-izer Aulich, H. A. and Ossenbrink, H. A. JRC Ispra, Italy, 7 December 1998.

III. 參考之相關網站

1. http://cope.org.nz/sunpower/apres/custom.htm
2. http://members.optusnet.com.au/~doranje/Cell_Types.html
3. http://www.mrs.org/publications/jmr/jmra/2003/apr/004.html
4. http://www.foresight.org/Conferences/MNT9/Abstracts/Cheong/
5. http://ojps.aip.org/getabs/servlet
6. http://www.stw.nl/projecten/D/del4542.html
7. http://www.trnmag.com/Stories/021401/Harder_chips_make_more_sensitive_sensors_021401.html
8. http://www.datanite.com/news.htm

9. http://www.wafernet.com/PresWK/h-ptl-as3_wsc_siltronic_com_pages_training_pages_Silicon_Crystal-4.htm

10. http://www.mems-issys.com/html/durability.html

11. http://www.solarbuzz.com/CellManufacturers.htm

12. http://www.energy-project.net/alternative/solar/sunlight.htm

13. http://www.solarenergyireland.com/eire_solar_photovoltaic_information.htm

14. http://emsolar.ee.tu-berlin.de/~ilse/solar/solar6e.html

15. http://w4.siemens.de/FuI/en/archiv/zeitschrift/heft1_99/artikel11/

16. http://www.nwes.com/making-a-cell.htm

17. http://www.harbornet.com/sunflower/

18. http://www.kyosemi.co.jp/pdf/kyosemi%20solar%20aei%200302.pdf

19. http://www.lbl.gov/.../Archive/ nitrogen-solar-cell.html

20. http://www.pv.unsw.edu.au/ info/bcsc.html

21. http://www.kyosemi.co.jp/pdf/micro_solar_cell_eng.pdf

22. http://www.cooper.edu/.../projects/ gateway/ee/solar/solar.html

23. http://www.wafertech.co.uk/ growth.html

24. http://www.abc.net.au/rn/science/earth/stories/s225110.htm

25. http://www.solarenergy.com/info_history.html

26. http://pvpower.com/pvtechs.html

27. http://www.adsdyes.com/fullerenes.html

28. http://www.azsolarcenter.com/design/pas-2.htm

29. http://www.eere.energy.gov/RE/solar_concentrating.html

30. http://www.pvproject.com.tw/aboutus/sense/principle.asp

31. http://www.e-tonsolar.com/edu.htm

32. http://cdnet.stpi.org.tw/techroom/market/energy/energy022.htm

33. http://cdnet.stpi.org.tw/techroom/topics/energy_solar/twj_energy_solar.htm

34. http://140.130.1.8/~solar/manual/efficiency.html

35. http://www.materialsnet.com.tw/DocView.aspx?id=5801

36. http://www.nctu.edu.tw/~shue2003/0527-3t.htm

37. http://www.teema.org.tw/publish/moreinfo.asp?autono=2980

38. http://www.taipower.com.tw/left_bar/power_life/power_development_plan/
Regeneration_energy.htm

39. http://www.ctci.org.tw/public/Attachment/562714495371.doc

40. http://www.pida.org.tw/optolink/optolink_pdf/89032605.pdf

41. http://ieknet.itri.org.tw/service/introduction.jsp

42. http://book.tngs.tn.edu.tw/database/scientieic/content/1978/00060102/0009.htm

43. http://www1.eere.energy.gov/solar/silicon.html

44. http://www.canren.gc.ca/tech_appl/index.asp?CaId=5&PgId=302#homes_and_
comm_buildings

45. http://www.howstuffworks.com/solar-cell1.htm

46. http://acre.murdoch.edu.au/refiles/pv/text.html

47. http://www.flasolar.com/pv_cells_arrays.htm

48. http://www-micromorph.unine.ch/projects/FN59413.htm

49. http://science.howstuffworks.com/solar-cell3.htm

50. http://www.shu.ac.uk/schools/sci/sol/invest/photovol/backgrnd.htm

51. http://www.azom.com/details.asp?ArticleID=1168

52. http://www.azom.com/details.asp?ArticleID=1167#_Capital_Costs

53. http://www.nrel.gov/cdte/perspective.html

54. http://w4.siemens.de/FuI/en/archiv/zeitschrift/heft1_99/artikel11/

55. http://www.sandia.gov/pv/docs/PVFSCThin-Film_Solar_Cells.htm

56. http://www.ceradyne-thermo.com/products/Photo.asp

57. http://www.thesolarguide.com/glossary.aspx

58. http://www.gtsolar.com/products/

59. http://www.solarbuzz.com/ProductCertifications.htm

60. http://www.energyquest.ca.gov/story/index.html#table

61. http://southface.org/solar/solar-roadmap/solar_how-to/solar-how_solar_works.htm

62. http://www.solarbuzz.com/Technologies.htm

63. http://www.worldscibooks.com/phy_etextbook/p139/p139_chap4.pdf

64. http://www.tf.uni-kiel.de/matwis/amat/semi_en/kap_3/backbone/r3_2_2.html

65. http://www.energex.com.au/switched_on/activities/photovolatic/photovoltaic.html

國家圖書館出版品預行編目資料

太陽電池技術入門 / 林明獻編著. -- 五版. -- 新
北市 ：全華圖書, 2019.10
面 ; 公分
ISBN 978-986-503-248-7(平裝)

1. CST: 太陽能電池

337.42   108015537

太陽電池技術入門

作者 / 林明獻

發行人 / 陳本源

執行編輯 / 張峻銘

出版者 / 全華圖書股份有限公司

郵政帳號 / 0100836-1 號

印刷者 / 宏懋打字印刷股份有限公司

圖書編號 / 0597704

五版二刷 / 2022 年 03 月

定價 / 新台幣 420 元

ISBN / 978-986-503-248-7(平裝)

全華圖書 / www.chwa.com.tw

全華網路書店 Open Tech / www.opentech.com.tw

若您對本書有任何問題，歡迎來信指導 book@chwa.com.tw

臺北總公司(北區營業處)
地址：23671 新北市土城區忠義路 21 號
電話：(02) 2262-5666
傳真：(02) 6637-3695、6637-3696

南區營業處
地址：80769 高雄市三民區應安街 12 號
電話：(07) 381-1377
傳真：(07) 862-5562

中區營業處
地址：40256 臺中市南區樹義一巷 26 號
電話：(04) 2261-8485
傳真：(04) 3600-9806(高中職)
　　　(04) 3601-8600(大專)

歡迎加入 全華會員

● 會員享學

會員享購書折扣、紅利積點、生日禮金、不定期優惠活動…等。

● 如何加入會員

填安讀者回函卡直接傳真 (02) 2262-0900 或寄回，將由專人協助登入會員資料，待收到 E-MAIL 通知後即可成為會員。

如何購買 全華書籍

1. 網路購書

全華網路書店「http://www.opentech.com.tw」，加入會員購書更便利，並享有紅利積點回饋等各式優惠。

2. 全華門市、全省書局

歡迎至全華門市（新北市土城區忠義路 21 號）或全省各大書局、連鎖書店選購。

3. 來電訂購

(1) 訂購專線：(02) 2262-5666 轉 321-324
(2) 傳真專線：(02) 6637-3696
(3) 郵局劃撥（帳號：0100836-1　戶名：全華圖書股份有限公司）
※ 購書未滿一千元者，酌收運費 70 元。

OpenTech 全華網路書店 .com.tw

全華網路書店 www.opentech.com.tw
E-mail: service@chwa.com.tw

※ 本會員制如有變更則以最新修訂制度為準，造成不便請見諒。

讀者回函卡

填寫日期： ___/___/___

姓名： _____ 生日：西元 ___年___月___日 性別：□男 □女

電話：( ) _____ 傳真：( ) _____ 手機： _____

e-mail： _____ (必填)

註：數字零，請用 Φ 表示，數字 1 與英文 L 請另註明並書寫端正，謝謝。

通訊處：□□□□□

學歷：□博士 □碩士 □大學 □專科 □高中·職

職業：□工程師 □教師 □學生 □軍·公 □其他

學校/公司： _____ 科系/部門： _____

· 需求書類：

□A. 電子 □B. 電機 □C. 計算機工程 □D. 資訊 □E. 機械 □F. 汽車 □I. 工管 □J. 土木

□K. 化工 □L. 設計 □M. 商管 □N. 日文 □O. 美容 □P. 休閒 □Q. 餐飲 □B. 其他

· 本次購買圖書為： _____ 書號： _____

· 您對本書的評價：

封面設計：□非常滿意 □滿意 □尚可 □需改善，請說明 _____

內容表達：□非常滿意 □滿意 □尚可 □需改善，請說明 _____

版面編排：□非常滿意 □滿意 □尚可 □需改善，請說明 _____

印刷品質：□非常滿意 □滿意 □尚可 □需改善，請說明 _____

書籍定價：□非常滿意 □滿意 □尚可 □需改善，請說明 _____

整體評價：請說明 _____

· 您在何處購買本書？

□書局 □網路書店 □書展 □團購 □其他

· 您購買本書的原因？ (可複選)

□個人需要 □幫公司採購 □親友推薦 □老師指定之課本 □其他

· 您希望全華以何種方式提供出版訊息及特惠活動？

□電子報 □DM □廣告 (媒體名稱) _____

· 您是否上過全華網路書店？ (www.opentech.com.tw)

□是 □否 您的建議 _____

· 您希望全華出版那方面書籍？ _____

· 您希望全華加強那些服務？ _____

～感謝您提供寶貴意見，全華將秉持服務的熱忱，出版更多好書，以饗讀者。

全華網路書店 http://www.opentech.com.tw 客服信箱 service@chwa.com.tw

2011.03 修訂

親愛的讀者：

感謝您對全華圖書的支持與愛護，雖然我們很慎重的處理每一本書，但恐仍有疏漏之處，若您發現本書有任何錯誤，請填寫於勘誤表內寄回，我們將於再版時修正，您的批評與指教是我們進步的原動力，謝謝！

全華圖書 敬上

勘誤表

書號	頁數	行數	書名	作者
			錯誤或不當之詞句	建議修改之詞句

我有話要說：

(其它之批評與建議，如封面、編排、內容、印刷品質等‧‧‧)